U0336494

钱学森文集

智慧的钥匙

——钱学森论系统科学（第二版）

上海交通大学钱学森研究中心 编

内容提要

这是一本以公务员和大学师生为主要读者对象的钱学森“论系统科学”的原著精选。初版于 2005 年 4 月，此次再版，增加了若干篇文章。

从事力学、导弹、航空、航天的研究和实践，这是人们“熟知”的钱学森。但是在 1979 年，钱学森说他研究力学已是“从前”的事了。钱学森又说：“我们完全可以建立起一个科学体系……去解决我们中国社会主义建设中的问题”。阅读本书，我们走进了钱学森晚年的学术世界，再次感受钱学森开创的“系统科学”在新时代背景下的应用价值和现实意义。

图书在版编目(CIP)数据

智慧的钥匙：钱学森论系统科学／上海交通大学钱学森研究中心编．—2 版．—上海：上海交通大学出版社，2015(2024 重印)
ISBN 978-7-313-10286-7

Ⅰ．①智…　Ⅱ．①上…　Ⅲ．①系统科学—文集　Ⅳ．①N94-53

中国版本图书馆 CIP 数据核字(2015)第 197624 号

智慧的钥匙

——钱学森论系统科学

(第二版)

编　者：上海交通大学钱学森研究中心
出版发行：上海交通大学出版社　地　址：上海市番禺路 951 号
邮政编码：200030　电　话：021-64071208
印　制：苏州市越洋印刷有限公司　经　销：全国新华书店
开　本：710 mm×1000 mm　1/16　印　张：24.75
字　数：354 千字
版　次：2005 年 2 月第 1 版　2015 年 9 月第 2 版　印　次：2024 年 4 月第 11 次印刷
书　号：ISBN 978-7-313-10286-7
定　价：98.00 元

“我认为今天科学技术不仅仅是自然科学工程技术，而是人认识客观世界，改造客观世界整个的知识体系，而这个体系的最高概括是马克思主义哲学。我们完全可以建立起一个科学体系……去解决我们中国社会主义建设中的问题”。

“我们是把马克思主义的认识论与现代系统工程的认识方法结合起来，这是件了不起的事”。

——钱学森

序

钱学森院士的原著《智慧的钥匙——钱学森论系统科学》由上海交通大学编辑出版，这是全国人民按照科学的发展观，全面建设小康社会的一本重要的学习材料。对于广大公务员和大学师生来说，更是学习科学的工作方法和用马克思主义哲学研究自然科学、社会现象的一本重要指南。

近年来，“系统工程”一词大家已耳熟能详，脱口而出，但对其科学的内涵却不甚了了。甚至有少数干部以“系统工程”为遁词，来推诿群众要求解决的急迫问题，那就更是讹传误用了。

在绝大多数人的心目中，钱老是著名科学家、我国航天事业的奠基者与领军人物。尽管他本人总是谦虚地说，工作是大家做的，功劳属于集体，但国际学术界和中国人民的心中都确认他是“中国航天之父”。20 世纪中叶前，他在加州理工学院从事空气动力学、航空工程、喷气推进、工程控制论等领域所取得的杰出研究成果，已使他蜚声世界。中国工程科技界都以有钱老这样的世界一流工程大师而十分自豪。

钱老是一位伟大的爱国者，1955 年 10 月，在毛泽东、周恩来等老一辈无产阶级革命家的关怀下，他冲破重重阻力，回到社会主义祖国，并于 1958 年 10 月光荣地加入了中国共产党。尽管当时人力、物力等条件很差，但他以对祖国对人民的无限热爱与忠诚，满腔热情地投入我国国防尖端科学研究和人才培养工作，为我国火箭、导弹和航天事业的创建和发展，作出了历史性的卓越贡献。1991年国务院、中央军委授予他“国家杰出贡献科学家”荣誉称号和军委的一级英雄模范奖章。1999年为奖励他的突出功勋，中共中央、国务院、中央军委向他颁发“两弹一星功勋奖章”。

钱老作为自然科学的“大家”，思想品德高尚，学识博大精深，思维智慧超群。他关注的已不限于工程技术的线性规律分析和自然科学的简单还原论逻辑，他对哲学，特别是马克思主义哲学始终充满兴趣，并进行着不懈的探索。早在20世纪30年代，钱老由化学家马林纳介绍，参加过加州理工学院教授们的马列主义学习小组，学习和讨论恩格斯的《自然辩证法》和《反杜林论》。为此，在麦卡锡主义横行美国的20世纪50年代，他曾被美国联邦调查局无理拘押15天，遭受种种折磨，不但体重陡减30磅，随后还受到联邦调查局特务长达5年的日夜监视和跟踪。但是钱老以坚强的信念和非凡的才华，在人身自由受限制的情况下，把辩证唯物主义的思维方法，开创性地应用于火箭技术领域，解决了一批喷气技术中的问题，诸如：火箭的喷管传递函数、远程火箭的自动导航以及火箭发动机燃烧的伺服稳定等问题。他敏锐地感觉到，不仅在火箭技术领域，而且在整个工程技术的范围内，都存在着被控制或被操纵的系统，因此很有必要用一种统观全局的方法，来充分了解和发挥控制技术的潜在力量，以更广阔的视野、更系统的方法来观察有关问题。于是，钱老首先在加州理工学院开设了“工程控制论”这门新课（1953年），并于1954年出版了英文版的《工程控制论》（*Engineering Cybernetics*）。该书的出版不仅奠定了工程控制论这门学科的基础，而且立即被世界科技界所关注，引起广泛的兴趣，很快被译成德、俄、中等多种文字版本。

20世纪70年代初，钱老调到国防科学技术委员会担任副主任。他认为国防科学技术所从事的“两弹一星”、导弹、核潜艇等工作，都是大规模的科学技术工作，不但技术复杂、涉及面宽、参与的部门和人数多，而且任务重、时间紧，必须按总的时间节点协调好方方面面，所以组织工作特别重要。他首先强调要抓总体，抓大总体，然后按系统分层次，把各个环节严密地组织起来，他大力倡导开展《运筹学》在国防工业管理中的应用，并具体指出下列四方面的应用内容：① 计划的平衡技术，包括投入产出法和电子计算机的应用；② 计划的协调技术，包括统筹学和电子计算机的应用；③ 生产统计数据，包括统计工作和电子计算机的应用；④ 质量及可靠性控制技术。

当时正值“文革”期间，正是“四人帮”的空洞政治口号“满天飞”、骇人听闻地迫害知识分子的暴行肆虐神州大地之时，钱老坚持抓国防科技工作并凛然提出要用科学的方法论及先进的科学手段来进行管理。经历过那场浩劫，现今已50岁以上的读者，一定会对他肃然起敬。特别是电子计算机和可靠性技术，对当时绝大多数工程技术人员还十分陌生时，他能提出这样振聋发聩的见解，真正体现了一位科技领军人物的睿智与远见卓识。

这时的钱老已不仅是工程大师了，他从辩证唯物主义哲学的高度来看待方法与工具。他说“计划管理工作要运用科学的计算，使用电子计算机，提高计划的科学性、准确性，这包括引用博弈论。在这个方法中，我们的对方是：自然条件的变化；技术上的未知因素；阶级敌人的可能干扰；我们自己可能犯的错误，这些都是随机性的东西。当然我们不是机械唯物论者，‘局面’（即博弈的矩阵）是可以因我们的主观努力，即巧妙安排而改变的。因此在我们国家里，这门学问还应该有更新的、更丰富的内容，即如何利用客观规律来改变‘局面’，使之对我们的社会主义建设更有利。”

进入20世纪80年代中期，由于年龄关系，钱老辞去了国防科研一线的领导职务。这时他的科学思想更加活跃，驰骋在自然科学、社会科学和思维科学等各个领域，同时他以马克思主义哲学指导自己的研究工作，在自然科学与社会科学的结合点上，作出了许多开创性的贡献，诸如：系统工程和系统科学、思维科学、人体科学、科学技术体系与马克思主义哲学等。

钱老不仅将我国航天系统的实践提炼成航天系统工程理论，还致力于将此概念推广应用到整个国家和国民经济建设中，并从社会形态和开放复杂巨系统的高度，论述了社会系统。他认为，任何一个社会的社会形态都有三个侧面：经济的社会形态、政治的社会形态和意识的社会形态，从而提出把社会系统分解为三个子系统，即经济系统、政治系统和意识系统。相应于这三种社会系统，应有三种文明建设，即物质文明建设、政治文明建设和精神文明建设(意识形态)。从时间的角度和改革开放25年的经验来看，三种文明建设的协调发展，就是社会系统工程的最好佐证。

钱老对系统科学工作的思考和研究可追溯到1955年。这一年的冬天，他和许国志一起把运筹学的"种子"从它的发源地美国带回祖国。钱老对系统科学最重要的贡献是他发展了系统学和开放的复杂巨系统的方法论。在后来的研究工作中，他赋予这一方法论更广泛的含义：处理复杂行为系统的定量方法学，是半经验半理论的，提出经验性假设(猜想和判断)，是建立复杂行为系统数学模型的出发点。他特别指出，当人们寻求用定量方法处理复杂行为系统时，容易注重数学模型的逻辑处理，这样的数学模型看起来"理论性"很强，其实不免牵强附会、脱离实际。与其如此，倒不如从建模一开始就老老实实承认理论的不足，而求援于经验判断，让定性的方法与定量的方法结合起来，最后定量。

这一个对复杂行为系统建模的"点""拨"，真是发人深省，对我来说真有醍醐灌顶、茅塞顿开之感。笔者于1991年起主持上海市综合经济(计委、财政、物资、物价等)工作，上任后不久，就力图将过去的"行政长官意志"转变为科学管理，建立上海这个经济总量最大城市的"投入产出模型"、"物资供求与价格模型"以及"生产要素(资本、土地、人力等)与经济增长的相关模型"……由于理工科的背景和对数学逻辑的"迷信"，过分追求数学模型的逻辑处理，而忽视了社会系统中的其他不稳定因素，虽然得到一套数学模型，但相关性甚低(≤0.70)，与经验性的"毛估估"(上海方言，意即粗略估计)差之不多。以后拜访了不少老领导，了解了过去六个五年计划执行中出现过的非经济因素(政治运动、行政干预、意识形态波动等)，加以综合判断，剔除某些项目及年、月后,模型的相关性就提升到0.9以上,即钱老所说"求援于经验判断,让定性的方法与定量的方法结合起来,最后定量"就符合复杂系统的实际了。以后,上海市的人口预测、中小学生规模预测、外来劳动力需求总量预测等,大多采用了钱老所说的方法,取得了较满意的结果。

钱老并没有把对系统学的研究停止在这一水平上,他同于景元、戴汝为合作深入到一个科学新领域——开放的复杂巨系统及其方法论,并在1992年提出了从定性到定量的综合集成法的应用形式,即用计算机信息系统构成的综合集成研讨厅。他将这种综合集成工程提炼成大成智慧工程,并进而上升到大成智慧学。

20世纪80年代后,人工智能成为一大热门学科,但学术思想尚未理清,亦有人把计算机仿真的控制过程简单等同于人工智能,甚至在各种专业期刊上发表文章。钱老提出了思维科学这一新的概念,他认为思维科学是处理意识与大脑、精神与物质、主观与客观的科学,是现代科学技术的一大部门,推动思维科学研究是计算机技术革命的需要。他主张发展思维科学要同人工智能、智能计算机的工作结合起来。他还把系统科学方法用到思维科学的研究中,提出了思维的系统观,即首先以逻辑单元思维过程为微观基础逐步构筑单一思维类型的一阶思维系统,也就是构筑抽象思维、形象思维(直觉思维)、社会思维以及特异思维(灵感思维)等;其次是解决二阶思维开放大系统的课题;最后是决策咨询高阶思维开放巨系统。

钱老晚年对马克思主义哲学的认知已达到很高的境界。他认为马克思主义哲学是人类对客观世界认识的最高概括,它的核心是辩证唯物主义。他运用系统科学的观点和方法,逐步形成了一个现代科学技术与马克思主义哲学相联系的整体构想;它将整个体系纵向分为三个层次,最高层次是马克思主义哲学,即辩证唯物主义,最下面的层次是现代科学技术的十一大部门,其间通过十一架"桥梁"把马克思主义哲学与十一大科学技术部门连在一起,这些桥梁分别是自然辩证法、历史唯物主义、数学哲学、地理哲学等,因为这十一架"桥梁"分别概括了十一大科学技术部门中带有普遍性、原则性、规律性的东西，即各门科学技术的哲学。因此，也可以把它们共同作为马克思主义哲学的内容和基石。

在钱老关于系统科学的论述中，人们可以清晰地看到：综合集成思维贯穿钱学森科学研究的始终，就是把还原论思想和整体论思想结合起来的系统论思想。而把系统理论和系统技术应用到改造客观世界实践中，这就是综合集成工程。其实质是把专家、数据和信息体系以及计算机体系有机结合起来，构成一个高度智能化的人-机、人-网结合的系统，这样就能充分发挥人的思维、人的经验、知识智慧以及各种情报、资料和信息统统集成起来，在网络和计算机技术的辅佐下，使定性的认识上升到定量的知识，它的发展和应用，必将为我国现代化建设事业提供坚实的科学支持。

阅读本书的人们，一定会为钱老科学思想的深邃、涉猎领域之广泛和马克思主义哲学造诣之高而惊诧不已！钱学森先生是当代中国优秀知识分子的杰出代表，他从一名坚定的爱国者逐步成为一名共产党员，进而成为一名模范共产党员；从一位卓越的工程科学家、国防科技领军人物，成为我国系统科学的开拓者和奠基人，成为哲学家和思想家。总之，他是一位人民的科学家，他是中国人民的骄傲。

徐匡迪*

2004年11月29日

---

* 本文作者为原全国政协副主席、原中国工程院院长。

导读：钱学森与系统科学

在许多人的心目中，钱学森是我国一位长期主持领导国家航天事业科研攻关和试验工作的著名科学家。由于他在我国航天事业发展中的贡献，被誉为“中国航天奠基人”，被授予党中央、国务院和中央军委颁发的“两弹一星功勋奖章”。但这不是他科学成就的全部。自从20世纪70年代末以来，在30多年的时间里，他在社会科学、系统科学、思维科学、人体科学、科学技术体系以及马克思主义哲学等领域，进行了不懈地探索，提出了许多新观点、新思想、新理论，为我国科学技术的发展作出了新贡献。这些成就作为他整个科学成就的“另一部分”与他在“两弹一星”方面的成就相比，毫不逊色，更显辉煌。而在他所涉猎的诸多科学领域中，系统科学是他最重视、最花心血的领域。

钱学森对系统科学的研究范围从基础理论、技术科学到工程技术，在这样广阔的研究空间中，他的精力集中在两个方面：一方面是系统工程的推广运用，一方面是系统科学理论的探索、创新。随着这两方面在我国的迅速发展和广泛应用，钱学森也被公认为是我国系统科学事业的开拓者和奠基人。为了便于读者更好地理解钱学森关于系统科学的论述，现就系统科学的发展情况作一简要说明和介绍。

现代科学技术的发展与系统科学

现代科学技术已有了巨大发展，人类对客观世界的认识越来越深刻，改造客观世界的能力也越来越强。今天,科学技术对客观世界的研究和探索,已从渺观、微观、宏观、宇观直到胀观五个层次的时空范围,可用下图表示[1]:

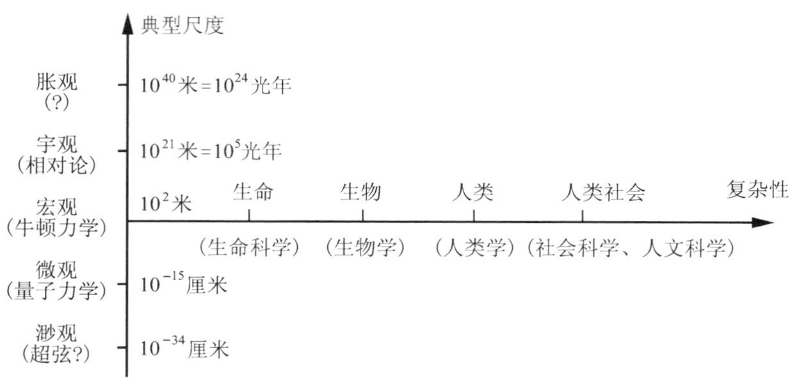

其中宏观层次就是我们所在的地球,在地球上出现了生命、生物,产生了人类和人类社会。相对于这些部分的研究,也就形成了今天所说的自然科学、社会科学、人文科学。概括地说,自然科学是关于自然规律的学问,可以概括为物有物理,简称为物理;社会科学是关于社会规律的学问,可以概括为事有事理,简称为事理;人文科学是关于人的学问,可以概括为人有人理,简称为人理。我们处理任何事物,都要物理对,事理明,人理通,才有可能取得成功。

客观世界是相互联系、相互影响、相互作用的,因而反映客观世界不同部分规律的自然科学、社会科学、人文科学,也是相互联系、相互影响、相互作用的,我们不应把这些学问的内在联系人为地加以割裂,而应把它们有机联系起来去研究和解决问题。德国著名物理学家普朗克(M. Planck)在20世纪30年代,就曾提出"科学是内在的整体,它被分解为单独的整体不是取决于事物的本身,而是取决于人类认识能力的局限性。实际上存在着从物理到化学,通过生物学和人类学到社会学的连续链条,这是任何一处都不能被打断的链条"。这段话是很深刻的,科学的发展也证实了这个论断的科学性和正确性。

现代科学技术的发展呈现出既高度分化,又高度综合的两种明显趋势。一方面是已有学科不断分化、越分越细,新科学、新领域不断产生;另一方面是不同学科、不同领域之间相互交叉、结合以至融合，向综合集成的整体化方向发展。这两种趋势是相辅相成、相互促进的。

在之后的发展趋势中，不仅有同一领域内不同学科的交叉、结合，特别是不同领域之间，如自然科学、社会科学、人文科学之间的相互结合以至融合，这已成为现代科学技术发展的重要特点。在这一趋势中，先后涌现出系统科学、管理科学、软科学、复杂性科学等。这些学问的鲜明特点就是跨学科、跨领域的综合性和整体性，也就是综合集成性。在这个方面上的理论和应用研究，都应引起我们高度重视，这里有很大的创新空间。特别是这方面的人才培养，显得更加迫切。这类人才是具有跨学科、跨领域能力的复合型人才。

系统科学是从事物的部分与整体、局部与全局以及层次关系的角度来研究客观世界的[1]。能反映事物这个特性的最基本的概念是系统。系统是由一些互相关联、相互影响、相互作用的组成部分所构成的具有某种功能的整体。这样定义的系统，在自然界、人类社会包括人自身是普遍存在的，这也就是为什么系统科学的理论、方法和技术具有广泛适用性的原因。

系统组成部分之间的相互关联、相互影响和相互作用是通过物质、能量和信息的传递来实现的。通常将相互关联、相互影响、相互作用的组成部分称为系统结构。一个系统以外的部分称为系统环境，系统和系统环境也是通过物质、能量和信息的输入、输出关系，相互关联、相互影响和相互作用。按照系统结构的复杂程度可将系统分为简单系统、简单巨系统、复杂系统、复杂巨系统，而以人为基本构成的社会系统，是最复杂的系统了，又称为特殊复杂巨系统。

系统一个很重要的特点，就是系统在整体上具有其组成部分所没有的性质。这就是系统的整体性，也就是通常所说的1＋1＞2。系统整体性的外在表现就是系统功能。我们常说“三个臭皮匠顶个诸葛亮”。三个臭皮匠所组成的系统，整体上是诸葛亮水平，而它的组成部分却是臭皮匠水平，两者相差很大。

系统科学中有一条很重要的原理，就是系统结构和系统环境以及它们之间的关联关系决定了系统的整体性和功能，也就是说，系统的整体性与功能，是系统结构内部与外部环境综合集成的结果。从这个原理出发，为了使系统具有我们所希望的功能，特别是最好的功能，我们可以通过改变和调整系统结构与系统环境以及它们之间的关联关系来实现。但系统环境通常不是我们想改变就能改变的，只能主动去适应。而系统结构却是我们能够改变、调整和设计的。通过改变系统组成部分或调整组成部分之间、层次结构之间以及与系统环境之间的关联关系，使它们相互协调，这样的系统才能具有我们满意的最好的功能，这就是系统控制、干预和组织管理的内涵，也是控制工程、系统工程所要实现的目标。

复杂系统、复杂巨系统与综合集成方法

复杂系统、复杂巨系统（包括社会系统）的研究，是系统科学研究的核心问题，也是系统工程应用难以处理的问题。对于简单系统、简单巨系统均已有了相应的方法论和方法，也有了相应的理论与技术，并在继续发展之中。但对复杂系统、复杂巨系统（包括社会系统），首先遇到的是方法论和方法问题，它不是已有科学方法所能处理的。

从近代科学到现代科学，培根式的还原论方法发挥了重要作用，特别是在自然科学中取得了巨大成功。还原论方法是把一个事物分解成部分，以为部分都研究清楚了，整体也就清楚了。如果部分还研究不清楚，再继续分解下去进行研究，直到弄清楚为止。按照这个方法论，物理学对物质结构的研究已经到了夸克层次，生物学对生命的研究也到了基因层次。但是现在我们看到，认识了基本粒子还不能解释大物质构造，知道了基因也回答不了生命是什么。这些事实使科学家们认识到“还原论不足之处正日益明显”[2]。这就是说，还原论方法由上往下分解，研究得越来越细，这是它的优势方面，但由下往上回不来，回答不了整体问题，这又是它的不足一面。所以仅靠还原论方法还不够，还要解决由下往上的问题，也就是复杂性研究中所说的涌现(emergence)问题。著名物理学家李政道曾讲过“我猜想 21 世纪的方向要整体统一，微观的基本粒子要和宏观的真空构造、大型量子态结合起来，这些很可能是 21 世纪的研究目标”[3]。这里所说的把宏观和微观结合起来，就是要研究微观如何决定宏观，解决由下往上的问题，打通从微观到宏观的通路，使

宏观和微观统一起来。

上述事实也表明，还原论方法处理不了系统整体性问题，特别是复杂系统和复杂巨系统的整体性问题。从系统角度来看，把系统分解为部分，单独研究一个部分，就把这个部分和其他部分的关联关系切断了。这样，就是把每个部分都研究清楚了，也回答不了整体问题，系统整体性并不是这些组成部分的简单“拼盘”。

意识到这一点更早的科学家是贝塔朗菲(L. von Bertalanffy)，他是一位分子生物学家。当生物学研究已发展到分子生物学时，用他的话来说，对生物在分子层次上了解得越多，对生物整体反而认识得越模糊。在这种情况下，他提出了整体论方法，强调还是从系统整体上来研究问题。但限于当时的科学技术水平，整体论方法没有发展起来，还是从整体论整体，从定性到定性，解决不了问题。但整体论方法的提出却是对现代科学技术发展的重要贡献。

20 世纪 70 年代末，著名科学家钱学森提出了把还原论方法和整体论方法结合起来，即系统论方法[1]。应用系统论方法研究系统时，也不要将系统分解，在分解后研究的基础上再综合集成到系统整体，实现 1＋1＞2 的涌现，达到从整体统一研究和解决问题的目的。

系统论方法吸收了还原论方法和整体论方法各自的长处，同时也弥补了各自的局限性，既超越了还原论方法，又发展了整体论方法，这就是系统论方法的优势所在。

还原论方法、整体论方法、系统论方法都属于方法论层次，但又各有不同。还原论方法采取了由上往下，由整体到部分的研究途径，整体论方法是不分解的，从整体到整体。而系统论方法既从整体到部分由上而下，又自下而上由部分到整体。正是研究路线上的不同，使它们在研究和认识客观事物的效果上也不相同。形象地说，可比较如下：

还原论方法　　1＋1≤2

整体论方法　　1＋0＝1

系统论方法　　1＋1＞2

近些年来，国外出现了所谓复杂性研究，并提出复杂性科学。实际上，他们所说的复杂性问题就是用还原论方法处理不了的问题。复杂系统、复杂巨系统的整体性问题就是复杂性问题。所以，对复杂性的研究，他们也“采用了一个‘复杂系统’的词，代表那些对组成部分的理解不能解释其全部性质的系统”[1]。在这方面也确实取得了一定进展，如他们提出和研究的复杂适应系统，就受到了广泛重视。复杂性研究的出现和复杂性科学的提出，是现代科学技术发展的必然趋势，它也体现了现代科学技术发展的综合性和整体化方向。复杂性研究和积极倡导者、著名物理学家盖尔曼(M. Gell-Mann)在其所著《夸克与美洲豹——简单性与复杂性的奇遇》一书中，曾写道“研究已表明，物理学、生物学、行为科学，甚至艺术与人类学，都可以用一种新的途径把它们联系到一起，有些事实和想法初看起来彼此风马牛不相及，但新的方法却很容易使他们发生关联”。实际上，这个新的途径就是系统途径，用系统方式把它们联系起来，这个新的方法论就是系统方法，用系统方法去研究他们。

20世纪80年代末至90年代初，钱学森又先后提出“从定性到定量综合集成方法”以及它的实践形式“从定性到定量综合集成研讨厅体系”(以下将两者简称为综合集成方法)，并将运用这套方法的集体称为总体部[2]。这就将系统论方法具体化了，形成了一套可以操作的行之有效的方法体系和实践方式。从方法与技术层次上看，这是人-机结合、人-网结合以人为主的信息、知识和智慧的综合集成技术；从运用和应用层次上看，是以总体部为实体进行的综合集成工程。

综合集成方法的实质是把专家体系、信息与知识体系以及计算机体系有机结合起来，构成一个高度智能化的人-机结合体系，这个体系具有综合优势、整体优势和智能优势。它能把人的思维、思维的成果、人的经验、知识、智慧以及各种情报、资料和信息统统集成起来，从多方面的定性认识上升到定量认识。

综合集成方法是以思维科学为基础的。从思维科学角度来看，人脑和计算机都能有效处理信息，但两者有极大差别。人脑思维一种是逻辑思维(抽象思维)，它是定量、微观处理信息的方法；另一种是形象思维，这是定性、宏观处理信息的方法。而人的创造性主要来自创造思维，创造思维是逻辑思维和形象思维的结合，也就是定性与定量相结合、宏观与微观相结合，这是人脑创造性的源泉。今天的计算机在逻辑思维方面确实能做很多事情，甚至比人脑做得还好、还快，善于信息的精确处理，已有许多科学成就证明了这一点，如著名数学家吴文俊先生的定理机器证明。但在形象思维方面，现在的计算机还不能给我们以任何帮助。至于创造思维只能依靠人脑了。但计算机在逻辑思维方面毕竟有其优势，如果把人脑和计算机结合起来以人为主，那就更有优势，人将变得更加聪明，它的智能比人要高，比机器就更高，这也是 1+1>2 的道路。这种人-机结合以人为主的思维方式和研究方式就具有更强的创造性和认识客观事物的能力。

信息、知识、智慧这是三个不同层次的问题。有了信息未必有知识，有了信息和知识也未必就有智慧。信息的综合集成可以获得知识，信息、知识的综合集成可以获得智慧。人类有史以来，是通过人脑获得知识和智慧的。现在由于以计算机为主的现代信息技术的发展，我们可以通过人-机结合以人为主的方法来获得知识和智慧，在人类发展史上，这是具有重大意义的进步。综合集成方法就是这种人-机结合获得知识和智慧的方法。

从认识论角度来看，与所有科学研究一样，无论是对复杂系统、复杂巨系统（包括社会系统）的理论研究还是应用研究，通常是在已有的科学理论、经验知识基础上并和专家判断力（专家的知识、智慧的创造力）相结合，对所研究的问题提出和形成经验性假设，如猜想、判断、思路、对策、方案等，这种经验性假设一般是定性的。它所以是经验性假设，是因为其正确与否、能否成立还没有用严谨的科学方式加以证明。在自然科学和数学中，这类经验性假设是用严密的逻辑推理和各种实验手段来证明的，这一过程体现了从定性到定量的特点，所以这些学问被称为“精密科学”。但对复杂系统、复杂巨系统来说，由于其跨学科、跨领域的特点，对所研究的问题能提出经验性假设，通常不是一个专家，也不是一个领域的专家们所能提出来的，而是由不同领域、不同学科专家构成的专家体系，依靠群体的知识和智慧，对所研究的复杂系统和复杂巨系统问题提出经验性假设与判断。但要证明其正确与否，仅靠自然科学和数学中所用的各种方法就显得力所不及了。如社会系统、地理系统中的问题，既不是简单的逻辑推理，也不能进行实验。但我们对经验性假设又不能只停留在思辨和从定性到定性的描述上，这是社会科学、人文科学中常用的方法，这些学问被称为“描述科学”。系统科学是要走“精密科学”之路的，那么出路在哪里？这就是人-机结合以人为主的思维方式和研究方式。机器能做的尽量由机器去完成，极大扩展人脑逻辑思维处理信息的能力（自然也包括了各种能用的数学方法和工具）。通过人-机结合以人为主，实现信息、知识和智慧的综合集成。这里包括了不同领域的科学理论和经验知识、定性知识和定量知识、理性知识和感性知识，通过人机交互、反复比较、逐次逼近，实现从定性到定量认识，从而对经验性假设的正确与否做出明确结论，无论是肯定还是否定了经验性假设，都是认识上的进步，然后再提出新的经验性假设，继续进行定量研究，这是一个永远也不会完结的认识过程。

综合集成方法的运用是专家体系的合作以及专家体系与机器体系合作的研究方式与工作方式。具体地说，是通过定性综合集成——定性、定量相结合综合集成——从定性到定量综合集成这样三个步骤来实现的。这个过程不是截然分开，而是循环往复、逐次逼近的。

这套方法是目前处理复杂系统、复杂巨系统（包括社会系统）的有效方法。已有成功的案例证明了它的有效性。综合集成方法的理论基础是思维科学，方法基础是系统科学和数学科学，技术基础是以计算机为主的现代信息技术，哲学基础是马克思主义的实践论和认识论。

系统工程的发展

综合集成方法的提出也推动了系统工程的发展。系统工程是组织管理系统的技术，它从系统整体出发，根据总体目标的需要，以系统方法为核心并综合运用有关科学理论方法，以计算机为工具，进行系统结构、环境与功能分析与综合，包括系统建模、仿真、分析、优化、运行与评估，以求得最好的或满意的系统方法并付诸实施。

直接为系统工程提供理论方法的有运筹学、控制论、信息论、系统学等，还有数学与计算机技术。由于实际系统不同，用到哪类系统上，还要用到与这个系统有关的科学理论、方法与技术。例如，用到社会系统上，就需要社会科学、人文科学方面的知识。从这些特点来看，系统工程不同于其他技术，这是一类综合性的整体技术，一种整体优化的定量技术，一门综合集成的系统技术，是从整体上研究和解决问题的科学方法。

系统工程的应用首先从工程系统开始的。实践已证明了它的有效性，如航天系统工程，我们常把这类系统工程称为工程系统工程，它是组织管理工程系统研究、规划、设计、制造、试验、使用的技术。

当我们把系统工程用来组织管理复杂系统和复杂巨系统时，处理工程系统的方法不够用了，它已处理不了复杂系统、复杂巨系统的组织管理问题。在这种情况下，系统工程自身也要发展，由于有了综合集成方法，系统工程便可以用来组织管理复杂系统和复杂巨系统了，我们把这类系统工程称作复杂系统工程。

社会系统是最复杂的系统了，组织管理社会系统的技术，就是社会系统工程或复杂巨系统工程。当然，这也是由于有了综合集成方法，使我们能从整体上研究和解决社会系统问题，因而才有了这项复杂的社会技术。落实科学发展观所需要的系统工程，就是社会系统工程。

社会系统不仅有自然属性，还有社会属性和人文属性。研究这个系统既需要自然科学，也需要社会科学、人文科学，特别是，要把它们综合集成起来，才能全面、深入地研究和解决社会系统问题。从综合集成方法和社会系统工程特点来看，它可以用来研究和解决这类问题。例如信息网络安全问题。大家知道，以计算机、网络和通信为核心的信息技术革命，开创了人类历史上人-机结合与人-网结合的新型网络社会形态，原有社会形态的（经济的、政治的、意识的）各种问题，都将通过人-机结合与人-网结合反映到网络社会形态中来，而且在网络社会形态中还会涌现出原来所没有的新问题，如网上意识形态斗争问题。实际上，信息网络加用户是个开放的复杂巨系统。信息网络安全和网上斗争问题，就是这个开放复杂巨系统中的安全和斗争问题。它不仅有技术层面的问题、社会层面问题，还有人-机结合与人-网结合层面的问题，这是一类新型的安全问题。如果我们还沿用传统思维方式、研究方式和管理方式，是不可能从根本上解决问题的。从我国实际情况来看，也说明了这个问题，这就需要有新的思路和方法。从研究角度来看，仅靠自然科学技术或仅靠社会科学、人文科学都难以处理这类问题，需要的是把他们综合集成起来，对网络安全的战略、对策、方案、措施等进行系统研究。这就需要综合集成方法并用社会系统工程去组织实施，而不是部门分割，各行其是。

系统科学所体现的综合集成思想，就是把还原论思想和整体论思想结合起来的系统论思想。综合集成方法实际上是综合集成思想在方法论上的体现。运用综合集成方法建立起来的系统理论是综合集成理论。同样，以综合集成方法为主的复杂系统工程和社会系统工程，就是综合集成的系统技术。将系统理论和系统技术应用到改造客观世界实践中，这就是综合集成工程。这样，随着综合集成思想、理论、方法、技术和实践几个方面的发展，将为我国现代化建设事业提供坚实的科学支持。

多少年来，人们认识社会改造社会所运用的方法总跳不出思辨和从定性到定性的描述上，多少仁人志士为此烦恼，为此遗憾。系统科学的发展，为人们提供了一种全新的方法论和方法，使人们可以从传统的方法中跳出来，在认识社会、改造社会的实践中赢得以往根本无法企望的成绩。这必将大大推动社会科学和人文科学从“描述科学”向“精密科学”的过渡和转变；自然科学已经是“精密科学”，但是面临系统整体性的挑战，自然科学家为此陷入困惑。系统科学的出现，为打通从微观到宏观的通道提供了思路和方法，解决了由下往上的问题；在本文开始介绍的现代科学技术具有的综合集成的整体化发展趋势，随着系统科学的发展，这种趋势将越来越明显。范围更广、跨度更大的不同学科、不同领域的交叉、结合和融合，将形成一大批新学科、新领域。这些革命性的变革，将大大推动整个科学技术的发展。这正是系统科学发展最伟大意义之所在。也正是钱学森对系统科学发展的贡献意义之所在。

关注钱学森的人们，也许会有这样的问题：他为什么能取得这样的成就？他有别于常人的思维是什么？通过上述的介绍，人们或许可以初步获得这样的认识：综合集成思想贯穿钱学森科学研究的始终。综合集成思想使他的知识结构不仅有深度、有广度，还有高度。这高度指的是对科学发展的远见卓识，指的是创新、是智慧。如果我们把深度、广度、高度看作三维结构，那么钱学森就是一位三维科学家，也就是我们通常所说的科学大师或科学帅才。

从更广阔的视野探索钱学森，他作为一名中国知识分子所具有的精神境界也是他取得这样成就的原因。他始终关心的是民族的振兴，始终追求的是科学的真理，始终献身的是祖国现代化事业。科学事业是人类事业中的一项崇高事业，崇高的事业需要崇高的思想和崇高的人品。钱学森从一名爱国者，逐步成为一名共产党员，进而成为一名模范共产党员。在革命建设实践的洗礼中，钱学森不断净化自己的思想，不断提高和升华自己的人生观和世界观，甚至到了耄耋之年，也从未停止过前进的脚步。我们如果把他的政治信仰和信念、思想情操和品德以及科学成就和贡献看作另一个三维结构，那么钱学森就是一个人民科学家，他是中国的骄傲，他的名字属于中国人民，属于中华民族。正可谓：

综合集成，
大成智慧。
一代宗师，
百年不遇。

注释

[1] 钱学森：《创建系统学》，山西科学技术出版社，2001 年

[2] Gallagher R.，Appenzeller T.：《超越还原论》，《复杂性研究论文集》，戴汝为主编，1999 年

[3] 李政道：《新世纪微观与宏观的统一》，《科学世界》，2000 年第 1 期

目录

第一部分

系统科学的体系结构

第二部分

开放的复杂巨系统与综合集成方法

第三部分

系统工程的发展与实践

附录

第一部分

系统科学的体系结构

《工程控制论》序*

著名的法国物理学家和数学家安培(A. M. Ampère)曾经给关于国务管理的科学取了一个名字——控制论(Cybernétique)[安培著:《论科学的哲学》(*Essai sur la Philosophie des Sciences*)第二部,1845 年,巴黎]。安培企图建立这样一门政治科学的庞大计划并没有得到结果,而且,恐怕永远也不会有结果。可是,在这些年代中,各国之间的战争却大大地促进了另一个科学部门的发展,这就是关于机械系统与电气系统的控制与操纵的科学。维纳(N. Wiener)就借用安培所创造的名称"控制论"来称呼这门新的科学,然而,这门科学却是对于现代化战争非常重要的。这真是有些讽刺意味的。维纳的控制论(Cybernetics)[《控制论——关于动物体和机器的控制与联系的科学》(*Cybernetics, or Control and Communication in the Animal and the Machine*),威利,纽约,1948)]是关于怎样把机械元件与电气元件组合成稳定并且具有特定性能的系统的科学。这门新科学的一个非常突出的特点就是完全不考虑能量、热量和效率等因素,可是在其他各门自然科学中这些因素却是十分重要的。控制论所讨论的主要问题是一个系统的各个不同部分之间的相互作用的定性性质,以及整个系统的总的运动状态。

工程控制论的目的是研究控制论这门科学中能够直接用在工程上设计被控制系统或被操纵系统的那些部分。因此,通常在关于伺服系统的书里所

---

* 本文为《工程控制论》英文版(1954 年)序言的中译文。

讨论的那些问题当然都包括在工程控制论的范围之内。但是，工程控制论比伺服系统工程内容更为广泛这一事实，只是两者之间的一个表面的区别，一个更深刻的，因而也是更重要的区别在于：工程控制论是一门技术科学，而伺服系统工程却是一种工程实践。技术科学的目的是把工程实际中所用的许多设计原则加以整理与总结，使之成为理论，因而也就把工程实际的各个不同领域的共同性显示出来，而且也有力地说明一些基本概念的重大作用。简单地说，理论分析是技术科学的主要内容，而且，它常常用到比较高深的数学工具。只要把本书稍微浏览一下就对这个事实更加清楚了。关于系统的部件的详细构造和设计问题（也就是把理论付诸实践的具体问题）在这本书里几乎是不予讨论的。关于元件的具体问题更是根本不谈的。

《工程控制论》（英文版，1954 年）

能不能够把理论从工程实践分出来研究呢？其实，只要看到目前已经存在的各门技术科学以及它们的飞速发展，就会发现这个怀疑简直是完全不必要的。举一个特别的例子来说：流体力学就是一门技术科学，它与空气动力学工程师、水力学工程师、气象学家以及其他在工作中经常利用流体力学的研究结果的人的实践是“分割”开来的。可是，如果没有流体力学家的话，对于超音速流动的了解和利用至少也要大大地推迟。因此，把工程控制论建成一门技术科学的好处就是：工程控制论使我们可能有更广阔的眼界用更系统的方法来观察有关的问题，因而往往可以得到解决旧问题的更有成效的新方法，而且工程控制论还可能揭示新的以前没有看到过的前景。最近若干年以来，控制与导航技术已经有了多方面的发展，所以，确实也很有必要设法用这样一种统观全局的方法来充分地了解与发挥这种新技术的潜在力量。

因此，关于工程控制论的讨论，应该合理地包括科学中对于工程实践可能有用的所有方面。尤其是不应该仅仅由于数学的困难而逃避任何一个问题。其实，深入地考虑一下就会发觉，任何一个问题在数学上的困难常常带有很大的人为的性质。只要把问题的提法稍微加以改变，往往就可以使问题的数学困难减轻到进行研究工作的工程师所能处理的程度。因此，本书的数学水平也就是读过数学分析课程的大学生的水平。关于复变数积分、变分法和常微分方程的基本知识是研读这本书所预先需要的。此外，只要比较直观的讲法能够达到目的，我们就不用严密的精巧的数学方法来讨论；所以，以一个专门做具体工作的电子工程师的眼光来看，我们这种做法一定是太“学究气”了；可是，从一个对这门科学有兴趣的数学家的眼光来看，这种做法可能是太“不郑重”了。如果真的只有这两种批评的话，作者一方面愿意承担这种责任，另一方面也会感到一些满意，因为他将认为他在原来要做的事业里没有完全失败。

在编写本书期间，作者从和他的两位同事的多次交谈中得益很多，因为，这些谈话常常使一些含混之处突然明确起来。这两位先生就是美国加州理工学院(California Institute of Technology)的马勃尔(Frank E. Marble)博士和德普利马(Charles R. DePrima)博士。由于塞尔登杰克梯(Sedat Serdengecti)和温克耳(Ruth L. Winkel)给予的有效帮助，大大地减轻了书稿的准备工作。对于以上提到的各位先生，作者谨表示衷心的感谢。

美国两院院士、加州理工学院航空系教授马勃尔偕夫人探望钱学森，
并送来钱学森当年留在美国的大量力学手稿(1996 年)

现代化、技术革命与控制论*

第一版《工程控制论》原是用英文写的，出版于 1954 年[1]，俄文版是 1956 年[2]，德文版是 1957 年[3]，中文版是 1958 年[4]。现在回顾那个时代，恍同隔世！在这 20 多年中，我们的国家和整个世界都经历了天翻地覆的变化。我国人民经受了这一伟大时代的革命锻炼，正走上新的长征，为实现四个现代化而奋斗。《工程控制论》这一新版的作者们，正是在这一时期锻炼成长起来的中国青年控制理论科学家们。他们，尤其是宋健同志，带头组织并亲自写作定稿，完成了工作量的绝大部分，是新版的创造者。有他们这一代人，使我更感到实现四个现代化有了保障。对这一新版，我是没有做什么工作，但为了表达对他们的敬意，同时也算是对我国 20 多年来伟大变革的纪念，纪念我们这一段共同的经历，我要为宋健等同志创造的新版写一篇序。

序的总题目，就是如何加速实现党中央号召、全国人民所向往的农业、工业、国防和科学技术现代化。实现四个现代化就必须发展生产力；而发展生产力的一个重要方面就是推进技术革命。所以，我就从技术革命讲起，最后说到本书的题目：控制论。

---

* 本文为《工程控制论》(修订版)(1980 年)的序言。

(一)

讲技术革命，首先要提一下其他几个有关的词汇。

20 世纪现代科学技术的伟大成就，正在对生产以及整个社会产生着巨大的冲击。有人常常用“新的工业革命”、“第二次工业革命”、“第三次工业革命”、“科学技术革命”等词句来表达现代科学技术伟大成就的社会意义。但是，我们在使用这些词句时，不应忽视这些词汇的背景。

这就有必要回溯到 20 世纪 40 年代末，对这些提法的来历作一番考察。

在办公室(1957 年)

控制论的奠基人 N. 维纳在 1947 年 10 月这样说过：“如果我说，第一次工业革命是革‘阴暗的魔鬼的磨房’的命，是人手由于和机器竞争而贬值……那么现在的工业革命便在于人脑的贬值，至少人脑所起的较简单的较具有常规性质的判断作用将要贬值”[5]。因此，维纳是第一个把控制论引起的自动化同“第二次工业革命”联系起来的人。此后，J. D. 贝尔纳在 1954 年也提出自动化是一次“新的工业革命”，他说：“我们有理由提到一次新的工业革命，因为我们引用了电子装置所能提供的控制因素、判断因素和精密因素，还有进行工业操作的速度大大增加了。巨型的自动化生产线，甚至完全自动化的工厂都有了……”[6]贝尔纳同时提出了“科学技术革命”这个名词，他说：“20世纪新的革命性特征不可能局限于科学，它甚至于更寄托在下列事实，就是只有在今天科学才做到控制工业和农业。这场革命或许可以更公允地叫作第一次科学—技术革命”[7]。在维纳和贝尔纳之后，资本主义国家的学者日渐增多地采用这两个词，而尤以“第二次工业革命”这个词更为流行。

苏联学术界在1955年以前的一段时间内，曾经把“第二次工业革命”和“科学技术革命”作为美化资本主义的概念而加以拒绝；60年代初，态度发生转变，开始接受这两个概念；到了70年代，“科学技术革命”已经成为今天苏联学术界普遍接受的概念了[8]；虽然对“第二次工业革命”这个概念还有争论，但把它作为一个新概念接受下来也已成为事实。

当然，概念上的紊乱也是存在的：诸如一面讲“自动化是新的工业革命”、“计算机在工业上的应用正在引起第二次工业革命”、“第二次工业革命在21世纪早期始于美国，它指在例行的重复性的工作中，用自动控制和逻辑装置代替人的智力和神经系统”，然后又说什么“空间时代是工业革命的第三阶段。”一面讲“现代只有在苏联才发生新的工业革命”，另外又讲“不论在社会主义国家还是在发达的资本主义国家都正在发生新的工业革命即第二次工业革命”等。在“科学技术革命”问题上的说法也很类似，诸如一方面讲“新的工业革命即科学技术革命”，又讲“科学技术革命作为一个过程，按其内容和本质是不同于工业革命的”，还说“科学技术革命是第二次工业革命的先驱”、“科学技术革命即管理工艺过程的革命”、“科学技术革命是由于科学起着优先作用而实现的现代社会生产力的根本变革”等。其实科学技术革命这个词就容易和概念上完全不同的科学革命混淆，科学革命是指人类认识客观世界的重大飞跃，在自然科学领域里的科学革命已经由库恩[9]作了详细的阐述。所以科学革命只是认识客观世界，还不是改造客观世界，它们有联系但又是不相同的。

苏联学术界对待“第二次工业革命”和“科学技术革命”这两个概念的态度，为什么有一个曲折的过程？这也是一个值得思考的问题。1972年，苏联《哲学问题》杂志在第12期的社论中宣称，“科学技术革命”使“生产的相互关系”、“社会的状态”和“社会的结构”等“发生了根本的变化”，“现代世界发生的深刻变化"迫使人们对马列主义基本原理做"这样或那样的修正"[10]。从这个观点,人们不难看出,这些人提出科学技术革命的目的是要修正马克思主义基本原理。

科学的社会科学,应该把它所有的概念同马克思主义的基础协调起来,并且实现精确化。对"第二次工业革命"、"科学技术革命"这些流行概念给予必要推敲和订正,这不仅是科学的社会科学工作者的任务,而且也是自然科学技术工作者的任务。为此就有必要回到"产业革命"或所谓"第一次工业革命"这个问题上来。

(二)

最先提出"产业革命"概念的是恩格斯。继恩格斯之后,有法国人著作中的"产业革命"概念,也有英国资产阶级经济历史学家托因比的"产业革命"概念[11]。必须说,只有马克思主义的"产业革命"概念才是真正科学的概念。恩格斯在 1845 年出版的《英国工人阶级状况》一书中,关于"产业革命"的论述,是科学的社会科学对"产业革命"概念的最早论述。恩格斯说:"英国工人阶级的历史是从 18 世纪后半期,从蒸汽机和棉花加工机的发明开始的。大家知道,这些发明推动了产业革命,产业革命同时又引起了市民社会中的全面变革,而它的世界历史意义只是在现在才开始被认识清楚。""产业革命对英国的意义,就像政治革命对于法国、哲学革命对于德国一样……但这个产业革命的最重要的产物是英国无产阶级。"[12]

什么是"技术革命"呢? 首先给予"技术革命"概念以精确化定义的是毛主席。毛主席在 50 年代就使用过技术革命这个词,它往往是和技术革新并列的。但毛主席没有停留在这样一般的认识上,后来他进一步发展和总结了历史上生产力发展的规律,阐明了技术革命这一概念,指出:"对每一具体技术改革说来,称为技术革新就可以了,不必再说技术革命。技术革命指历史上重大技术改革,例如用蒸汽机代替手工,后来又发明电力,现在又发明原子能之类。"毛主席举出了三个技术革命的例子,其中两个是历史上的,一个是现代的。把它们作为技术革命的典型加以研究,会给我们什么启发? 毛主席这段话的历史意义和现实意义是什么呢?

蒸汽机技术革命同18世纪工业革命既有联系,又有区别。在工场手工业时期,1688年英国人托马斯·萨弗里发明了利用蒸汽冷凝产生的真空和蒸汽压力工作的抽水用蒸汽泵;两年之后法国人巴本证实了德国人莱伯尼兹提出的蒸汽可在汽缸中推动活塞的原理;1712年英国人托马斯·纽柯门做成用蒸汽和空气压力工作的一种蒸汽泵,用于矿井抽水。但是,这些蒸汽机并没有引起工业革命,相反的,正是由于创造了工具机,才使蒸汽机的革命成为必要[13]。1764年出现珍妮纺纱机,1767年出现水力纺纱机,1785年出现骡机,这一系列工具机的发明促使瓦特实现了蒸汽机的革命。1764年他在格拉斯哥大学修理纽柯门机器的模型时产生了他的伟大发明,1769年他获得第一种蒸汽机专利,1784年获得第二种蒸汽机专利,1785年蒸汽机开始用来发动纺纱机,1786年建成博尔顿·瓦特蒸汽机工厂。

瓦特的蒸汽机是大工业普遍应用的第一个动力机,它取代了在生产过程中作为动力提供者的人。一台蒸汽机推动许多台工具机,形成有组织的机器体系,这就是工厂制度的诞生。从1786年到1800年,瓦特的工厂共生产了500多台蒸汽机,大大加速了工业革命的步伐,"工场手工业时代的迟缓的发展进程变成了生产中的真正狂飙时期"[14],蒸汽机成为大工业迅速发展的推动力,"推动力一旦产生,它就扩展到工业活动的一切部门里去……当工业中机械能的巨大意义在实践上得到证明以后,人们便用一切办法来全面地利用这种能量"[15]。所以是蒸汽机技术革命导致了工业革命或产业革命。

我们再看毛主席举的技术革命的第二个例子:电力的发明和应用。1831年法拉第对电磁定律的发现,为电力的发明奠定了基础。1878年,爱迪生发明能在商业上普遍应用的双极发电机,并提出由一个公共供电系统向用户供电的计划;次年,爱迪生制成白炽灯;再下一年,爱迪生的电灯首先展示在"哥伦比亚"号轮船上。适应社会对这种前所未有的干净、明亮的照明工具的需要,很快出现了一个完全新型的工业——电力工业。1882年爱迪生的发电厂和供电系统在纽约运转;同一年在慕尼黑电气展览会上,法国物理学家马赛尔·德普勒展出了他在米斯巴赫至慕尼黑之间架设的第一条实验性输电线路,从此开始了交流电远距离传输技术的大发展。电力的发明从照明开始,但由于它解决了动力的分配、传输和转换问题,所以很快在大工业中得到普遍应用。马克思在他逝世前夕,曾以极为喜悦的心情密切注视着电力的发明。在 1883 年,恩格斯针对电力的发明说:“这实际上是一次巨大的革命。蒸汽机教我们把热变成机械运动,而电的利用将为我们开辟一条道路,使一切形式的能——热、机械运动、电、磁、光——互相转化,并在工业上加以利用。循环完成了。德普勒的最新发现,在于能够把高压电流在能量损失较小的情况下通过普通电线输送到迄今连想也不敢想的远距离,并在那一端加以利用——这件事还只是处于萌芽状态——这一发现使工业几乎彻底摆脱地方条件所规定的一切界限,并且使极遥远的水力的利用成为可能,如果在最初它只是对城市有利,那么到最后它终将成为消除城乡对立最强有力的杠杆。但是非常明显的是,生产力将因此得到极大的发展,以至于资产阶级对生产力的管理愈来愈不能胜任。”[16]实践证实了恩格斯的科学预见,“电力工业是最能代表最新的技术成就和 19 世纪末、20 世纪初的资本主义的一个工业部门”[17],而且直到今天也仍然是如此。是电力技术革命推进了资本主义转入垄断阶段,出现了资本帝国主义,即帝国主义。

蒸汽机和电力这两个历史上的技术革命例子,使我们把科学技术的发展作为一种社会过程、社会现象来研究,从它的发展规律,能够找到一条线索:生产力的发展史是以技术革命划分阶段的。这是毛主席关于技术革命的重要论述对我们的启示。

(三)

生产力始终处在发展过程中,而这种发展过程又首先是从生产技术的改革开始的。生产力的发展水平取决于生产技术的高低。生产力的发展同一切事物一样,总是采取两种状态,即相对稳定的发展状态和飞跃变动的发展状态,换句话说,即生产力的发展呈现一种阶段性。“由粗笨的石器过渡到弓箭,与此相联系,从狩猎生活过渡到驯养动物和原始畜牧;由石器过渡到金属工具(铁斧、铁铧犁等),与此相适应,过渡到种植植物和耕作业;加工材料的金属工具进一步改良,过渡到冶铁风箱,过渡到陶器生产,与此相适应,手工业得到发展，手工业脱离农业，独立手工业生产以及后来的工场手工业生产得到发展；从手工业生产工具过渡到机器，手工业-工场手工业生产转变为机器工业；进而过渡到机器制造，出现现代大机器工业——这就是人类史上社会生产力发展的一个大致的、远不完备的情景。”[18]这是对生产力发展阶段性的最形象描述。在这一幅生产力发展的大致情景中，每当生产力出现一次飞跃变动，就意味着某一技术革命被引进到了社会生产之中。革命就是量变到质变的飞跃，每一技术革命的本身就是经过一个时期实践经验的累积，有时还要经历很长的孕育时期，然后才显示出来。它一出现又立即影响了整个社会生产，引起生产力的飞跃发展。人类社会生产力和整个社会的发展就是这样波浪式地前进。技术革命是那些引起生产力飞跃发展的技术变革，不是生产力持续发展的一般技术改革或技术革新。

技术、技术革命属于劳动过程或生产过程[19]，“生产过程可能扩大的比例不是任意规定的，而是技术上规定的”[20]。技术革命乃是生产力发生飞跃变化的技术根源，而生产力的飞跃发展又必然推动社会历史的阶段性变化。是蒸汽机技术革命带来了产业革命这一生产力的飞跃变化，推进了自由资本主义的兴起；而电力技术革命却加速了资本主义的历史进程，促使它进入垄断资本主义。这就是毛主席提出技术革命这一科学概念的伟大而深远的涵义。同时，我们也看到，“技术革命”一词比前几节中介绍的其他几个词汇更精确，更有利于讨论研究问题。

为了极大地提高我国社会生产力，我们应该深入研究当前出现的几项技术革命的涵义，探索正在酝酿、即将出现的技术革命，能动地推进技术革命，加速我国四个现代化的建设。

（四）

我们先讨论核能技术革命。

核能技术是20世纪初物理科学的伟大产物。1909年，爱因斯坦发现了质能等效性原理，预示了原子核反应所释放的能量比化学反应释放的能量大几百万倍的可能性。此后，科学家为敲开核能宝库的大门进行了不懈的努力。1932年恰德威克发现中子,找到了分裂原子核的钥匙;1938年末,哈恩和斯特拉斯曼用中子轰击铀,发现了铀原子核的可裂变性;次年1月27日,在美国华盛顿举行的物理学家会议上,波尔和费米介绍了上述发现的重大意义,费米首先提出了链式反应的理论;1942年12月2日,费米在芝加哥大学建成第一个原子反应堆,首次用实验证明:在可裂变的铀核中能够产生自维持的链式反应,从而迎来了核能技术的黎明。

核能是一种十分集中的新能源。1千克铀所含的裂变能量约相当于2000吨煤。全世界有丰富的铀储量,在煤、石油、天然气日益枯竭的情况下,原子核的裂变能是一个有广阔前途的新能源;一座100万千瓦的核电站正常运行一年,节省的矿物燃料相当于145万吨石油或236万吨煤或16.5亿立方米天然气;据1976年国外统计资料,核电站的每千瓦小时电总平均费用已低于烧煤和石油的火力发电。正如蒸汽机出现时的情形一样,当核能的巨大意义在实践中得到证明之后,人们就会全力以赴把这种现代生产力发展的巨大推动力扩展开来。自1959年出现第一座商用核电站以来,新兴的核能电力工业正在迅速发展,截至1978年6月30日止,全世界已建成运行的电功率在3万千瓦以上的核电站已达207座,总电功率约达1.08亿千瓦;全世界正在建设的核电站有219座,总电功率达1.96亿千瓦;正在计划建设的核电站有123座,总电功率达1.24亿千瓦。预计到公元2000年,全世界核电站的装机容量将达13亿~16亿千瓦,届时将占全世界总发电量的45%。

早在发现核裂变前,科学家就了解到,包括太阳在内的恒星其持续发射的巨大能量来自氢元素的核聚变。但这种核聚变反应是在一个极高的温度和压力环境中维持的,人工创造这样一个环境现在还做不到。比较容易一点的是氘的聚变,而地球海洋里就有极大量的氘;一升海水中就可以提取约33毫克的氘,这一点氘的聚变能量就等于300升的汽油!但就是氘聚变也不是轻而易举的,在1945年6月15日首次裂变原子弹爆炸实现后,到1952年才实现了第一次聚变“氢弹”爆炸。现在人们正向可控制聚变反应——建设聚变反应核电站的目标前进,有可能在20世纪末实现。这样仅海水中的氘所含的能量就够人类用了。

（五）

对现代生产产生深远影响的第二项技术革命是电子数字计算机。

蒸汽机和电力实现了生产过程的机械化，而监督与调整生产过程的工作仍需人工来完成。工人要不断照料机器的动作，用眼、耳和神经系统来直接获取生产过程的信息，然后由大脑对这些信息进行处理，作出要不要改变机器运行状况的决定，并通过手对机器的直接调整来执行这一决定。20 世纪初以来，产生了能对各种物理量进行精确测量的感受器件，也产生了各种执行机构。获取机器生产状况的信息的工作，就由感受器件取代了人的器官；控制决定的执行，由执行机构取代了手对机器的直接调整。但是，控制决定还得由人直接作出，整个生产过程还需人的直接参与。这样一种状况影响着生产率进一步发展。对一些日益精密化、快速化的现代工业过程（如化学工程过程），人工控制已完全不能胜任，因为在这种情况下人的思维在速度、可靠性和耐力方面都显得不够。50 年代出现了模拟式自动控制设备，在一些不太复杂的生产过程中实现了自动控制。但是，这种设备一般不能用于复杂的现代化工业过程，不能进行数据处理，也不能用于整个工厂或车间的全盘自动化。电子计算机的出现并应用于工业生产，才使自动控制技术产生了革命。第一，电子数字计算机具有计算精确的特点，和数字化感受器件、数字化执行机构结合，能够实现工业生产过程的精密控制；第二，电子数字计算机具有很大的计算能力，可以根据生产过程运行状况的改变而自动改变调节参数；可以计算出生产过程的发展趋势，以便决定应当预先调整哪些操作条件。所以计算机能够对复杂的工业生产过程实现自动控制；第三，计算机不仅能对生产过程进行最优控制，而且能对包括感受器件、执行机构和计算机本身在内的全部生产设备进行监督控制。所以计算机能够实现整个企业和企业体系生产过程的全盘自动化。

关于过程的信息，是调节与控制这个过程的手段。人和人需要交换信息，人和机器也需要交换信息，任何社会实践过程都需要处理信息。人处理信息的能力，直接影响着他调节与控制事物的能力。电子计算机作为最具普遍意义的信息自动化处理设备，除了用于生产过程的数字自动化控制外，还广泛用于军事技术、科学研究、天气预报、交通运输、组织管理、信息管理、财政贸易和日常生活等领域，并成为现代化社会一种最富有代表性的装备。据1976 年年底的统计数字，每百万就业人口(不包括农业)所拥有的通用电子数字计算机，美国是 1 800 余台。日本、联邦德国是 800 余台，这个数字还在迅速增长中。

《工程控制论》(修订版)上、下册(1980 年)

(六)

对现代生产和现代科学技术的面貌产生深远影响的第三项技术革命是航天技术。航天技术，是把航天应用于生产、科学技术和军事的一大类新技术的总称，是 20 世纪 50 年代诞生的重大技术成就。航天技术短短 20 余年的发展历史，不仅表现出在军事上的重要性，而且显示出了它在社会生产和科学技术范围内的巨大应用潜力。

航天技术首先把作为社会生产过程一般条件的通信手段提高到了一个全新的发展水平，实现了一种理想的天上中继站——通信卫星。利用卫星通信，不需要敷设电缆或微波接力站，极少受大气干扰，作用范围广，可靠性高，而且通信容量大。一颗通信卫星的通信能力与 100 条越洋海底电缆相当。

利用卫星通信，实现了电视对广大用户的直接广播；利用卫星通信，可以把大范围内的信息处理设备沟通形成信息网络。

航天技术实现了气象观测方式的革命。气象卫星能够在全球范围内对海洋、大陆和大气层进行观测；能够昼夜提供全球性的云图照片；能够对关键性的气象参数的垂直剖面图进行精确探测；能够连续监视大片地区的天气现象，并对研究台风一类灾害性天气现象有很大的作用。航天技术还能用于监视地壳的活动现象，并对地震和火山活动的预报作出贡献。

“运输业是一个物质生产的领域”，海运、空运的导航技术与社会生产的发展紧密相关。航天技术提供了一种理想的天上无线电导航台——导航卫星，从天上直接给飞机、船舶、潜艇传送导航信号，大大提高了导航系统的经济性、可靠性和精确性。卫星导航技术的最新发展，将可以提供全球性的、连续性的、高精度的导航业务，定位误差不超过 10 米，测速精度为每秒 3 厘米，比地面无线电导航提高近 100 倍！

航天技术提供了一种经济、有效的自然资源大面积普查手段。地球资源卫星可以用于土壤资源的调查、规划和开发，农作物长势和病害预报，矿物资源普查，水文勘测，林业、牧业资源管理，海洋资源调查，等等。

航天技术还开辟了“天上生产”的远景。例如，在赤道同步卫星轨道上，太阳产生的能量密度率约为每分钟每平方厘米二卡，而且不受地球昼夜和天气变化的影响，我们可以设想在未来利用这种环境在天上建设大型太阳能电站持续发电，然后通过大功率微波器件转换成微波能量，定向发射回地面接收站，再转换成工业和民用所需的电力。

由于航天技术的最新发展，在 20 世纪 80 年代将出现一种先进的可往返使用的航天运载工具——航天飞机。航天飞机将取代先前一次使用的卫星运载火箭；将能够对在轨道上运行的通信卫星、导航卫星、地球资源卫星、气象卫星和科学卫星进行维修服务；将能把已在轨道上完成了任务的有效载荷取回地面，以便修复使用或供改进技术用；将能为航天技术提供经济的“天上实验室”；将能使利用天上无重力环境进行“天上生产”成为现实。航天飞机的发展将把航天技术革命进一步推向深入。

航天技术对生产和科学技术的发展将继续产生深远的影响。从根本上说，这是由于航天具有极其深刻的认识论意义。任何知识的来源，在于人的肉体感官对客观外界的感觉。因此，任何技术的发展都与人类眼界扩大的程度相关。航天技术提供了一个极其优越的位置，从天上来发展我们对地球、大气层和整个自然界的认识，使人的眼界有一个飞跃的扩大。在航天技术出现之前，人局限在地球上，眼界很小，对范围极其辽阔的陆地、海洋、大气层进行一番系统的考察，所需要的时间是十分长的；对范围很大的区域性、洲际性甚至全球性的自然现象，根本无法直接观察；对环境条件恶劣地区的自然现象，难以深入考察；对一些迅速变化的自然现象，人也缺乏连续观察的能力。航天技术从根本上改变了这种状况。应用目前已经成熟的技术，从数百公里高的卫星轨道上对地球拍照，一张用于地质普查的卫星照片可以覆盖地面 3.4 万平方公里，为普通航空观测照片的 340 倍！应用离地面 3.5 万多公里的赤道同步卫星，可以连续“俯视”大约半个地球表面。航天技术给我们提供了多种多样的天上观察站，以发展我们对自然界的认识：利用极地轨道卫星，可以在十多天内普查全球一次；利用赤道同步轨道卫星，可以连续不断监视地面自然现象；利用太阳同步轨道卫星，可以在太阳光照基本一致的条件下对自然特征进行对比研究。航天遥感技术还扩展了人对地表、洋面和大气层辐射的电磁波谱的识别范围，使一些表现在可见光区域以外的自然现象成为可以观察的。航天技术极大地延伸了人的眼力。以天文观察为例，最近发现的发射 X-光和 γ 射线的星源和与其相关的一系列所谓高能天文学现象，没有天文卫星这个工具是不可设想的。又如从地球用光学望远镜观察火星表面只能辨认出尺度大于 300 公里的特征；而飞往火星的航天探测器，能在几千公里的近距离拍摄火星照片并传回地球，使分辨能力一下提高了 100 倍！环绕火星的航天探测器进一步把这一能力提高到 1 000 倍以上；而在火星表面软着陆的航天探测器则能对其表面进行直接探测，并将结果传回地球。各种各样的行星探测器使人的眼力一下子延伸了数千万甚至成亿公里！

以前我们是局限于地球表面来搞科学实验的，但就在这样的条件下，我们创造了如此丰富的科学技术，如此丰富的知识宝库。今后我们可以跳出地球表面，进入太阳系的空间，我们对宇宙的认识必然会有一个飞跃！

（七）

除了以上所说的三项当代技术革命，核能技术革命、电子计算机技术革命和航天技术革命之外，我们还看到现代科学技术的重大突破正酝酿着另外几项技术革命。例如激光技术的发展将会导致新的技术革命，开创光子学、光子技术和光子工业[21]。又如遗传工程的发展也将会导致新的技术革命，按人类的计划，创造新的生物种属，而不光是靠老天爷培育生物种属。还可能有其他技术革命。五六项技术革命同时并进，百花齐放，万紫千红，是人类历史上从未有过的局面！

但所有这些科学技术的发展，所有这些技术革命都直接与控制论连在一起。控制论的发生可以追溯到电力驱动技术，即电力技术革命；而控制论的成长则同当代几项技术革命是分不开的。可以预言，控制论的进一步发展也必将同我们以上论述的技术革命的进一步发展紧密相配合。让我们看一看几十年来的历史。

1944 年那一台名叫 MARK－1 的大型继电器式计算机，1945 年宾夕法尼亚大学那台采用电子管代替继电器的 ENIAC 电子计算机，都出现在控制论完全形成之前。但是，用替续的开关装置和用二进制作为电子计算机设计的最合适基础，完全是受惠于从 1942 年前后开始的控制论思想的发展：人的神经系统在做计算工作时，作为计算元件的神经元或神经细胞，实质上可以看作只具有两种动作状态的替续器。工程控制论出现以后，已日益深刻地被应用于指导电子计算机的设计。例如，能够记住主题并把以后接受的信息同这个主题联系起来的智能终端，能够识别语言波形、完全按照声音来操作的计算机，能够直接把图像转变为数字信息存储、处理的计算机，以及具有一定自学习、自组织功能的以电子计算机为心脏的机器智能等，都是按照控制论原理来革新电子计算机体系结构的一些新发展。工程控制论正在推动电子计算机技术革命的深入。这样一个现实已经来到了人类的面前：由电子计算机和机器智能装备起来的人，已经成为更有作为、更高超的人！

工程控制论在其成形的时候，就把设计稳定的制导系统这类工程实践作为主要研究对象。虽然，作为现代火箭技术和航天技术萌芽的V－2火箭在控制论诞生之前好几年就出现了，但是，同应用工程控制论所实现的高精度、高可靠性的制导技术比较起来，V－2的机电式制导系统实在是太原始了。法西斯德国向伦敦发射了2000枚这种射程300公里的火箭，只有1230枚落入市区，这其中又仅只有半数落在距目标中心13公里的范围之内。而现代制导技术可以达到这样的成就：射程1万公里的洲际导弹弹头落点圆公算偏差在30米以内；“海盗号”航天飞行器在远距地球7000万公里之遥的火星实现了准确的软着陆。各种人造地球卫星、行星探测器、运载火箭以及航天飞机，都是高度自动化的机器。航天遥测、航天遥控、航天遥感，还有航天测控信息的远距离传递，都是工程控制论在航天技术革命发展过程中建立的里程碑。

高精度、高可靠性的自动调节、自动控制和自动监测系统，对核能技术的发展极具重要性。在核电站发展的早期，一般采用常规的机电自动控制技术和仪表。1963年，在核电站调节、控制与监测工作中首次引用了电子计算机控制，并获得了很大成功；到60年代末期，电子计算机控制已在核电站上广泛应用。全面采用电子计算机监视和控制，是当前核电站技术发展的显著特征。现代电力网建设，要求核电站在运行过程中能随电网负荷的变动而自动调整功率输出，只有应用多变量最优控制以及能预测控制变量的前馈控制等现代控制理论，才能实现这个目标。

控制论的对象是系统。所谓系统，是由相互制约的各个部分组织成的具有一定功能的整体。一个蒸汽机自动调节器是一个系统，一部自动机器是一个系统，一个生物体是一个系统，一条生产线是个系统，一个企业是个系统，一个企业体系是个系统，一项科学技术工程是个系统，一个电力调节网是个系统，一个铁路调度网是个系统；还有，一个经济协作区是个系统，一个社会组织也是一个系统。有小系统，有大系统，也有把一个国家作为对象的巨系统；有工程的系统，有生物体的系统，也有既非工程的、也非生物的系统。为了实现系统自身的稳定和功能，系统需要取得、使用、保持和传递能量、材料和信息，也需要对系统的各个构成部分进行组织。生物系统的组织是一种自组织，能够根据环境的某些变化来重新组织自己的运动的工程系统是自动控制系统。

在工程系统的实践经验基础上，20 世纪 60 年代兴起一类新的工程技术，即系统工程[22]，系统工程已从工程的系统推广应用到了非工程的系统，从工程系统工程发展到了经济系统工程和社会系统工程（简称社会工程）[23]。系统工程是各类系统的组织和管理技术。各类系统工程的共同理论基础是运筹学。但控制论研究系统各个构成部分如何进行组织，以便实现系统的稳定和有目的的行动，所以系统工程又与控制论有关。这就扩大了控制论概念的影响。

另一方面也还有这样的情况：由于机械自动调节与控制技术的发展，20 世纪 40 年代末正式形成了控制论科学。控制论原理已成功地应用于工程系统、生物系统和高级神经系统，50 年代诞生了工程控制论和生物控制论。60 年代，现代控制论发展形成的大系统理论，已把控制论的方法推广到了既非工程又非生物的系统——经济系统，从而正在出现一个新的控制论分支——经济控制论。面临这样一种发展形势，人们自然要问，控制论方法能否对比大系统更大的巨系统即社会系统发挥效用？

维纳在 1948 年曾经说过，那种认为控制论的新思想会发生某种社会效用的想法是"虚伪的希望"，"把自然科学中的方法推广到人类学、社会学、经济学方面去，希望能在社会领域里取得同样程度的胜利"，这是一种"过分的乐观"[24]。控制论的现代发展证明维纳 1948 年的观点是过于保守的。把一些工程技术方法推广应用到社会领域也不是"过分的乐观"，而是现实。运筹学已用于经济科学，并将应用于更大的社会领域。

恩格斯曾经预言，在社会主义条件下，"社会生产内部的无政府状态将为有计划的自觉的组织所代替"[25]。充分利用社会主义经济规律的调节作用，能够组织自觉运转的经济系统，这样的系统实质上也是一种自动系统；充分利用社会主义建设的客观法则和统计规律的调节作用，如恩格斯所预言，可以实现社会生产的"有计划的自觉的组织"，实质上这就是一种巨型的系统，所以，控制论所研究的系统的运动形式，在高级形态的系统——社会系统中，也是存在的。因此，没有理由认为控制论的社会应用是一种"虚伪的希望"。这是一种已经看得见曙光的真实的希望。在社会主义条件下，一门新的科学终将诞生，这就是社会控制论。这样一门科学不会在资本主义制度下出现，因为，"资产阶级社会的症结正是在于，对生产自始就不存在有意识的社会调节"[26]。

（八）

作为技术科学的控制论，对工程技术、生物和生命现象的研究和经济科学，以及对社会研究都有深刻的意义，比起相对论和量子论对社会的作用有过之无不及。我们可以毫不含糊地说从科学理论的角度来看，20 世纪上半叶的三大伟绩是相对论、量子论和控制论[27]，也许可以称它们为三项科学革命，是人类认识客观世界的三大飞跃。但我们比较这三大理论，也看到它们，特别是前两者与后者的区别。相对论是处理宏观物质运动的基础理论，量子力学是处理微观物质运动的基础理论。它们有一个共同点，都是研究物质运动的；还有一个共同点，都是基础理论，即人们实践的基本总结，物质运动不管什么形式，都是以此为依据的。控制论则不然，它的研究对象似乎不是物质运动，而且好像也还没有深入到可以称为基础理论。这就发人深思了。相对论和量子力学的典型可以引导我们设想控制论的进一步发展的方向。

为什么说控制论似乎还不够深入呢？从控制论上述的形成和发展来看，它是原始于技术的，即从解决生产实践问题开始的。工程控制论首先建立，是控制工程系统的技术的总结，即从工程技术提炼到工程技术的理论，即技术科学。有了这样一门技术科学——工程控制论，就如前面讲到的，我们又发现生物生命现象中的一些问题也可以用同样的观点来考察，从而建立了生物控制论。再进而发展到经济控制论以及社会控制论。现在我们如果把这四门技术科学加在一起称为控制论，这样形成的所谓控制论还是一个混合物，没有脱离其本来技术科学的面目；特性的内容多些，普遍存在的共性内容不够突出。能不能更集中研究"控制"的共性问题，从而把控制论提高到真正的一门基础科学呢？能不能把工程控制论、生物控制论、经济控制论、社会控制论等，作为是由这门基础科学理论控制论派生出来的技术科学呢？

理论控制论的对象是不是物质的运动？因为世界是由运动着的物质构成的，控制论的对象自然还是客观世界，所以控制论的研究对象最终还得联系到物质,只不过不是物质运动本身而是代表物质运动的事物因素之间的关系。有些关系是直接的;有些关系不直接,要通过信息通道,表现为信息。此外,为了控制,即使受控对象按我们的预定要求行事,我们还加入若干控制量和控制量与事物因素以及信息之间的关系。事物因素、信息和控制量形成一个相互关联体系,表现为可以用数学表达的一系列关系。我们要注意关联必须以数学形式定下来,也就是要定量,不然就没有控制论。理论控制论的任务就是根据这些定量的关系预见整个系统的行为。有些问题在控制论中是有决定性意义的:如系统的能控性问题和能观测性问题的普遍理论。

如果这就是我们要建立的基础科学理论控制论,那我们可以从这一新版《工程控制论》看到,我们达到的离我们的目标还有一定距离,深度还很差。要真正建立这门基础科学,还有待于今后控制论专业工作者们的努力。为了实现我国的社会主义现代化,为了促进当前的和即将到来的各项技术革命,我认为这一努力是很有意义的。

在写这篇序的过程中,王寿云同志帮助我检阅并整理了很多资料,付出了辛勤的劳动,我在此对他表示感谢。

写于 1978 年 12 月 24 日
修改于 1979 年 11 月 29 日

注释

［1］ Tsien, H. S. , *Engineering Cybernetics*. McGraw-Hill Book Company, (1954)

［2］ Цянь-Сюэ-Сзнь. Техническая Кибернетика, перевод с ангииского М. З. Литвина-Седого, под редакицией А. А. Фелдбаума, Из. Иностранной Литературы, (1956)

［3］ Tsien, H. S. , Technische Kybernetik, *übersetzt* von Dr. H. Kaltenecker, Berliner Union, (1957)

［4］ 钱学森:《工程控制论》,戴汝为等译自英文版,科学出版社,1958 年

［5］ N. 维纳:《控制论》,科学出版社,1962 年,第 27 页

［6］ J. D. 贝尔纳:《历史上的科学》,科学出版社,第 471 页

［7］ J. D. 贝尔纳:《历史上的科学》,科学出版社,第 752 页

[8] 费多谢耶夫:“科学技术革命的社会意义”,苏联《哲学问题》杂志,1974 年第 7 期
[9] T. S. 库恩:《科学革命的结构》,上海科学技术出版社
[10] 苏联《哲学问题》杂志:“今日之历史唯物主义:问题与任务”,1972 年第 10 期社论
[11] A. Toynbee, *Lectures on The Industrial Revolution in England*. London,(1884)
[12] 恩格斯:《马克思恩格斯全集》,第二卷,人民出版社,1957 年,第 281、296 页
[13] 马克思:《马克思恩格斯全集》,第二十三卷,人民出版社,1972 年,第 412 页
[14] 恩格斯:《反杜林论》,人民出版社,1970 年,第 258 页
[15] 恩格斯:《马克思恩格斯全集》,第二卷,人民出版社,1957 年,第 291 页
[16] 恩格斯:《马克思恩格斯选集》,第四卷,人民出版社,1972 年,第 436 页
[17] 列宁:《列宁选集》,第二卷,人民出版社,1972 年,第 788 页
[18] 斯大林:“辩证唯物主义和历史唯物主义”,《斯大林文选,1934—1952》,上册,人民出版社,1962 年,第 199 页
[19] 马克思:《马克思恩格斯全集》,第二十四卷,人民出版社,1972 年,第 44、123 页
[20] 马克思:《马克思恩格斯全集》,第二十四卷,人民出版社,1972 年,第 91 页
[21] 钱学森:“光子学、光子技术、光子工业”,《激光》,1979 年第 1 期
[22] 钱学森、许国志、王寿云:“组织管理的技术——系统工程”,《文汇报》,1978 年 9 月 27 日
[23] 钱学森、乌家培:“组织管理社会主义建设的技术——社会工程”,《经济管理》,1979 年第 1 期
[24] N. 维纳:《控制论》,科学出版社,1962 年,第 162、163 页
[25] 恩格斯:《反杜林论》,人民出版社,1970 年,第 279 页
[26] 恩格斯:《马克思恩格斯选集》第四卷,人民出版社,1972 年,第 369 页
[27] 童天湘:“控制论的发展和应用”,《哲学研究》,1979 年第 2 期

组织管理的技术——系统工程*

要完成新时期的总任务，在20世纪末实现农业现代化、工业现代化、国防现代化和科学技术现代化，把我国建设成为社会主义的强国，必须大大地提高我国科学技术水平，这是大家所认识了的。中央领导同志多次指出，我们现在不但科学技术水平低，而且组织管理水平也低，后者也影响前者。要解决组织管理水平低的问题，首先要认识这个问题，要认识这个问题的严重性。只有充分认识我们的管理水平低、管理工作存在着混乱的情况，我们才能够切实地总结经验教训，不但学习和掌握先进的科学技术，而且要学习和掌握合乎科学的先进的组织管理方法。否则，我们就会继续浪费时间、人力和资金，就不能完成我们在20世纪内要完成的宏伟任务。

有了认识只是第一步，还要做两方面的工作：第一个方面是要改革目前我国上层建筑中同生产力发展不相适应的部分，特别要打破小生产的经营思想，按照经济发展的客观规律改革组织管理。我国虽然早已是社会主义国家了，但意识落后于存在，小生产的经营思想还根深蒂固，我们不懂得用大生产的经济规律去组织生产，这就妨碍了生产力的发展。所以提高组织管理水平必须在上层建筑进行必要的改革。

第二个方面是要使用一套组织管理的科学方法。我国在科学的组织管理工作中的先行者是华罗庚教授，他在1960年代初期就对“统筹方法”进行

---

* 本文原载1978年9月27日《文汇报》。

了系统的研究,并在大庆油田、黑龙江省林业战线、山西省大同市口泉车站、太原铁路局、太钢,以及一些省市公社和大队的农业生产中推广应用,取得良好效果,得到毛主席和周总理的赞许和鼓励。我们在本文想就这第二个方面,讲点意见,也就是从总结组织管理的经验,讲讲建立起比较严密的组织管理科学技术体系,以及培养组织管理的科学人才,以此引起大家进一步的讨论,从一个侧面帮助管理水平的提高。

(一)

现在我们来讲一讲组织管理工作的历史发展情况。先从工程技术方面说起。在历史上,例如作为个体劳动者的一个泥瓦匠,他要造房子,首先要弄到材料,选定一个可行的方案,然后进行建设。他要建造一间什么样的房子,在他动手建造之前,房子的形象已经存在于他的头脑之中。他按照一定的目的来协调他的活动方式和方法,并且随着不断出现的新的情况来修改原来的计划。在整个劳动过程中,他既构想这所房屋的“总体”结构,又从每一个局部来实现房屋的建造;他是管理者也是劳动者,两者是合一的。后来生产进一步发展了,在手工业工场里,出现了以分工为基础的协作。马克思说:“许多人在同一生产过程中,或在不同的但互相联系的生产过程中,有计划地一起协同劳动,这种劳动形式叫做协作。”又说:“一切规模较大的直接社会劳动或共同劳动,都或多或少地需要指挥,以协调个人的活动,并执行生产总体的运动——不同于这一总体的独立器官的运动——所产生的各种一般职能。一个单独的提琴手是自己指挥自己,一个乐队就需要一个乐队指挥。”(《马克思恩格斯全集》第二十三卷,第362、367页)这是说有了职能的分工,在一切规模较大的工程技术中,都有“总体”,都有“协调”问题,都需要有个指挥来从总体运动的观点协调个人活动。在手工业工场里,这个指挥就是“监工”。后来生产进一步发展,在产业革命后出现的大工业生产中,这个指挥就是“总工程师”。在制造一部复杂的机器设备时,如果它的一个一个局部构件彼此不协调,相互连不起来,那么,即使这些构件的设计和制造从局部看是很先进的,但这部机器的总体性能还是不合格的。因此必须有个“总设计师”来“抓总”,协调设计工作。

从 20 世纪以来,现代科学技术活动的规模有了很大的扩展,工程技术装置复杂程度不断提高。40 年代,美国研制原子弹的“曼哈顿计划”的参加者有 1.5 万人;60 年代,美国“阿波罗载人登月计划”的参加者是 42 万人。要指挥规模如此巨大的社会劳动,靠一个“总工程师”或“总设计师”是不可能的。50 年代末 60 年代初,我国为了独立自主、自力更生地发展国防尖端技术,开展了大规模科学技术研究工作,同样碰到了这个问题。总之,问题是怎样在最短时间内,以最少的人力、物力和投资,最有效地利用科学技术最新成就,来完成一项大型的科研、建设任务。

问题来了就促使我们变革。

我们把极其复杂的研制对象称为“系统”,即由相互作用和相互依赖的若干组成部分结合成的具有特定功能的有机整体,而且这个“系统”本身又是它所从属的一个更大系统的组成部分。例如,研制一种战略核导弹,就是研制由弹体、弹头、发动机、制导、遥测、外弹道测量和发射等分系统组成的一个复杂系统;它可能又是由核动力潜艇、战略轰炸机、战略核导弹构成的战略防御武器系统的组成部分。导弹的每一个分系统在更细致的基础上划分为若干装置,如弹头分系统是由引信装置、保险装置和热核装置等组成的;每一个装置还可更细致地分为若干电子和机械构件。在组织研制任务时,一直细分到由每一个技术人员承担的具体工作为止。导弹武器系统是现代最复杂的工程系统之一,要靠成千上万人的大力协同工作才能研制成功。研制这样一种复杂工程系统所面临的基本问题是:怎样把比较笼统的初始研制要求逐步地变为成千上万个研制任务参加者的具体工作,以及怎样把这些工作最终综合成一个技术上合理、经济上合算、研制周期短、能协调运转的实际系统,并使这个系统成为它所从属的更大系统的有效组成部分。这样复杂的总体协调任务不可能靠一个人来完成;因为他不可能精通整个系统所涉及的全部专业知识。他也不可能有足够的时间来完成数量惊人的技术协调工作。这就要求以一种组织、一个集体来代替先前的单个指挥者,对这种大规模社会劳动进行协调指挥。在我国国防尖端技术科研部门建立的这种组织就是“总体设计部”(或“总体设计所”)。

在系统科学讨论会上(1987 年)

总体设计部由熟悉系统各方面专业知识的技术人员组成,并由知识面比较宽广的专家负责领导。总体设计部设计的是系统的“总体”,是系统的“总体方案”,是实现整个系统的“技术途径”。总体设计部一般不承担具体部件的设计,却是整个系统研制工作中必不可少的技术抓总单位。总体设计部把系统作为它所从属的更大系统的组成部分进行研制,对它的所有技术要求都首先从实现这个更大系统技术协调的观点来考虑;总体设计部把系统作为若干分系统有机结合成的整体来设计,对每个分系统的技术要求都首先从实现整个系统技术协调的观点来考虑;总体设计部对研制过程中分系统与分系统之间的矛盾、分系统与系统之间的矛盾,都首先从总体协调的需要来选择解决方案,然后留给分系统研制单位或总体设计部自身去实施。总体设计部的实践,体现了一种科学方法,这种科学方法就是“系统工程”(systems engineering)。“系统工程”是组织管理“系统”的规划、研究、设计、制造、试验和使用的科学方法,是一种对所有“系统”都具有普遍意义的科学方法。我国国防尖端技术的实践,已经证明了这一方法的科学性。

正如列宁说:管理的艺术并不是人们生来就有,而是从经验中得来的。系统工程来源于千百年来人们的生产实践,是点点滴滴经验的总结,是逐步形成的,在近年才上升为比较完整的一门科学技术。

（二）

除了复杂的工程系统的组织管理技术的发展以外，还有另一个领域的发展，大企业的经营管理技术，这在国外也叫“经营科学”(management science)，现在我们来讲讲这方面的发展情况。我们说：系统就是由相互作用和相互依赖的若干组成部分结合成的具有特定功能的有机整体。这些组成部分称为分系统。虽然有意识地把工厂企业称作为一个系统，现在还不普遍，但使用“系统”这个词却很经常。例如我们常说某厂的财会系统（管钱的）或某厂的动力系统（管能源的）。就一个工厂而言，任何一个分系统，包括工厂本身这个整系统在内，都由下列六个要素组成。“人”当然是第一要素，其他五个要素分为物和事两类，物包括三个要素即：物资（能源、原料、半成品、成品等）、设备（土木建筑、机电设备、工具仪表等）和财（工资、流动资金等）。事包括两个要素：任务指标（上级所下达的任务或与其他单位所订的合约）与信息（数据、图纸、报表、规章、决策等）。从历史上一个个体劳动者泥瓦匠的工作开始，就包含这六个要素。那时人当然是有的，不过是个体；砖瓦木料便是物资；斧锯瓦刀是设备；钱当然是个因素；任务指标是明确的；至于信息可能全部都存放在泥瓦匠这个人的头脑中。在现代的大工厂中，还是这六种要素，只不过规模空前地扩大。在工厂这个整系统中，各分系统之间的相互作用和相互依赖的关系，就凭这六个要素的流通而得以体现。

经营管理作为一门科学萌芽于20世纪初。可能第一个发现就是今天称为“工时定额”的这门学问。这是关于工序的；简单地说，就是研究在一定的设备和条件下，某一道工序最合理的加工时间。第二个发明是线条图[1]，这是有关调度计划的，可以说是后面我们讲的“计划协调技术”（简称PERT）的先驱。再后来出现了质量控制，在这里质量不是一个个体部件的属性，而是一个统计概念，是一批同一种部件的属性。可以看到就在这时，数理统计或数学进入了经营管理的领域。这是一件大事，因为数学这个所谓科学的皇后被引进到工厂经营管理这样一种“简单”的事务中。但这些都是1940年以前的事，当时人们还没有有意识地认识到工厂是一个系统。最能说明这个问题的是工时定额与线条图。工序是线条图的组成部分，工序与工序之间本来存在着有机联系，但在线条图中没有得到明确的反映，因而线条图没有表达出系统这个概念。只是到了50年代，出现了计划协调技术，这种关系才以网络的形式得以表达。网络是某些系统最形象、最简洁的表达形式，它的成功应用和得到普遍承认，便是系统重要性的一个证明。

1940年以后，由于工程技术的发展，人们对于系统的一个重要属性——信息反馈，逐渐加深了认识。其实信息反馈这一现象早在蒸汽机的调速器中就出现。当负荷增加（减少）时，车速就相应地减慢（增快），调速器便因离心力的作用而增大（减小）进气阀门。负荷的变化这一信息便反馈到进气应如何增减这一决策中来，并从而自动地作出正确的决策。一个工厂由于鼓足干劲，在某一时期中提前完成了任务指标，为了今后能超额完成任务，这一信息应反馈到材料供应等决策之中，这是人所尽知的事实。也许可以说，在工厂中，任何一个决策都或多或少地牵涉到某一分系统的信息反馈。信息反馈失灵就会导致管理混乱。当然管理混乱还可能由于其他种种原因。

在一个工厂中，物流是有目共睹，并且受到极大的注意。物流的畅通与否，是管理人员极为关心的事。例如在一个钢铁联合企业中，原料进入高炉炼成铁水，一部分铸成铁块，一部分运往平炉车间炼成钢水；铸成钢锭后，一部分运往钢锭库，一部分运往初轧厂的均热工段，均热后进初轧机，然后再分别到各分厂轧制成钢材。在这个主要的物流中，伴随着许许多多的信息流。事实上，均热炉的温度控制就是一个典型的信息反馈。在泥瓦匠的工作中，信息几乎都是无形的，是存放在人的头脑中。随着生产规模的发展，头脑中房屋的形象变成了蓝图，铁匠师傅打铁时看火候的经验演化为均热工段的加热时间表，会计人员计算工资的方法成为计算机的一个程序。工厂的规模越大、越复杂，在这六个要素中，相对来说信息这一要素的增长就越大。生产越自动化，对信息传递的速度和准确度要求就越高。物流的畅通与否在很大程度上依赖信息处理的好坏（包括信息加工、传输、存储、检索，以及各式各样大大小小的决策），因此信息这一因素日益受到重视，成为经营管理科学研究的中心课题之一。目前在我国的许多企业中，连最狭义的信息传递还处于相当落后的状态，要使我国工厂生产管理达到高水平也就不可能了。

人、物资、设备、财、任务和信息这六个要素，都要满足一定的制约。进行经营管理首先要认识这种制约，并从而能动地求得在制约下的系统的最优运转。制约分为两大类，一是经济规律的制约，一是技术条件的制约。如在计划协调技术中，物流必须满足技术条件所制约的加工先后顺序。认识这种制约才能画出网络并从而求得主要矛盾线。主要矛盾线所表达的完工时间又可能成为更大系统中某一工序的最优加工工时。在制约下求得总体最优是企业经营管理的一个重要概念。

通过这六个要素，把一个复杂的生产体系组织管理好，需要科学，而这门科学也只是千百年来人们生产实践经验的总结，到 20 世纪初才有了一些具体结果；40 年代之后终于成了一门比较成形的科学，即所谓经营科学。

（三）

在国外常常把复杂工程系统的工程工作和大企业组织的经营管理工作并为一门科学系统，叫作“运筹学”（operations research）。其实这些概念都是近 30 多年来实践中发展起来的，当时认识不够深刻，用词也不一定妥当，现在该是总结明确的时候了。

不论是复杂的工程还是大企业，以至国家的部门，都可以作为一个体系；组织建立这个体系、经营运转这个体系是一项工程实践，就如水利枢纽、电力网或钢铁联合企业的建设那样，是工程技术。所以应该统统看成是系统工程。当然，也正如我们习惯讲的工程技术又各有专门，如水利工程、机械工程、土木工程、电力工程、电子工程、冶金工程、化学工程等一样，系统工程也还是一个总类名称。因体系性质不同，还可以再分：如工程体系的系统工程（像复杂武器体系的系统工程）叫工程系统工程，生产企业或企业体系的系统工程叫经济系统工程。国家机关的行政办公叫行政系统工程，科学技术研究工作的组织管理叫科学研究系统工程，打仗的组织指挥叫军事系统工程，后勤工作的组织管理叫后勤系统工程等。也还可以再以专门工作方面来分，如档案资料的组织管理叫资料库系统工程，控制产品质量的组织管理叫质量保障系统工程等。

系统工程的概念和方法还可以用于更广泛的实践。除了上面讲得比较大的系统之外，设计一项不大的设备也要考虑设备各部件的协调，所以也要用系统工程的概念，因此在现有高等院校的工科专业课中也讲一点系统工程。我们这里说的组织管理科学也是吸取了这些实践经验而发展扩大的。其实再小一点的事也用得上系统工程的思想，如治病，要人、病、证三结合以人为主统筹考虑。这就是说要把人体作为一个复杂的体系，还要把人和环境作为一个复杂体系来考虑。

说到这里，大家也会感到系统工程的概念并不神秘，这是我们自有生产活动以来，已经干了几千年的事。在人类历史上，凡是人们成功地从事比较复杂的工程建设时，就已不自觉地运用了系统工程方法，而且这里面也自然孕育着理论。公元前250年，李冰父子带领四川劳动人民修筑的都江堰，由“鱼嘴”岷江分水工程、“飞沙堰”分洪排沙工程、“宝瓶口”引水工程这三项工程巧妙结合而成，即使按照今天系统工程的观点，这也是一项杰出的大型工程建设。当然，人类的历史是一个由必然王国向自由王国不断发展的历史，社会劳动规模的日益扩大，使人们日渐自觉地认识到了系统工程方法的必要性和重要性，要求我们对统筹兼顾、全面规划、局部服从全局等原则从朴素的自发的应用提高到科学的自觉的应用，把它们从日常的经验提高到反映组织管理工作客观规律的科学理论。所谓科学理论就是要把规律用数学的形式表达出来，最后要能上电子计算机去算。这科学理论是系统工程的基础，系统工程则是这门科学理论的具体运用。这门科学理论可以沿用一个已经建立的名词，这叫运筹学，但内容和范围更明确了，它是体系组织管理的实践所总结出来的、有普遍意义的科学理论；但有别于组织管理的具体科学实践——系统工程。从组织管理的实践到运筹学，再到系统工程的实践，完成了实践到理论，再用理论来指导实践的循环。打个比喻，一般常说的工程技术，其基础理论是基础科学，也就是数学、物理、化学、天文学、地学和生物学，尤其是数学、物理，那么各门系统工程的基础是运筹学，当然还有数学。这样，相当于处理物质运动的物理，运筹学也可以叫作“事理”。

当然“事理”同数学、物理都充满了辩证法的道理，都是以辩证唯物主义作指导的。这对于我们的同志来说，是比较容易懂得的；但是对于那些长时间以来受形而上学、片面性毒害的资本主义国家的工程、生产以及其他方面的人员来讲，就是最浅显的辩证法都成为从来未听说过的新鲜事，以至把统筹兼顾、协调各方面的矛盾作为好像是系统工程和其理论基础的运筹学所特有，大喊大叫，这当然是不妥当的。但是他们这些人，通过长时间的实践，终于懂得了一些朴素的辩证法，而且运用到实际工作中去了，这又是一件好事。

运筹学的具体内容包括线性规划论[2]、非线性规划论[3]、博弈论[4]、排队论[5]、搜索论[6]、库存论[7]、决策论[8]等；而且还要根据实际需要进一步发展。这新领域还很多，例如可靠性论[9]。当然，作为“事理”，运筹学还是一门年轻的科学，其整个发展也才 30 多年，比不上物理学几百年的历史。因此运筹学还很不成熟，很不系统。上面所举的运筹学各个分支也只能看作是将来“事理”这门科学的组成材料，还有大量的研究工作要做，使它更加系统、更加严密、更加完整。

系统工程的数学基础，除一般常常说到的数学基础之外，还有统计数学、概率论。控制论，包括大系统理论[10]，也是系统工程的基础。

我们相信用以上所说的概念来建立并发展系统工程、运筹学、数学理论以及其他有关科学这个科学体系，能解决所有组织管理的技术问题。所以我们要搞的系统工程不仅仅是“一门”组织管理的技术，而是各门组织管理的技术的总称。它现在还不完善，但可以逐步完善。

（四）

系统工程不仅需要科学理论工具，而且需要强有力的运算手段——电子数字计算机。

对于具有复杂关系的系统工程问题，在使用运筹学方法确定对系统的要求、系统的总指标、系统的总体方案以及系统的使用方法时，都需要用电子数字计算机。例如，为了在实际系统研制成功以前拟定与验证系统的总体方案，估计系统各组成部分之间的相互适应性，考察系统在实际的或模拟的外部因素作用下的响应，按照系统工程的方法，总是把与系统有关的数量关系归纳成为反映系统机制和性能的数学方程组，即数学模型，然后在约束条件下求解这个数学方程组，找出答案。这个过程就叫系统的数学模拟，它是用电子数字计算机来实现的。

电子数字计算机还是实施系统工程计划协调的重要工具。1958 年美国在北极星导弹研制的计划管理中，首次采用了计划协调技术，把电子计算机用于计划工作，获得显著成功，加快了整个系统的研制进度。1963 年，我国在国防尖端技术科研工作中，进行了类似的试验，为在我国大型系统工程的计划工作中推广应用电子数字计算机作了开创性的尝试。

对于不太复杂的研制任务，采用计划协调技术所需要的算术运算工作量还是人工所能胜任的。但是，对于复杂的研制任务，计算工作量就成为十分突出的问题。由各分系统组成的整个系统包括成千上万项工作任务，处理这种大规模的网络计划就需要电子数字计算机。在系统工程的计划工作中，采用电子计算机的几点好处：一是电子计算机能形成一个高效的数据库，它可以按照计划部门和领导者的需要，把任何一项工作的历史情况和最新进度显示出来；二是通过电子计算机对经常变动的计划进展情况进行快速处理，计划管理人员能够及时掌握整个计划的全面动态，及时发现“短线”和窝工，采取调度措施改变这种状况；三是电子计算机能在短时间内对可能采取的几个调度措施的效果进行计算比较，帮助计划部门确定最合适的调度方案。

因此我们可以说系统工程的建立是由于现代大规模工农业生产和复杂科学技术体系的需要，而系统工程实践的广泛发展，是由于电子计算机的出现。没有大型电子计算机和各种中、小型电子计算机的配合，尽管有高超的运筹科学理论，系统工程还是无法发展的。这就又一次说明电子计算机的划时代意义，又一次证明电子计算机是一项毛主席所说的技术革命。随着系统工程实践规模的扩展，我们将需要运算能力更大的计算机或计算机体系。我们不会满足于运算速度为每秒 100 万次的机器，我们还要制造每秒运算 1 亿次以及 100 亿次的机器。

（五）

讲完了系统工程的内容和其理论基础及有关的学科，就可以来考虑培养

在西柏坡(1974 年)

新时期组织管理的专门人才。我国现在已经有不少高等院校开始了这方面的教学,这是很可喜的现象。我们在这里要说的是专门的高等院校,也就是怎样办组织管理方面的专门高等院校。

先从专业的设置说起。系统工程的各个分支就是各门专业,如工程系统工程专业、经济系统工程专业、行政系统工程专业、科研系统工程专业、军事系统工程专业、后勤系统工程专业、资料库系统工程专业以及质量保障系统工程专业等。这也如同一般工程技术有许多门专业一样。

为了打好专业学习的基础,学生要在进入专业学习之前先学专业基础课,如运筹学、电子计算机技术。这两大门课教起来要分几部分来上,因为内容比较多。其他专业基础课可能有控制论、政治经济学,有关高等数学如算法论[11]等。

学生刚入大学的一年至两年自然要学基础课以及外语和政治课。基础课还是数学、物理和化学,可能内容和比重与一般工程技术的大学有所不同,要做些调整和更动。当然学生在校学习期间都要有适当的体育锻炼和生产劳动。

配合课堂上课,还要有实验室实践和结合专业的实习,包括电子计算机的使用。因为搞系统工程离不开电子计算机,不会用电子计算机的系统工程的毕业生是不可想象的。

以上说的是组织管理学院(或大学)的"工科",即系统工程课程设计的概要。为了培养更多的组织管理学院或大学的教学人员，为了培养更多组织管理科学的研究人员，这种学院或大学还要设“理科”。“理科”专业就是前面所讲“工科”专业基础课的各门科学；如可以称作为“事理”的运筹学以及运筹学的几门分支学科，以及计算数学等。这些“理科”专业的基础课和“工科”的基础课大致相同。至于“理科”各专业的专业基础课自然不同于“工科”的各专业基础课，要另行设计了。当然在这里的课程设计是一个很初步的设想，许多具体细节还要进一步研究，还有许多问题也只能在教学的实践中去解决。我们在前面讲到运筹学本身也有待于系统化，而经过整理，很可能出现一门作为运筹学基础的“事理通论”，它就应该作为一门与数、理、化并列的基础课来教了。

我们设想了这样一种组织管理科学技术的大学，有“工”有“理”，与现行的一般工程科学技术的理工科大学平行的、另一种新的“理工科”高等院校。它的工科是培养从事应用工作的系统工程师；它的理科是培养从事基础理论研究工作的组织管理科学家。不论理科还是工科都要搞研究工作以不断提高教学质量。我们的组织管理高等院校不但要吸收和培养大批高考合格的知识青年，而且要开办进修班，吸收和培养我国现有的、数量众多而又有一定经验的组织管理干部，用现代化的组织管理科学技术武装他们，更好地发挥他们的才能。吸收组织管理干部进修还可以把他们的实践经验带到院校中来，丰富教学内容和促进组织管理的科学研究。我们不能只办一所这样的高等院校，也不是办几所，而是要办几十所，以至上百所这种新型理工结合的学院和大学。因为我们知道，我们需要的组织管理科学家和系统工程师，其数量和质量都决不会少于或次于自然科学家和一般工程技术的工程师。

此外，在工科院校也应恢复以前就有的工业企业管理课，使学习各传统工科技术的学生知道一些生产组织管理的知识，便于他们将来同组织管理专业人员合作共事。同样道理，也要考虑在传统理科院校开设组织管理课，使搞自然科学研究的科技人员能更好地同搞科学研究系统工程的人员协同工作。

我们这样干是一种创新。这也使我们想起 100 多年前的事：19 世纪下半叶，当时工业生产后进的美国为了追上先进的西欧资本主义国家，创办了理工科结合的科学技术高等院校，第一所这样的大学可以说是 1861 年建立的麻省理工学院。在20世纪20年代初美国为了同一目的又创办了着重培养研究人才的加州理工学院。这些突破传统的院校为美国培养了高质量的科学技术人才，使美国科学技术在20世纪中叶达到了世界先进水平。今天为了适应我国实现四个现代化的需要，在我国创办理工科结合的、培养组织管理科学技术人才的新型高等院校，并在其他高等院校设置这方面的课程，那我们一定能后来居上，使我国组织管理很快地达到世界最先进的水平！

注释

[1] 线条图是在计划协调技术出现之前习用的计划编制方法。按照这个方法，横坐标表示时间，用一个一个线条表示一系列任务，线条的起始端对应于任务的开始时间，线条的终止端对应于任务的完成时间，线条长短表示计划进度的长短。线条图有助于表示长期计划，却缺乏表达各项工作之间依赖关系的能力。把线条分割为更细致的事件，再用箭头把它们的依赖关系表现出来，就成为计划协调技术的网络图的萌芽

[2] 线性规划(linear programming)：经营管理工作中，往往碰到如何恰当地运转由人员、设备、材料、资金、时间等因素构成的体系，以便最有效地实现预定工作任务的问题。这一类统筹规划问题用数学语言表达出来，就是在一组约束条件下寻求一个函数(称为目标函数)的极值的问题。如果约束条件表示为线性等式及线性不等式，目标函数表示为线性函数时，就叫线性规划问题。线性规划就是求解这类问题的数学理论和方法。线性规划在财贸计划管理、交通运输管理、工程建设、生产计划安排等方面得到应用

[3] 非线性规划(non-linear programming)：如果在所要考虑的数学规划问题中，约束条件或目标函数不全是线性的，就叫非线性规划问题。非线性规划就是求解这类问题的数学理论和方法。工程设计、运筹学、过程控制、经济学等以及其他数学领域的许多定量问题，都可表示为非线性规划问题

[4] 博弈论(game theory)：是一种数学方法，用来研究对抗性的竞争局势的数学模型，探索最优的对抗策略。在这种竞争局势中，参与对抗的各方都有一定的策略可供选择，并且各方具有相互矛盾的利益。若仅有两方参与，则称为二人对策，若一人之所得即为对方之所失，则称为二人零和对策。二人零和对策和线性规划有密切关系

[5] 排队论(queuing theory)：是一种用来研究这样的公用服务系统工作过程的数学理论和方法，在这个系统中服务对象何时到达以及其占用系统的时间的长短均无从预先确

知。这是一种随机聚散现象。它通过对每个个别的随机服务现象的统计研究，找出反映这些随机现象平均特性的规律，从而改进服务系统的工作能力

[6] 搜索论(search theory)：是一种数学方法，用来研究在寻找某种对象(如石油、矿物、潜水艇等)的过程中，如何合理地使用搜索手段(如用于搜索的人力、物力、资金和时间)，以便取得最好的搜索效果

[7] 库存论(inventory theory)：经营管理工作中，为了促进系统的有效运转，往往需要对元件、器材、设备、资金以及其他物资保障条件，保持必要的储备。库存论就是研究在什么时间、以什么数量、从什么供应源来补充这些储备，使得保存库存和补充采购的总费用最少

[8] 决策论(decision theory)：决策论是运筹学最新发展的一个重要分支，用在经营管理工作中对系统的状态信息、根据这些信息可能选取的策略以及采取这些策略对系统的状态所产生的后果进行综合研究，以便按照某种衡量准则选择一个最优策略。决策论的数学工具有动态规划、马尔科夫过程等

[9] 可靠性理论(reliability theory)：在给定的时间区间和规定的运用条件下，一个装置有效地执行其任务的概率，称为装置的可靠性。可靠性理论就是研究可靠性的数学方法，是应用数学的一个重要分支。如何将可靠性较低的元件组成可靠性较高的系统，是可靠性理论的重要课题之一

[10] 大系统理论(theory of large scale system)：现代控制理论新近发展的一个重要研究领域，研究的对象是规模庞大、结构复杂的各种工程的或非工程的大系统的自动化问题。诸如综合自动化的钢铁联合企业、全国或大区的铁路自动调度系统、区域电力网的自动调节系统、大规模情报自动检索系统、经济管理系统、环境保护系统等，就是这样的大系统

[11] 算法论(algorithm theory)：一个计算过程，就是从可变的初始材料导出所求的结果的过程。在数学中通常把确定这种过程的准确指令理解为算法。算法论的中心课题之一就是“什么问题可以算法求解?”从而就有所谓可计算性理论。近年来由于组合性问题逐步受到重视，许多这样的组合问题来源于运筹学，于是发现所有存在有算法的问题可分为两类：一类是目前仅仅存在这样一种算法，它的计算时间随着问题规模的增大至少呈指数关系增长，计算机工作者把这类算法称为非可行的算法；另一类是存在这样算法，它的计算时间只随问题规模的增大呈多项式关系增长，计算机工作者把这类算法称为可行算法。非常有趣的是，在上述第一类问题中，有许多问题至今只找到非可行算法，没有找到可行算法，而又未能证明不存在这种可行算法。这样就又有所谓计算复杂性问题。运筹学中的最佳化问题是计算复杂性研究的一个重要对象

（本文第二、第三作者为许国志、王寿云）

系统思想和系统工程*

今天是中央电视台系统工程讲座的第一讲，题目叫《系统思想和系统工程》，是个开场白，稿子是王寿云同志和我写的，由我来讲。

（一）

系统作为一个概念既不是人类生来就有，也不是像有些外国人讲的那样，是20世纪40年代突然出现的东西。系统概念来源于古代人类的社会实践经验，所以一点也不神秘。人类自有生产活动以来，无不在同自然系统打交道。《管子》地员篇、《诗经》农事诗《七月》、秦汉氾（音 fán）胜之著《氾胜之书》等古籍，对农作与种子、地形、土壤、水分、肥料、季节、气候诸因素的关系，都有辩证地叙述。齐国名医扁鹊主张按病人气色、声音、形貌综合辨症，用砭（音 biān）法、针灸、汤液、按摩、熨帖多种疗法治病；周秦至西汉初年古代医学总集的《黄帝内经》，强调人体各器官的有机联系、生理现象和心理现象的联系、身体健康与自然环境的联系。战国时期秦国李冰设计修造了伟大的都江堰，包括"鱼嘴"岷江分水工程、"飞沙堰"分洪排沙工程、"宝瓶口"引水工程三大主体工程和120个附属渠堰工程，工程之间的联系关系处理得恰到好处，

---

* 本文是钱学森同志1980年在中央电视台系统工程讲座的讲稿，原载中国科协普及部《系统工程普及讲座汇编（上）》。

形成一个协调运转的工程总体。我国古天文学很早就揭示了天体运行与季节变化的联系，编制出历法和指导农事活动的廿四节气。所有这些古代农事、工程、医药、天文知识和成就，都在不同程度上反映了朴素的系统概念的自发应用。人类在知道系统思想、系统工程之前，就已在进行辩证的系统思维了，这正如恩格斯所说，“人们远在知道什么是辩证法以前，就已经辩证地思考了”[1]。

朴素的系统概念，不仅表现在古代人类的实践中，而且在古中国和古希腊的哲学思想中得到了反映。古中国和古希腊唯物主义思想家都从承认统一的物质本原出发，把自然界当作一个统一体。古希腊辩证法奠基人之一的赫拉克利特(约公元前 540～约前 480 与 470 之间)，在《论自然界》一书中说过：“世界是包括一切的整体。”古希腊唯物主义者德谟克利特(约公元前 460～约前 370)的一本没有留传下来的著作名为《宇宙大系统》。公元前 6 世纪至 5 世纪之间，我国春秋末期思想家老子强调自然界的统一性[2]；南宋陈亮(公元 1143～1194)的理一分殊思想，称理一为天地万物的理的整体，分殊是这个整体中每一事物的功能，试图从整体角度说明部分与整体的关系[3]。用自发的系统概念考察自然现象，这是古代中国和希腊唯物主义哲学思想的一个特征。古代辩证唯物的哲学思想包含了系统思想的萌芽。

古代朴素唯物主义哲学思想虽然强调对自然界整体性、统一性的认识，却缺乏对这一整体各个细节的认识能力，因而对整体性和统一性的认识也是不完全的。恩格斯在《自然辩证法》中指出：“在希腊人那里——正因为他们还没有进步到对自然界的解剖、分析——自然界还被当作一个整体而从总的方面来观察。自然现象的总联系还没有在细节方面得到证明，这种联系对希腊人来说是直接的直观的结果。这里就存在着希腊哲学的缺陷，由于这些缺陷，它在以后就必须屈服于另一种观点。”[4]对自然界这个统一体各个细节的认识，这是近代自然科学的任务。

15 世纪下半叶，近代科学开始兴起，力学、天文学、物理学、化学、生物学等科目逐渐从混为一体的哲学中分离出来，获得日益迅速的发展。近代自然科学发展了研究自然界的独特的分析方法，包括实验、解剖和观察，把自然界的细节从总的自然联系中抽出来，分门别类地加以研究。这种考察自然界的

与基地指战员在一起(1974 年)

方法移植到哲学中,就成为形而上学的思维。形而上学的出现是有历史根据的,是时代的需要,因为在深入的、细节的考察方面它比古代哲学是一个进步。但是,形而上学撇开总体的联系来考察事物和过程,因而它“就是以这些障碍堵塞了自己从了解部分到了解整体,到洞察普遍联系的道路”[5]。

19 世纪上半期,自然科学已取得了伟大的成就。特别是能量转化、细胞和进化论的发现,使人类对自然过程的相互联系的认识有了很大提高。恩格斯说:“由于这三大发现和自然科学的其他巨大进步,我们现在不仅能够指出自然界中各个领域内的过程之间的联系,而且总的说来也能指出各个领域之间的联系了,这样,我们就能够依靠经验自然科学本身所提供的事实,以近乎系统的形式描绘出一幅自然界联系的清晰图画。描绘这样一幅总的图画,在以前是所谓自然哲学的任务。而自然哲学只能这样来描绘:用理想的、幻想的联系来代替尚未知道的现实的联系,用臆想来补充缺少的事实,用纯粹的想象来填补现实的空白。它在这样做的时候提出了一些天才的思想,预测到一些后来的发现,但是也说出了十分荒唐的见解,这在当时是不可能不这样的。今天,当人们对自然研究的结果只是辩证地即从它们自身的联系进行考察,就可以制成一个在我们这个时代是令人满意的‘自然体系’的时候,当这种联系的辩证性质,甚至迫使自然哲学家的受过形而上学训练的头脑违背他们的意志而不得不接受的时候，自然哲学最终被清除了。”[6] 19 世纪的自然科学“本质上是整理材料的科学，关于过程、关于这些事物的发生和发展以及关于把这些自然过程结合为一个伟大整体的联系的科学”[7]，这样的自然科学，为唯物主义自然观建立了更加坚实的基础，为马克思主义哲学提供了丰富的材料。马克思、恩格斯的辩证唯物主义认为，物质世界是由无数相互联系、相互依赖、相互制约、相互作用的事物和过程所形成的统一整体。辩证唯物主义体现的物质世界普遍联系及其整体性的思想，也就是系统思想。系统思想是辩证唯物主义的内容，绝不是国外一些人所说的那样是 20 世纪中叶的新发现和现代科学技术独有的创造。

当然，现代科学技术对于系统思想方法是有重大贡献的。第一个贡献在于使系统思想方法定量化，成为一套具有数学理论、能够定量处理系统各组成部分联系关系的科学方法；第二个贡献在于为定量化系统思想方法的实际应用提供了强有力的计算工具——电子计算机。这两大贡献都是在 20 世纪中期实现的。

社会实践活动的大型化和复杂化，要求系统思想方法不仅能定性，而且能定量。解决现代社会种种复杂的系统问题，对材料的定量要求越来越强烈，这尤其表现在军事活动中，因为战争中决策的成败关系到国家民族的生死存亡。第二次世界大战是定量化系统方法发展的里程碑。这次战争在方法和手段上的复杂程度较以往的战争有很大增长，交战双方都需要在强调全局观念、从全局出发合理使用局部、最终求得全局效果最佳的目标下，对拟采取的措施和反措施进行精确的定量分析，才有希望在对策中取胜。这样一种强烈的需要，以极大的力量把一大批有才干的科学工作者吸引到拟订与评价战争计划、改进作战技术与军事装备使用方法的研究工作中，其结果就是定量化系统方法及强有力的计算工具电子计算机的出现，并成功地应用于作战分析。战后，定量化系统方法开始广泛地用来分析工程、经济、政治领域的大型复杂的系统问题。一旦取得了数学表达形式和计算工具，系统思想方法从一种哲学思维发展成为专门的科学。

现在我们把以上所说的再小结一下。恩格斯说：“思维既把相互联系的要素联合为一个统一体，同样也把意识的对象分解为它们的要素。没有分析就没有综合。”[8]系统思想是进行分析与综合的辩证思维工具，它在辩证唯物主义那里取得了哲学的表达形式，在运筹学和其他系统科学那里取得了定量的表述形式，在系统工程那里获得了丰富的实践内容。古代农事、工程、医药、天文方面的实践成就，建立在这些成就之上的古代中国和希腊朴素的唯物主义自然观(以抽象的思辨原则来代替自然现象的客观联系)；近代自然科学的兴起，由此产生的形而上学自然观(把自然界看作彼此隔离、彼此孤立、彼此不相依赖的各个事物或各个现象的偶然堆积)；19 世纪自然科学的伟大成就，以及建立在这一成就基础之上的辩证唯物主义自然观(以实验材料来说明自然界是有内部联系的统一整体，其中各个事物、现象是有机地相互联系、相互依赖、相互制约着的)；20 世纪中期现代科学技术的成就，为系统思维提供的定量方法和计算工具；这就是系统思想如何从经验到哲学到科学、从思辨到定性到定量的大致发展情况。

(二)

下面我们来讲讲系统工程，也就是处理系统的工程技术。

从 20 世纪 40 年代以来，国外对定量化系统思想方法的实际应用相继取了许多个不同的名称：运筹学(operations research)、管理科学(management science)、系统工程(systems engineering)、系统分析(systems analysis)、系统研究(systems research)，还有费用效果分析(cost-effectiveness analysis)等。他们所谓运筹学，指目的在于增加现有系统效率的分析工作；所谓管理科学，指大企业的经营管理技术；所谓系统工程，指设计新系统的科学方法；所谓系统分析，指对若干可供选择的执行特定任务的系统方案进行选择比较；如果上述选择比较着重在成本费用方面，即所谓费用效果分析；所谓系统研究，指拟制新系统的实现程序。现在看来，由于历史原因形成的这些不同名称，混淆了工程技术与其理论基础即技术科学的区别，用词不够妥当，认识也不够深刻。国外曾经有人试图给这些名词的涵义以精确区分，但未见取得成功。

用定量化的系统方法处理大型复杂系统的问题，无论是系统的组织建立，还是系统的经营管理，都可以统一地看成是工程实践。工程这个词 18 世纪在欧洲出现的时候，本来专指作战兵器的制造和执行服务于军事目的的工作。从后一涵义引申出一种更普遍的看法：把服务于特定目的的各项工作的总体称为工程，如水利工程、机械工程、土木工程、电力工程、电子工程、冶金工程、化学工程，等等。如果这个特定的目的是系统的组织建立或者是系统的经营管理，就可以统统看成是系统工程。国外称运筹学、管理科学、系统分析、系统研究以及费用效果分析的工程实践内容，均可以用系统的概念统一归入系统工程；国外所称运筹学、管理科学、系统分析、系统研究以及费用效果分析的数学理论和算法，可以统一地看成是运筹学。

在科学技术的体系结构[9]中，系统工程属于工程技术。正如工程技术各有专门一样，系统工程也还是一个总类名称。因体系性质不同，还可以再分为门类，如工程体系的系统工程叫工程系统工程，生产企业或企业体系的系统工程叫经济系统工程，国家行政机关体系的运转叫行政系统工程，科学技术研究工作的组织管理叫科研系统工程，打仗的组织指挥叫军事系统工程，后勤工作的组织管理叫后勤系统工程，计量体系的组织叫计量系统工程，质量保障体系的组织建立与管理叫质量保障系统工程，信息编码、传输、存贮、检索、读出显示系统的组织管理叫信息系统工程。系统工程不是一类系统的组织管理技术而是各类系统组织管理技术的总称。各类系统工程，作为工程技术的共同特点在于它们的实践性，即要强调对各类系统问题的应用，强调改造自然系统、创造社会生活各方面人所要的系统，强调实践效果。

在科学技术的体系结构中，工程技术的理论基础是技术科学。例如，水力工程的理论基础是水力学、水动力学、结构力学、材料力学、电工学等。什么技术科学是系统工程的共同理论基础呢？是运筹学。我们所说的运筹学，沿用的是二次世界大战出现的名词运筹学，但在内容和范围上又有所区别。二次世界大战时的运筹学，包含了一些我们今天所说的军事系统工程的内容，当时叫军事运筹学(military operations research)。我们今天所说的运筹学属于技术科学，不包括军事系统工程的内容，只包括系统工程的特有数学理论：线性规划、非线性规划、博弈论、排队论、库存论、决策论、搜索论等。除了运筹学，系统工程的共同理论基础还有计算科学。不仅各类系统工程有共同的理论基础，每门系统工程还有其特有的专业理论基础。工程系统工程特有的专业基础是工程设计，科研系统工程特有的专业基础是科学学，企业系统工程特有的专业基础是生产力经济学，信息系统工程特有的专业基础是信息科学和情报科学，军事系统工程特有的专业基础是军事科学，经济系统工程特有的专业基础是政治经济学，环境系统工程特有的专业基础是环境科学，等等。

控制论的奠基人维纳曾经说过："把自然科学中的方法推广到人类学、社会学、经济学方面去，希望能在社会领域取得同样程度的胜利"，这是一种"过分的乐观"[10]。系统工程的现代发展，证明维纳在1948年的这番预言是保守的。系统工程在自然科学、工程技术与社会科学之间构筑了一座伟大的桥梁。现代数学理论和电子计算机技术，通过一大类新的工程技术——各类系统工程，为社会科学研究添加了极为有用的定量方法、模型方法、模拟实验方法和优化方法。系统工程应用于企业经济管理已成为现实，并将应用于更巨大的社会系统。系统工程为自然科学、工程技术工作者同社会科学工作者的合作，开辟了广阔的前景。我国系统工程工作者与社会科学工作者合作，已经在全面质量管理、人口控制计划管理方面取得了可喜的成绩。

马克思说："一切规模较大的直接社会劳动或共同劳动，都或多或少地需要指挥，以协调个人的活动，并执行生产总体的运动——不同于这一总体的独立器官——所产生的各种一般职能。"[11]社会主义社会具有高度的组织结构，共同劳动的组织程度和规模远较马克思时代高得多、大得多。任何一种社会活动都形成一种系统，复杂的系统几乎无所不在。每一类系统的组织建立、经营运转，就成为一项系统工程；组织管理社会主义建设的技术就是社会系统工程，简称社会工程[12]。各类系统工程可以解决的问题，涉及整个社会。领导艺术是一种离开数学领域的才能，它能从大量事物的复杂关系中判断出最重要最有决定意义的东西。实现四个现代化，是极其伟大的社会工程。领导这一工程的任何决策，不仅需要领导艺术，更需要领导科学；不仅需要定性的材料，更需要定量的材料。用科学方法产生这些定量材料，并提供领导抉择参考，是我国现代化建设必不可少的一个专门行业。这个行业，是为国民经济建设各级领导机关特别是中央一级机关当参谋的。这个行业所从事的科学研究活动，是综合利用自然科学、社会科学、工程技术特别是系统工程，为国民经济建设的重大抉择问题提出可供选择的方案。我国社会主义社会对于系统工程的需要，犹如 19 世纪中叶资本主义社会对于工程技术的需要一样。那时，因为自然科学的发展，使千百年来人类改造自然的手艺上升成为有理论的科学，出现了工程技术。由于资本主义社会对工程技术的自觉应用，从而爆发了一场生产力发展的大变革。今天，系统工程的自觉应用将对我国社会生产力的发展产生变革作用。这或迟或早成为现实，取决于我们的认识。

（三）

下面我再讲讲系统工程工作在我国的发展。

运筹学在我国的发展始于 1955 年。那时，这样一个认识已经形成：我国有计划按比例的经济建设十分需要运筹学。1956 年，在中国科学院力学研究所建立了我国第一运筹学研究组；1960 年年底，中国科学院力学研究所与中国科学院数学研究所的两个运筹学研究室合并成为数学研究所的运筹学研究室。华罗庚教授从 60 年代初期起在我国大力推广"统筹法"，而取得显著成就；在这同时，随着国防尖端技术科研工作的发展，我国在工程系统的总体设计组织方面也取得了丰富的实践经验。1966 年至 1976 年，我国发生了十年动乱，也就说不上在这方面还能存在什么发展。粉碎"四人帮"后，系统工程的推广应用出现了新局面，1978 年 5 月中国航空学会在北京召开了军事运筹学学术会议。1978 年 9 月，我国科技工作者提出了利用系统思想把运筹学和管理科学统一起来的见解，提出了系统工程是组织管理技术的思想，1979 年 6 月，中国管理现代化研究会在天津召开了系统工程学术交流会；1979 年 7 月，中国自动化学会在芜湖召开了系统工程学术讨论会；1979 年 10 月，中国科学院，教育部，社会科学院，一、二、三、四、五、六、七、八机部，总参，总后，军事科学院，军事学院，国防科委和军兵种的 150 名代表，在北京举行了系统工程学术讨论会，国务院副总理耿飙、王震，总参副总长张爱萍、李达，以及各有关部门领导同志十余人，出席了这次讨论会的开幕式，体现了党和政府对系统工程在四化建设中作用的重视。这次会上我国 21 名知名科学家联合向中国科协倡议成立中国系统工程学会。西安交通大学、清华大学、天津大学、华中工学院、上海交通大学、大连工学院、上海化工学院、上海机械学院、哈尔滨工业大学、北京工业学院、国防科技大学相继成立了系统工程的研究室、研究所或系;上海机械学院和国防科技大学已招收系统工程专业的本科生。中国航空学会举办了系统工程和运筹学讨论班;中国自动化学会成立了系统工程专业组。1980 年 2 月 26 日,中国科学院系统科学研究所举行了成立大会,方毅副总理和中国科学院领导到会表示热烈祝贺。1980 年 3 月 22 日,包括西安地区国防工业系统、高等院校与工交财贸系统 70 余名会员的西安系统工程学会成立。1980 年下半年,中央人民广播电台将首次举办全国性的系统工程广播讲座,由 9 位知名科学家播讲。现在,全国科协和中央电视台又联合举办这次系统工程电视讲座,内容包括系统工程基本概念及系统工程在四化建设中的应用、系统工程方法、系统工程理论基础和系统工程人才培养四个方面,全部讲座由中国自动化学会、中国航空学会、中国铁道学会和中国系统工程学会共同承担。我国科技工作者已经认识到:系统工程同现代化建设各个领域的组织管理工作是紧密联系在一起的。他们已着手进行实验,将系统工程应用于工程计划的协调与平衡、工业企业全面质量管理、人口控制计划以及军事装备的规划。以上这一系列活动表明,我国科技工作者对系统工程的应用是有认识的,他们正在做出实际努力!我们希望中央电视台的这一系列广播能进一步推动系统工程在我国的发展,为我国社会主义的四个现代化作出贡献。

注释

[1] 《马克思恩格斯选集》,第三卷,第 182 页

[2] 《老子》,第二十五章

[3] 任继愈:《中国哲学史》,第三册,第 273 页

[4] 《马克思恩格斯选集》,第三卷,第 468 页

[5] 《马克思恩格斯选集》,第三卷,第 468 页

[6] 《路得维希·费尔巴哈和德国古典哲学的终结》,《马克思恩格斯选集》,第四卷,第 241～242 页

[7] 同上

[8] 《反杜林论》,《马克思恩格斯选集》,第三卷,第 81 页

[9] 钱学森:"大力发展系统工程,尽早建立系统科学体系",《光明日报》,1979 年 11 月 10 日
[10] 维纳:《控制论》,科学出版社,1962 年,第 162～163 页
[11] 《马克思恩格斯全集》,第二十三卷,第 362～363 页
[12] 钱学森、乌家培:《组织管理社会主义建设的技术——社会工程》,《经济管理》,1979 年第 1 期

(本文第二作者为王寿云)

新技术革命与系统工程

——从系统科学看我国今后60年的社会革命*

我认为系统科学就是从局部与整体、局部与系统这样一个观点去研究客观世界。在系统科学[1]中，直接改造客观世界的技术是系统工程。指导我们系统工程的一些普遍的、理论性的东西是运筹学、控制论、信息论。这三门学问是技术科学性质的，是直接为系统工程服务的理论。还有一门学问我们正在建立，这就是系统学。系统学是系统科学的基础理论，就如同物理、化学等自然科学的基础科学一样。这些学问还要与马克思主义哲学联系起来，用马克思主义哲学来指导这些学问的研究。这中间需要有一个桥梁，就像从马克思主义哲学到自然科学中间有一个自然辩证法、从马克思主义哲学到社会科学中间有一个历史唯物主义一样，这中间的桥梁我认为就是系统论。人类一切知识的最高概括就是马克思主义哲学，即辩证唯物主义。那么，从桥梁即系统论开始到基础科学系统学，再到技术科学控制论、信息论、运筹学，最后到直接改造客观世界的学问系统工程，这一整套学问我称为“系统科学”，以有别于社会科学、自然科学。所以，按照我的看法，“系统科学”比“系统工程”的含义更广，是科学技术的一个大的部门。

---

* 本文原载1985年第4期《世界经济》。

科学革命与技术革命

革命就是事物发展过程当中所出现的飞跃，是急剧变化、质的变化。马克思主义认为，一切事物是不断发展着的，但不是平稳的。有时发展慢，或者暂时静止不动，甚至倒退；有时发展很快，有质的变化，形成飞跃。这种飞跃用经典哲学名词可称为“扬弃”，我们通常称为“革命”。从这个观点出发，那么，什么叫“科学革命”呢？科学革命就是人认识客观世界的飞跃。科学革命这个词首先是由一个美国科学哲学家 T. S. 库恩提出来的，他在 20 世纪 30 年代写了一本书，书名是《科学革命的结构》，已有中译本出版[2]。他在书中提出了一个很正确的观点，就是科学的发展不是平稳前进的，中间可以出现大的、质的变化，出现飞跃。他把这个质的变化、这个飞跃称为科学革命。我认为他的这一观点是对的，当然书中所讲的东西不一定全对，也有许多我们不能接受的观点。但我肯定他提出科学的发展有革命是对的。去年 4 月，我在六个单位组织的“新技术革命知识讲座”中已经较详细地讲了科学革命的问题。我认为在人认识客观世界的全过程中，有很多次飞跃，这就是科学革

在科学讨论班上演讲(1983 年)

命。比如说，前人认为太阳、月亮是绕地球转的，即所谓的“地心说”，后来人们认识到地球是绕着太阳转的，即“日心说”，这就是人认识客观世界的一个飞跃。像这种推翻过去的认识，建立新的认识，就是科学革命，历史上这样的例子很多，举不胜举。

现在我们也面临着一个科学的大的发展，或叫科学革命，就是人认识客观世界的一个飞跃。现在科学发展的一个重要方面就是高能物理、基本粒子。这些学问实际上是说明：我们这个世界到底是怎样的世界。从 17 世纪的牛顿力学开始，我们研究的是宏观世界，就是从太阳系到地球上的东西，如汽车、人是如何运动的，这些是对宏观世界的认识。到了 20 世纪初，特别是 20 年代末 30 年代初，发生了这么两件事：一是量子力学的出现。量子力学研究的是比分子更小的东西。分子的大小为 10^{-8}厘米，在这个尺度以下，牛顿力学无能为力，要用量子力学。这就是从宏观到微观，宏观用牛顿力学，微观就要用量子力学；二是广义相对论的诞生。如果研究范围扩大到比太阳系还要大，如银河星系，牛顿力学也就不行了。银河星系像个大盘子，直径为 10 万光年，对这样大的范围进行研究就要用广义相对论。所以，天文学家说，宏观尺度以上，还有一个叫宇观。这样可分为三个层次，最大的是宇观，其次是宏观，最小的是微观，研究的对象分别是银河星系、山川物体和基本粒子。

随着自然科学的发展，现在发现微观世界中，物体之间有四种作用力，最初的是万有引力，稍大一些的是弱作用力，再大一些的是电磁作用力，最强的是强作用力。物理学家觉得这四种作用力太多了，于是要求建立一个完整理论，把这四个作用力统一起来，这就是大统一场论。在对这一理论的研究中，现在发现要把它们统一起来，就必须考虑一种新的作用力的场，这种新的场是英国爱丁堡大学希格斯发现的，这个场就被称为“希格斯场”。这个场极细小，远远要比基本粒子小，它的大小为 10^{-34} 厘米，所以微观不行了，需要有一个新概念，这就是微观以下的一个层次，我随便称为“渺观”。渺观中的希格斯场恰恰又可以用来解释我们现在的宇宙是怎样形成的，这样最小和最大就联系起来了。过去在物理学界和天文学界曾根据天文观测提出一个叫“大爆炸理论”的学说，它认为我们现在的宇宙，从望远镜观测的结果来推算，大约的尺度是 100 多亿光年。但如此大的宇宙开始时是很小的，是逐步膨胀的、“爆炸”的。这一理论过去曾碰到过问题，宇宙在爆炸的第一瞬间之前是什么东西呢？这在哲学上解释不通，这个问题恩格斯在《反杜林论》中就提出过。现在用希格斯场可以解释了，爆炸的过程是很复杂的，这不是唯一的爆炸，宇宙是无限的，这一爆炸只是宇宙的一个局部的爆炸，这样宇宙起点问题就解决了。这样就不能称为“大爆炸理论”，而要称为“膨胀理论”。所以，在宇观之上，还有多个宇宙同时存在的问题，这是由“膨胀理论”引起的，我给它起个名字叫作“胀观”。

总之，近十年物理学界、天文学界的工作又给原来的“宇观”、“宏观”、“微观”加了两个层次，叫作“渺观”和“胀观”。胀、宇、宏、微、渺，一共五个层次。这种对客观世界的认识过程还在发展中，现在尚未定论，但是可以看到一个趋势，从解决四种相互作用力的场论开始，又涉及宇宙论，将来这一理论建立以后，当然是人认识客观世界的一个飞跃，是科学革命。这一科学革命出现以后，我想，哲学家们曾提出过的所谓“本体论”就不必要了。刚才所讲的“五观”，讨论的就是客观世界本质是什么、本原是什么的问题，这恰恰属于本体论讨论的范围。本体论是用思辨来讨论问题的，但是对客观世界本质的问题，本体论没有解决，现在科学可以解决了。所以，我认为自然科学里有一个即将到来的科学革命。

关于技术革命，现在谈论得就更多了，我就不准备多说了，只是稍提一下。我认为技术革命的概念或定义还是用毛泽东同志提出的建议：什么叫技术革命？技术革命就是技术领域里的重大变革。他举了三个例子：蒸汽机、电力、原子能。这就很清楚，技术变革就是人改造客观世界技术的飞跃，这个新技术的出现要影响一大片，影响生产力，这就是技术革命。

在即将到来的技术革命中，我提请大家重视人工智能的重要性。智能机就是超出电子计算机的计算功能，要有人的智慧，或部分智慧。现在日本搞的第五代计算机就是这种，美国、西欧也纷纷开始搞，这可能是即将到来的新的技术革命。

社会革命及其三种类型：产业革命、政治革命、文化革命

除了科学革命和技术革命外，现在讲得较多的还有新的技术革命和新技

术革命，这两个词怎么区别？我的理解是新的技术革命可能指单项的技术革命，如电子计算机、遗传工程、生物工程、激光、光纤通信等。新技术革命可能是统称。经常使用的还有两个经典的老词：产业革命和社会革命。此外，苏联人常用科学技术革命，美国人常用第三次浪潮、第四次产业革命等新词，概念大多不很清楚。

我认为，社会的发展当然是有飞跃的，那么是不是社会发展进程中的飞跃就是社会革命呢？邓小平同志多次讲过，改革是一场革命。1984 年 2 月 31 日《世界经济导报》头版头条刊登了一篇题为《中共中央总书记胡耀邦最近提出破除小农经济思想和封建宗法观念》的报道，文章的第一句话是："中共中央总书记胡耀邦最近指出，改革是一场深刻的社会革命。"1984 年 10 月 18 日《光明日报》发表的一篇题为《观念更新与改革文艺》的文章中也提出："现在我们面临的是一场社会革命。"所以，"社会革命"这个词现在用得比较多。《未来与发展》1984 年第 4 期发表了中国社会科学院马列研究所的冯兰瑞和刘世定同志的文章《以马克思主义的科学态度和方法研究世界新产业革命》，用了"产业革命"这个经典词，我很赞成这篇文章的主题。我还接到湖北省委政策研究室的姚志学同志的来信，他提出要用系统的方法来分析研究科学革命、技术革命、产业革命和社会革命，我也很赞成。

那么，什么是马克思主义的科学态度和方法呢？我们说科学的发展是社会现象，技术的发展也是社会现象，研究社会现象要用马克思主义的什么方法呢？当然是历史唯物主义。历史唯物主义的基本观点是社会的发展是由于生产力的发展，这里有两组基本概念：一是生产力与生产关系，生产力推动生产关系，生产关系反作用于生产力；二是经济基础与上层建筑，经济基础推动社会上层建筑的发展，上层建筑也反作用于经济基础。这是历史唯物主义两个最基本的观点。从这个观点出发，我们认为科学革命和技术革命都属于基础，或叫基础性质的东西，因为直接推动生产力发展的是技术革命，而技术革命的来源是科学革命，要改造客观世界当然首先要认识世界。当然人类历史发展的初期是无所谓科学的。例如，在远古时代，人也有技术革命，如火的利用、铁器的制造，但那时还谈不上什么科学，所以那时不一定有科学革命，但是已经有了技术革命。但是，在现在人要先认识客观世界以后才能改造客观世界，认识客观世界的革命是科学革命，这样科学革命就成了技术革命的先导。但不管怎样，无论是科学革命还是技术革命，毕竟要引起生产力的革命。社会科学所研究的是更上面一个层次，即生产力与生产关系、经济基础与上层建筑这些问题。这些我们必须认真研究。

我得益于中央党校刊物《理论月刊》1984 年第 8 期上发表的一篇题为《社会经济形态不是社会的经济形态》的文章。这里涉及社会形态。社会形态是马克思提出来的，马克思首先用这个词是德语 gesellschaftsformation，后来译成俄语 общественная формация。马克思在《资本论》第一卷序言中用一个“经济的社会形态”即德文的 ökonomische gesellschaftsformation。我查了一下，郭大力、王亚南译本中这个词的翻译是正确的，译为“经济社会形态”，也就是经济的社会形态。但是文章的作者认为这样一个德文词译成俄文就出了点乱子，变成了“社会经济的形态” 即 общественно—экономическая формация。“社会经济的形态”在《马克思恩格斯全集》的《资本论》中译本中变成了“社会经济形态”，而且中间少了一个“的”字，这就很容易被理解为“社会的经济形态”，所以文章的作者提出了辩解，他说，社会经济形态不是社会的经济形态。我认为这里存在一些混乱，应当予以清理。马克思所用的概念的含义很清楚，是“社会形态”。什么叫社会形态？马克思举了很多例子，如原始社会、奴隶社会、封建社会、资本主义社会、社会主义或共产主义社会，这里所说的社会形态就是整个社会的组织结构。从这里我们还想到在马克思的时代，中心问题是无产阶级与资产阶级的阶级斗争。当然恩格斯在《英国工人阶级状况》一书中用了产业革命这个词，但在那个时代科学技术对于社会形态发展的研究看来还未受重视。我们今天看问题要首先明确社会形态这一个基本概念，在对这一概念的理解中我们一定要坚持历史唯物主义的观点，即生产力与生产关系的关系、经济基础与上层建筑的关系。从这个观点出发，我们要考虑到社会形态的几个方面：一个是马克思已经提出的，即经济的社会形态；另外还有两个，一个是政治的社会形态，另一个是意识的社会形态，意识的社会形态也就是我们通常所说的意识形态，现在我把它明确下来，意识形态不是指哪一个人的意识，而是整个社会的意识，则称为意识的社会形态。这样就很清楚了，经济的社会形态的飞跃是产业革命，政治的社会形态的飞跃是政治革命,意识的社会形态的飞跃是文化革命。而产业革命、政治革命和文化革命就是广义的社会革命。社会形态的变化、飞跃就是社会革命,但社会革命可以由不同侧面所引起,而且具有不同性质。产业革命、政治革命和文化革命都是社会革命,是比科学革命和技术革命更高层次的革命,它们都会引起社会形态的根本变化。所以说,我们习惯用的一个命题,即社会形态的交替必须通过社会革命,还是成立的。我只是把引起社会重大变革的这些事实放在一个体系中去研究,这就是系统的观点、系统科学的观点了。

产业革命和中国面临的产业革命

根据以上定义,经济的社会形态的飞跃就是产业革命,我认为人类历史上已经发生过四次产业革命。

第一次产业革命,发生在 1 万年以前。人类是以打猎、采集为生发展到以畜牧业和农业为生。

第二次产业革命,发生在奴隶社会。生产发展了,人们不再专为自己而生产,而是为交换而生产,也就是商品的出现。这里顺便提一句,十二届三中全会提出要大力发展商品生产,我们有的同志以为商品经济就是资本主义,有点担心。其实商品经济早就出现了,它并不是资本主义社会所特有的,奴隶社会、封建社会也有,因此商品经济不是与某一特定社会制度结合在一起的,我们今天的商品、货币等就是社会主义的经济范畴。

第三次产业革命,发生在 18 世纪末 19 世纪初。由于蒸汽机的出现引起了大工业。但是应该说这时的大工业还不是现代意义上的大工业。

第四次产业革命是在 19 世纪末 20 世纪初。工厂的组织形式发生了巨大变化,工厂的规模从一家一户扩大到国家或国际范围,对此列宁在《帝国主义是资本主义的最高阶段》一书中着重讲了它的政治意义,经济方面的意义也讲了,但讲得不太多。

目前国外称为第三次浪潮或第四次产业革命的一次新的产业革命,应该是第五次。

从中国来看,情况有所不同。我们经历了这么长的封建社会,还有 100

多年的半殖民地半封建的社会，我们落后了。英国18世纪末19世纪初所进行的第三次产业革命，在我国是在建国以后随着工业体系的建立才搞起来的，而且各自为政的情况非常严重，我1955年回国后看了很吃惊，每建一工厂从螺丝钉开始什么都生产，这在西方国家是没有的，那里都实行专业化生产。一个机械工业工厂连螺丝钉也要自己生产，这就是18世纪末19世纪初的古老的生产方法。十一届三中全会以后，中央的政策是完全正确的，2000年将实现翻两番的目标。小平同志还讲，我们要用50年的时间赶上世界先进水平。我们面临的任务就是要在60年的时间内补上第四次产业革命的课，迎头赶上，迎接正在酝酿第五次产业革命。而且我认为展望21世纪，中国要以农村为基地发展高度知识密集型的农业型产业，即我以前所讲的五业：种植的农业、林业、草业、海业和沙业。这是21世纪将在中国出现的第六次产业革命。今后60年就是要补第四次产业革命的课，迎头赶上第五次，准备第六次。这是非常艰巨的任务，世界历史上没有过。第四、五、六次产业革命一气呵成，当然中间要分阶段。在这个艰巨任务面前，我们要学的东西很多，现在至少要了解一些情况。外国人写的一些书可以看看，如托夫勒的《第三次浪潮》、奈斯比特的《大趋势》和托夫勒的新作《预测与前提》。要了解世界先进国家碰到的问题是什么，今后我们要尽量避免。

我们搞经济科学要迎接今后60年的变化。经济科学中应该着重研究什么学问？我们研究较多的是政治经济学，是研究生产关系的。对于生产力的经济学我们也要研究，即生产力经济学。我要提出一门新学问，即"金融经济学"。1984年年底我国银行存款1400亿元，这是一个不小的数字，但这笔钱没有充分利用，银行既要吸收，也要贷放，这样才能充分利用社会闲散资金。开展租赁业务也是一种金融办法，还有分期付款等。今年1月26日《经济日报》发表的《高利率——美国经济的新特征》一文指出，里根政府之所以能维持下去，就是靠资本主义那一套金融办法。说穿了，里根政府赖以生存的就是政府向银行借钱，然后通过政府各项购买，尤其是购买军火，让资本家赚钱，进行投资。政府财政赤字已从里根上台时的400多亿美元猛增到现在的2000亿美元，政府背的债务就是掏将来人民的口袋，过去民主党政府还没有悟出这个道理，政府投资没钱就靠滥发纸币，引起通货膨胀，这种办法等于是掏现在老百姓的口袋。这些都是在金融领域玩花招，如果我们不研究金融经济学，就看不透里根政府这套把戏。我们是社会主义国家，实行的是有计划的商品经济，商品经济就有一个钱的问题，而钱是金融经济学所要研究的。我认为政治经济学、生产力经济学和金融经济学这三门是经济科学的基础。

现在存在着微观经济学和宏观经济学，也有人提出了中观经济学，那么是否还有一个宇观经济学呢？所谓微观经济是指一个企业的经济，所谓宏观经济是指一个国家的经济，而中观经济可以是一个行业的经济，也可以是一个经济区的经济或一个行政区的经济，这样宇观经济就该是全世界的经济体系了。目前大家对经济区域的划分还在讨论，国家只明确了一个上海经济区，包括上海市和苏、皖、浙、赣四省。所以四门经济学都还有许多工作要做。但我们应该看到，微、中、宏、宇都是相互联系着的，不过是整个世界经济体系的不同层次。而我们现在的研究还是分家的，微观就是微观，宏观就是宏观，微观与宏观之间没有一个桥梁。前几年我曾提出[3]，在自然科学中从微观到宏观有一个统计物理，用统计物理的方法去研究单个分子运动与千千万万个分子运动之间的关系，那么，我们经济学中是否应该有一个统计经济学呢？这当然不是一般意义上的经济统计学，我认为，应该有一门综合四个层次的经济学，要阐明从一个层次过渡到相邻层次的机制和理论。

与系统科学相仿，基础科学这个层次下面还有一个技术性质的学问，数量经济学恐怕起的就是这个作用。最后，直接与实际经济生活接触的是部门经济学，它们与客观世界的关系最密切，其中有国土经济学、工业经济学、农业经济学、生态经济学、计划学、国防经济学等。

今后60年应抓的三个方面的工作

要做好上述我国社会形态的转变，我认为在目前大家讨论的各种问题中尤其应该注意三个方面的工作：信息情报事业的建设、应用系统工程与开展系统学的研究和大力培养与提高人民的智力。它们都是关系全局的大问题，以下将逐个作些说明。

(一) 信息情报事业的建设

现在信息社会讲得很多,但也有的同志对这种提法表示怀疑。在武汉举行的"经济发展战略与经济体制综合改革理论讨论会"上,童大林同志对当前信息社会的提法提出了质疑,希望大家对这个问题开展讨论。我认为信息情报是非常重要的,对此我有切身体会。可是,在我国科技信息是很不灵的。我在国外待了很长时间,从事研究工作,我当时就有这么一种想法,如果在我这个行业有了一项科技成果,并且公开发表了,而我在一个星期内还不知道的话,那么我就是失职了。当时我周围的人也都有这个想法。但是,目前在我们中国一项成果发表了半年、一年还不知道,也觉得无所谓,信息如此迟钝,怎么能不坏事呢?我们缺少一个情报体系,都是各人单独搜集情报。

信息情报工作大致有三个方面的内容[4]:一是情报的搜集。现在搜集情报的渠道非常多,渠道本身也是不断变化着的,搜集情报的量是相当大的。二是情报的储存和检索。这方面的工作在技术手段上已经有了很大的发展,储存有磁带、激光盘,检索靠电子计算机。

以上这两个方面的工作在我们国家还需要花很大力气才能建立起来,单靠个人搜集情报的方法不行,一个人订十几份、几十份报纸,这当然可以得到部分信息,但毕竟是一个古典的办法。这两方面的工作大家提得比较多,我要着重谈谈第三个方面的工作,即知识的活化,就是说搜集来的情报存在库内要随时可以提取出来,否则这样的情报或知识是死的,真正有用的情报是活情报。可以举几个例子说明这个问题。

在普法战争期间,马克思住在英国伦敦,恩格斯住在曼彻斯特。恩格斯常常写关于普法战争情况的文章。有一次他预见到将要打一次大仗,这一仗怎么打法,最后胜败如何,恩格斯都预见到了。他马上写了一篇文章,并立即用快邮寄给马克思,让马克思交给伦敦的一家报纸。马克思收到文章后立即坐上马车赶往报纸编辑部,第二天早上这篇文章及时见报了,这时战争已经打起来了,战争的情况、进展,以至于结果都与恩格斯的预见完全一致。那么,恩格斯有什么特殊情报渠道呢?没有,只是靠报纸发表的消息,但是他有马克思主义哲学、军事学，建立了事物的系统的框架，只要把报纸上发表的一些事实填到框架中，那么，战争的进程、结果就一目了然了。报纸上发表的消息是一种死知识，恩格斯对这些死知识进行分析加工，把它放到一个系统的框架中去，这就是死知识的活化过程。

以上这个例子说明，信息、情报在资料库里是死的，把这些死的东西提取出来，经过组合、分解，用系统工程的分析方法弄清其相互关系、历史的发展过程，这样就把死情报活化了，不明显的东西变得很突出了，这就是情报研究。今后情报研究的工作量要比过去大得多，如果完全依靠人工是不可想象的，要借助现代化分析手段，这就是智能机。虽然智能机只能代替一部分人的智能工作，但这就可以省好多事。智能机与信息系统的结合是非常重要的，没有这个结合，信息情报就可能分析不透，就可能作出错误的判断，所以我要强调信息情报对于即将到来的整个社会变革的重要意义。信息情报工作做不好，即便科学研究工作的效率很高，也会由于信息不灵，得不到好的社会效果。信息情报工作是我们今后一项重要工作。正是这个缘故，现在国外的信息情报受到高度重视，发展很快。在日本，有一个信息情报业，是一个新的产业，它的产值增长速度是最快的，比电子工业还要快。针对我国目前情况，这方面有许多工作要做。首先有一个基础差的问题，也就是我们的通讯传递系统太落后[5]，目前我们全国的电话机总数不过与香港一个地区的电话机数目相当。前几年对这个问题不重视，现在许多中央领导同志讲话中都提到这个问题，这非常好，如果没有这个基本建设，信息情报就无法传递。有的同志说，工业是硬的，信息情报是软的，也有称为硬产业、软产业的。我用另一种提法：第一产业是农业，第二产业是工业，第三产业是生产后勤和生活服务业，第四产业就是知识的积累、提取和使用，可称为精神财富的创造和使用产业。我们这些知识分子、科技人员都是产业大军的成员。

（二）应用系统工程与开展系统学的研究

这里我要强调的不是系统工程的重要性，而是如何考虑今后 60 年的大战略。这个大战略大致包括如下八个方面的内容：

一是物质文明的建设，生产物质财富。

二是精神文明的建设，创造精神财富。

三是服务于上述两个建设的后勤工作，不只是生活服务，还包括交通运输、通讯、能源供应等。

四是行政管理。过去我们在这方面考虑得比较少，1984 年 12 月 6 日《经济日报》发表一篇文章，题目是《治国兴邦之学——行政管理学》，我很同意这篇文章的观点，并且认为要用系统工程的方法来研究行政管理，使它成为一门科学。行政管理有许多方面可以应用电子计算机，这就是所谓的办公自动化，这方面我们还差得很远。在我们社会主义国家里，行政管理完全可以科学化。在资本主义国家，资本家要捣鬼，捣鬼与科学是不相容的。我们不捣鬼，完全可以科学化。

五是法制建设，法制也要科学化。人类自从进入阶级社会以后，法制成了统治阶级压迫被统治阶级的工具。在中国的封建社会，皇帝的话就是金科玉律。在资本主义社会法就比较严密了，但资本主义国家在制定法的时候又专门留空子，好让资本家去钻。由此可见，资本主义国家的法是不严密的。彭真同志讲过，我们社会主义的法是最严密的，是真正为人民服务的，这样社会主义法制就有可能，也有必要变成一门科学。我曾经提过一个建议，要建立社会主义法制和法治的系统工程[6]。

六是国际交往。这是个非常复杂的问题，不单纯是外交。现在的国际交往什么人都参加，有首相或总理、内阁成员、公司经理、学会代表等，角色虽然不同，但都演一台戏。总的说来，资本主义国家与你交往的目的就是要赚你的钱。所以说外事交往是很复杂的，机密性很强。这也是一个系统，也要运用系统工程的方法。

七是国家环境的管理。我们现在有个生态经济学学会，国家还设有城乡建设环境保护部，所要研究和解决的问题很多，空气污染、水流污染、噪音等，实际上就是一个环境问题，这也是一个庞大的系统工程[7]。应该说这些方面的问题对我们来说比较容易解决，因为社会主义国家是一个统一体。

八是国防问题。马克思主义认为，只要帝国主义、资本主义存在，战争就不可避免，国防建设当然也是国家大事。

我想，大战略的这八个方面各有系统，又互相联系，形成一个整体，要研究这样一个复杂的整体，单靠系统工程就不够了，我们还要在技术科学和基础科学（系统学）方面下功夫。在系统学的研究方面已经取得了一些成果，如北京大学数学系的廖山涛教授搞了一个微分动力体系理论，北京师范大学副校长兼物理系主任方福康教授搞了一个非平衡系统理论，这两个理论都是系统学的一部分，并且是针对十分复杂的系统，我称为巨系统。现在我们也有条件和可能发展系统科学中的基础科学——系统学，我国现在有许多同志从事这方面的研究，也有这样的学术单位。比如，去年航天工业部的信息控制研究所接受了国家体制改革委员会委托的一项任务，研究调整物价的可行性。这个研究所过去没有接触过经济问题，他们就向经济学家请教，到各部门去收集大量资料数据，建立了若干方程式和数学模型，利用电子计算机经过反复运算，最终得出了经济学家满意的结果。这个报告得到了好评，它说明许多复杂问题用系统工程办法来分析是可以解决的。

（三）大力培养与提高人民的智力

要在 21 世纪中叶赶上当时的世界先进水平，对文化教育和人民智力的要求是非常高的，读书、有知识文化将不仅是知识分子的事，而是全体人民的事。工业生产将是高度知识密集型的，农业生产也将是高度知识密集型的，劳动者没有文化、没有科学技术就不能很好地劳动。再从现在世界先进国家人民教育水平不断提高的趋势来看，由普及小学教育到普及中学和中专教育，再进而扩大大专毕业生在人口中的比例，即到 21 世纪中叶，还有 60 年，那时人人要有大专文化水平，资本主义发展引起的城乡差别、工业和农业差别将要消灭，随之出现的将是体力劳动和脑力劳动差别的消灭。但我国目前还有 2 亿多文盲、半文盲，大家看电视节目上的智力测验，大概感触也很多。比比现实状况和 60 年后的要求，大力培养与提高人民的智力的确是件头等大事。

我想这件大事可以分两步走：第一步到 2000 年，届时我们的干部文化水平都要是大学毕业的，第二步再用三五十年达到全民都是大学毕业的。为此，我绘制了一幅 20 世纪末我国教育事业的草图[8]。我设想每年小学入学学生和毕业学生为 2 000 万，在校小学生为 1.2 亿。小学毕业生有一半进三年制职业学校，每年1000万，在校学生3000万。其他1000万进初级中学，在校初中生3000万。初中毕业生中的多一半，设600万进中等专科学校、职业中学和技工学校，三年毕业，在校学习学生为1800万。还有400万初中毕业生进高中，三年学习，在校学生1200万。每年有400万高中毕业生，其中多数约300万进大专，两年毕业，在校学生为600万。另有100万高中生进四年制大学，在校学生400万。这样全部在校学生共2.2亿，共需教师约2200万人。年教育经费约1000亿元，比目前增长10倍左右，而这笔账还没有计算现代社会发展所必需的成人再教育等。很显然教育在国家经济中将是一项与基本建设同等分量的开支，国家经济计划中的一些概念也要改变了。请经济学家们注意啊！

面临这样大的任务，我国现行教育体制是显然不适应的。好在党中央和国务院正抓这个问题，召开过多次会议讨论，我们相信关于教育体制的改革问题也会像十二届三中全会《决定》中讲的，“中央将专门讨论这方面的问题，并作出相应的决定”，而得到解决。

但从长远看，我认为我们还要研究教育科学的基础理论，总结古今中外的育人经验，结合近年兴起的行为科学，大大提高培养教育的效益，缩短达到一定目标的必需时间。例如国外已有倡议把小学入学年龄从6岁降到4岁。也有的从儿童心理学的研究结果提出幼儿教育的重要性，主张教育要从娃娃开始。如此等等都是大有可为的。从我自己和我的同学们的经历说，我认为中小学教育搞好了，两年制大学就能达到现在四年制大学的水平，而四年制大学可以达到现在的硕士水平。再加上提早入学，肯定可以节省几年时间！

而这还没有到顶，人脑还大有潜力，人的智力还大可发展。这是从现代人体科学和思维科学[9]的研究结果得出的认识：现在的人比起100万年前的人类祖先聪明多了，而这个进步还是自发的、不自觉的过程。今后用人体科学和思维科学，自觉地、能动地去开发人脑的潜力，人的聪明怎么会不大大提高呢？教育的过程怎么会不大大缩短呢？这将是又一场科学革命和又一场技术革命。

我以上讲的主题是展望我国未来60年的社会革命，我用的方法是系统科学方法，所以这次“新技术革命与系统工程讲习班”的课，用的副标题是“从系统科学看我国今后60年的社会革命”。我作为一个自然科学、工程技术工作者谈点个人不成熟的想法，向同志们请教！

注释

［1］ 魏宏森：《系统论的产生及其意义》，《红旗》，1985年第4期，第24～28、31页

［2］ T. S. 库恩：《科学革命的结构》，上海科学技术出版社，1980年

［3］ 邓力群、钱学森等：《经济理论与经济史论文集》，北京大学出版社，1982年，第11页

［4］ 钱学森：《科技情报工作的科学技术》，《科技情报工作》，1983年第10期，第1～9页

［5］ 叶培大、钟义信、沙斐、王永年：《通信技术与现代化建设》，《红旗》，1985年第4期，第34～37页

［6］ 钱学森、吴世宦：《社会主义法制和法治与现代科学技术》，《法制建设》，1984年第3期，第6～13页

［7］ 钱学森：《保护环境的工程技术——环境系统工程》，《环境保护》，1983年第6期，第2～4页

［8］ 钱学森：《关于教育科学的基础理论》，《华东师范大学学报（教育科学版）》，1984年第4期，第1～6页

［9］ 钱学森：《人天观、人体科学与人体学》，《大自然探索》，1983年第4期，第15～21页

我对系统学认识的历程*

于景元同志今天要我讲讲为什么要研究系统学。我就按照他的要求，讲讲这个问题。

首先，什么是“系统学”？我想把“系统学”一词的英文译作 systematology。讲“系统学”也必然联系到“系统论”，给“系统论”起一个英文名字，我想是不是可以叫 systematics。这里稍微有一点混乱，就是 systematics 在法语里的意思是“分类学”。当然在英语中这个“分类学”并不叫 systematics。关于“分类学”这个词，我问过生物学家，他们的习惯是用 taxonomy。所以，要以英文表达，假使把系统学叫作 systematology，那么，把“系统论”叫作 systematics 大概是可以的。

要讲这个问题，我必须先说一下人类的知识问题。我认为人类的知识包括两个部分。一部分是所谓的科学。而现在要说“科学”的话，应该把它认为是系统的、有结构的、组织起来互相关联的、互相汇通的这部分学问，我把它称为现代科学技术体系。但人类的知识还有许多放不到现代科学技术体系中去的，经验知识就属这种。一年多前，我说这个部分是不是可以叫作“前科学”——科学之前的东西。那也就是说，人认识客观世界，首先是通过实践形成一些经验，经验也总结了一些初步的规律，这些都是“前科学”。还要进一步的提炼、组织，真正纳入到现代科学技术体系里面去，那才是科学。所以知

---

* 本文是 1986 年 1 月 7 日在系统学讨论班第一次会议上所作的学术报告。

识有这两部分。当然这样一种关系是不断发展变化的。前科学慢慢地总结了、升华了，就进入到科学中去了。那么，前科学是不是少了呢？一点也不少。因为人的实践是不断发展的，所以又有新的前科学出现。因此人的整个知识就是这样一个不断发展变化的体系，也可以叫系统吧。

这就说到科学技术，或者科学本身的体系问题。我对这个问题的认识，开始也是很零碎片面的。那时，我只知道自然科学技术，因为我原来是搞工程技术的。自然科学里好像有三个部分：直接改造客观世界的是工程技术；工程技术的理论像力学、电子学叫技术科学，就是许多工程技术都要用的，跟工程技术密切相关的一些科学理论；再往上升，那就是基础科学了，像物理、化学这些学科。这样一个三层次的结构也是在漫长的历史中逐渐形成的。在人类历史上，恐怕原先只有直接改造客观世界的工程技术，或者叫技术，并没有科学。科学是后来才出现的。那时候，科学与改造客观世界的工程技术的关系不是那么明确。科学，或者叫基础科学和工程技术发生关系，那还是在差不多100年前的事。就是19世纪六七十年代到20世纪初才开始有技术科学，也就是这个中间层次。现在我们说，自然科学好像是这么三个层次：直接改造世界的就是工程技术，工程技术共用的各种理论是技术科学，然后再概括成为认识客观世界的基本理论，也就是基础科学。

后来，我把这样的一个模式发展了，说它不只限于自然科学。自然科学是人从一定的角度认识客观世界，就是从物质运动这样一个角度。当然，人还可以从其他角度认识客观世界，那就属于其他科学了。有社会科学，这是一个很大的部门。再有，原来在自然科学里面的数学。数学实际上要处理的问题是很广泛的，不光限于自然科学，今天的社会科学就要用数学。所以，我觉得应该把数学分出来，作为一个新的科学技术部门。后来又有了新的发展，比如说联系到系统学、系统论，这就是系统科学，这是一个新的部门。还有思维科学和研究人的人体科学。到这个时候，我说科学技术体系有六大部门：自然科学、社会科学、数学科学、系统科学、思维科学和人体科学。后来看还不行，不是所有的人类有系统的知识都能纳入这六大部门。比如说，文艺理论怎么办？好像得给它一个单独的位置。后来又看到军事科学院的同志，我想军事科学向来是一个很重要的部门，应该是个单独的部门，所以又多

与中国人体科学学会常务理事合影(1987 年)

了一个军事科学。那就从六个变成八个大部门了。这时候我感到,恐怕将来还有新的部门,所以,我就预先打招呼,说这个门不能关死,还可能有新的。果然到了去年年初,我又提出了行为科学。而行为科学好像搁到以前哪个部门里都不合适。行为科学是讲个体的人与社会的关系,既不是社会,也不是个体的人,所以又多了一个行为科学。到现在为止,我的看法是,科学技术体系从横向来划分,一共有九个部门:自然科学、社会科学、数学科学、系统科学、思维科学、人体科学、文艺理论、军事科学、行为科学[1]。而纵向的层次都是三个:直接改造客观世界的,是属于工程技术类型的东西,然后是工程技术共同的科学基础,技术科学。然后再上去,更基础更一般的就是基础科学。

这样的结构是不是就完善了?恐怕还不行。因为部门那么多,总还要概括吧!怎么概括起来?我们常常说,人类认识客观世界的最高概括是哲学,是马克思主义哲学。所以最高的概括应该是一个,就是马克思主义哲学。从每一个科学部门到马克思主义哲学,中间应该还有一个中介,我就把它叫作“桥梁”吧!每个部门有一个桥梁,自然科学到马克思主义哲学的桥梁是“自然辩证法”;社会科学到马克思主义哲学的桥梁是“历史唯物主义”;数学科学

---

〔1〕 作者后来又在这个体系中增加了地理科学和建筑科学两个部门,共计 11 个大部门。

到马克思主义哲学的桥梁是“数学哲学”;思维科学到马克思主义哲学的桥梁是“认识论”;人体科学到马克思主义哲学的桥梁是“人天观”;文艺理论到马克思主义哲学的桥梁是“美学”;军事科学到马克思主义哲学的桥梁是“军事哲学”,至于说行为科学,这个桥梁是什么?应该说是人与社会相互作用的一些最基本的规律,可不可以叫马克思主义的“人学”?

刚才剩下来没有讲的就是系统科学了,现在我要单独讲一下。系统科学到马克思主义哲学的桥梁是“系统论”。就是刚才一开始讲的 systematics,而不是现在流行的什么“三论”。或者叫“老三论”,还有“新三论”等。我认为这种说法是不科学的。系统科学根本的概念是系统,所以应该叫“系统论”。系统论里面当然包括所谓“老三论”里面的“控制”的概念,也包括“信息”的概念。这些都应该包括进去了。至于说“新三论”,那更怪了,实际上也是我们今天要说的系统学里面的东西,即什么“耗散结构”、“协同学”、“突变论”这些东西。其实,从科学发展的角度来看,并不是到“新三论”就截止了,不会再有更新的东西了。现在不是还有混沌,还有好多新东西吗?那么,到底有完没完呢?若按“三论”说发展下去,就成了老三论、新三论、新新三论、新新新三论……再下去只能把概念都搞乱了。所以系统科学到马克思主义哲学的桥梁,我认为是“系统论”。那么,系统科学直接改造客观世界的工程技术就是系统工程了。现在看来恐怕还有自动控制技术,这些都是属于系统科学的工程技术,而系统科学里的技术科学,我开始认为是运筹学,后来看还要扩充一下,扩充到像控制论、信息论。实际上,真正的控制论、信息论就是技术科学性质的。系统科学的基础科学是尚待建立的一门学问,那就是系统学。一会儿,我要仔细地讲这个问题。这样,系统科学的工程技术就是系统工程、自动控制等;技术科学层次的是运筹学、控制论、信息论;将要建立的基础科学是系统学,系统科学到马克思主义哲学的桥梁就是系统论。系统科学就是这样一个体系。

最近,我看到哲学家们在讲哲学的对象,或者说马克思主义哲学的对象问题,搞得挺热闹的。在哲学家里面我认识的一个,就是吉林大学哲学系的教授高清海,高清海教授在去年的《哲学研究》第八期上有一篇文章,就是讨论哲学的对象问题。这篇文章我觉得挺好的,后来我给高教授写了一封信,说：一方面你写了一篇好文章，但另一方面，我也觉得，你讨论的这个问题是不是早就解决了？我说的这个科学技术体系，九大部门，九架桥梁，然后到马克思主义哲学。这就说明了马克思主义哲学与全部自然科学、社会科学、数学科学、系统科学、思维科学、人体科学、文艺理论、军事科学、行为科学这九大部门的关系。如果这个关系明确了，那么哲学是研究什么对象的，那不是一目了然了吗？也就是我常常讲的：马克思主义哲学必然要指导科学技术研究，而科学技术的发展也必然会发展深化马克思主义哲学。因为马克思主义哲学不是死的，它一方面指导我们的科学技术工作，另一方面科学技术工作实践总结出来的理论，必然会影响到马克思主义哲学的发展与深化。我这个想法也许有点怪，哲学家们一下子还接受不了。高清海教授已经好几个月还没有复我的信呢！最近，我又找了一位教授——京大学的黄楠森，又给他提这个问题。我说，我给高清海写信了，他没有复我，我现在又向你请教。你看怎么样？刚写的信还没有回呢！同志们，学问是一个整体的东西，实际上不能分割。我们谈一部分，也必然影响到其他部分，恐怕这就是系统的概念吧！这就说明，所谓的系统学是一门什么学问。在我的概念里，它是一门系统科学的基础科学。我们讲基础科学就是技术科学更进一步深化的理论。我必须说，这样一个认识，我也不是一朝一夕就得到的，中间有一个很长的过程。

第二点，讲一讲我对系统学的认识过程。这个过程也粗略地在纪念关肇直同志的会议上讲过，今天再讲得仔细一点吧！

我必须说，在 1978 年以前，对于什么系统、系统科学、系统工程，什么运筹学这些东西，我也是糊里糊涂的，并不清楚，仅仅是感到有那么一些事要干。所以那时候在七机部五院宣传这个事，但是没有一个条理，1978 年以前就是这么一个状态。开始稍微有些条理是在 1978 年 9 月 27 日，在《文汇报》上我和许国志、王寿云合写了一篇东西。这篇东西的基础，今天向同志们交心，那并不是我的，而是许国志同志的。因为在那年，可能是 7 月份，也许更早一点，5 月份，许国志给我写了一封信。他说，什么系统分析、系统工程，又是运筹学，还有什么管理科学，在国外弄得乱七八糟，分不清它们的关系是什么。他建议把那个直接改造客观世界的技术系统叫系统工程，有各种各类的系统工程。比如,复杂的工程技术的设计体系,今天在座的很多人所熟悉的总体部的事就叫系统工程。至于说企业的管理就是属于管理系统工程等,有很多这种系统工程。然后他说各种系统工程都有一个共同需要的理论,他那个时候说,这个理论是运筹学。运筹学就是一些数学方法,是为系统工程具体解决问题所需要的。这就是当时在国外弄得很乱的一种情况。比如说,二次大战中先有 operations analysis,后又变成 operations research。把这些东西用到工业管理方面,就变成 management science。然后还有专门分析系统间、系统内部的关系的,叫作 systems analysis。我觉得 systems analysis 好像就是应用的。但是不然,名词很怪。在维也纳还有一个单位叫 IIASA。IIASA 就更怪了,叫 International Institute of Applied Systems Analysis。Systems Analysis 本来就是 applied,怎么还有 Applied Systems Analysis? 所以,外国人也是不讲什么系统的,说到哪儿是哪儿。谁举一面旗帜,他就在那里举起来,可以举一阵子。所以在 1978 年 9 月 27 日《文汇报》上的文章中,我们试图把这些东西搞清楚,把直接改造客观世界的一些工程技术,叫作各种各类的系统工程。这些系统工程共用的一些理论或者叫技术科学,就是运筹学。我在 1978 年秋天的认识就停留在这里。归纳起来是两点,一个是我们那时考虑的系统,还只限于人为的系统。自然界的系统,我们没有考虑进去;二是这些人为的系统里,并没有考虑到自动控制,所以对控制论到底如何处理,也没有讲清楚。根据这两点,今天看来,当时我们对于系统的认识是有局限性的。

第三点,大概过了一年,在 1979 年 10 月,在北京召开了系统工程学术讨论会。那次讨论会是很隆重的,许多领导同志都去了,给系统工程的工作以很大的推动。在那个讨论会上,我个人才把系统的概念扩大到自然界。也就在那个时候,才提出系统这样一个思想是有哲学来由的,并追溯到差不多一个世纪以前,恩格斯在总结了 19 世纪科学发展的时候讲的一些话,他说:"客观的过程是一个相互作用的过程。"这就是说,过了一年,我的眼界才有所扩大。也就在那个会上,我的发言就把系统科学的体系问题提出来了,但这个体系是缺腿的。就是说,那时候认识的这个体系只有一个直接改造客观世界的工程技术——系统工程,再加上这些系统工程所需要的共性的理论——技术科学,就是运筹学。但那时也稍微有点变化,就是把控制论引进来了。但什么是基础科学？不清楚！当时我的说法是："建立系统科学的基础科学。"但不知道这个基础科学叫什么。那次也模模糊糊地引了《光明日报》1978 年 7 月 21 日、22 日、23 日沈恒炎同志的一篇长文，他的文章用了一个词，就是"系统学"。我也引了这个词，但是没敢肯定这个系统学就是系统科学的基础科学。那时候有点瞎猜。说系统科学的基础科学是不是理论控制论呢？胡猜罢了。所以在 1979 年的秋天到冬天，我们仅仅是把系统的概念扩大了，包括到自然界了，并把系统这个思想的哲学根源追溯到马克思主义哲学。其他的问题就不清楚了。只感到有一个必要，有一个空当，就是系统科学的基础科学。但是什么东西？没有很清楚的概念。

在这里，我必须加一段涉及生物学方面的内容。因为到这个时候我开始感到，生物学方面的一些成果要加以研究。比如一些书讲"生物控制论"；也看到一些书，叫作"仿生学"。那时候感到，"生物控制论"、"仿生学"这些工作，有点把事物太简化了。比如说："生物控制论"里面讲人的血液流通，那个模型太简单了。"仿生学"更是有点急于求成。大概是想搞点东西出来吧，就把自然的系统简化得太过分了。那时候对于生命现象的研究，据我所看到的这些材料，如所谓"生物控制论"、"仿生学"这方面的工作，老实讲，我是不满意的，觉得太简化了，事实不可能那么简单。

又过了一年，进入第四个阶段了。就是到了 1980 年的秋天，这时候，我又一次得到许国志同志的帮助。是他寄给我 R. 罗申（R. Rosen）在 *International Journal of General Systems* 1979 年第 5 卷的一篇文章。罗申这篇文章是纪念冯·贝塔朗菲（von Bertalanffy）的。此文才使我眼界大开，原来在生物界早就有人在探讨大系统的问题。后来一看，还不只是生物界，物理学界也早有人在探讨。那么从这儿才给了我一条出路。我闷在那儿没办法的时候，看了这篇文章，并根据它的引注又看了一些文章。才知道冯·贝塔朗菲的工作，有 I. 普利高津（I. Prigogine）的工作，有 H. 哈肯（H. Haken）的工作，这些都使我眼界大开。贝塔朗菲当然很有贡献了，他是奥地利人，本来是生物学家，他感到生物学的研究从整体到器官，器官到细胞，细胞到细胞核、细胞膜，一直下去到 DNA，还要往里钻，越钻越细。他觉得这样钻下去，越钻越不知道生物整体是怎么回事了。所以他认为还原论这条路一直走下去不行。还要讲系统、讲整体，这可以说是贝塔朗菲的一个很大的贡献。对我们在科学研究中从文艺复兴以来所走的那条路提出了疑问。当然，对于这个问题，恩格斯在100年前已经提出来过，就是“过程的集合体”这个概念。而且恩格斯很清楚地提出来：科学要进步，也不得不走还原论的这条路。你不分析也不行，不分析你不可能有深刻的认识；当然这时候，恩格斯也指出，只靠分析也不行，还要考虑到事物之间相互的关系。在科学家中，也许冯·贝塔朗菲是第一个认识到这个问题的，后来才有了普利高津、哈肯，他们更年轻了。所以，许国志给我送来这篇文章，使我在认识上大开眼界，才知道生物学里早就提出了所谓“自组织”的概念，在物理学中有“有序化”的概念。正在这时候，又看到M. 艾根（M. Eigen)的工作，他是一位德国科学家，又把这个发展了，应用于生物的进化，提出hypercycle，即超循环理论，把达尔文的进化论定量化了。这时大概已经到了1980年的秋天或冬天了。我又得到贝时璋教授的帮助。他给了我更多的资料，使我眼界大开。所以，一个是许国志同志，一个是贝时璋教授，才使我有了这样一点认识。后来在1980年中期的中国系统工程学会成立大会上，我才明确地提出系统科学的三个层次，一个桥梁的体系。而这个时候，我也把自动控制、信息工程纳入到直接改造客观世界的系统科学体系里，也就是系统工程里面；技术科学也就是包括了运筹学、控制论、信息论，还有大系统理论。而基础科学当然应该叫作“系统学”。“系统学”是什么？没有很多素材，而是要概括地综合冯·贝塔朗菲的一般系统论，H. 哈肯的协同学和I. 普利高津的耗散结构理论等。也就是要把各门科学当中一切有关系统的理论综合起来，成为一门基础理论——系统学，这就是系统科学的基础科学。我是到1980年年底达到这一步的。感谢很多同志的帮助，才使我有这一步的认识。

然后，到了1981年，是第五步了。1981年我参加了生物物理学家跟物理学家们组织的叫“自组织，有序化的讨论会”，这我又要感谢北京师范大学的方福康教授，今天他在座。他给我带来了西欧关于这方面最新的情况，可我那时还蒙在鼓里呢！因为我看的书是普利高津的，是讲远离平衡态的统计学，顶多是看到他关于耗散结构的一些理论。当然，我也知道，贝塔朗菲就更差一点了，他还在原理性的话上，就是他的所谓一般系统论。这时候，我也看到哈肯的协同学。我对协同学非常欣赏，在我的脑筋里认为贝塔朗菲和普利高津他们讲的那一套东西，打个比方说，有点像热力学。我在大学里听老师讲热力学，讲温度。这个温度还好办，人还有些感觉嘛。最糟糕的就是熵，熵是什么？简直是莫名其妙。老师也讲不清楚，只有一句话，你若不信，请你按我这个办法算，算出来准对。当时我就是那样硬吞下去的，心里还是觉得疑惑。其实，温度也不好说，你说一个分子，它的温度叫什么。当时就这么糊里糊涂的，反正老师怎么说，我就怎么算，也可以考90分。后来出国了，念研究生，开始学统计物理，统计物理可以得出熵的概念。嗬，原来熵是这么回事。按照统计物理，熵是什么，那很清楚。熵，就是玻耳兹曼(Boltzmann)常数乘上概率的自然对数。这一下，我才眼界大开，世界的道理原来是这么回事！这就是我在大学三年级学热力学时感到莫名其妙的概念，这时候才知道“妙”在什么地方。所以脑筋里一直深深地印着这个统计物理大权威玻耳兹曼。在维也纳玻耳兹曼的墓碑上刻着一个公式，就是刚才说的熵的公式。我在刚才说的1981年年初的那个大会上，因为那天下午还有别的事，我要求主持会议的贝老，是不是让我先讲，讲完了我好走。贝老说可以。我就讲了这么一套。大意是说冯·贝塔朗菲和普利高津不怎么样，真正行的是哈肯。讲完以后，贝老给我介绍说，坐在旁边是方福康教授，他刚从普利高津那里回来，得了博士学位。我一想坏了，这下子骂到他老师头上了，这还得了，得罪人了。其实方福康同志跟我说，你说的这些话，普利高津都很同意，他也认为从前他做的那些不够了。他们，就是普利高津、哈肯，还有刚才说的M.艾根(M. Eigen)，现在经常在一起讨论问题，他们的意见也是一致的。我心上的石头才掉下来，也非常高兴。因为客观的东西，真正研究科学的人去认识它，尽管可以由不同的方向、不同的途径，但最后都要走到一起去，因为真理只有一个。我觉得我们做学问应该有这么一个认识。尽管中间经过曲折的道路，也许犯错误，只要我们实事求是，坚持科学态度，真理是跑不掉的，最后总要被我们所掌握，不同的意见终归要统一起来。

这一段还有一个认识的进展。就是生物界的这些发展，使我开始认识到系统的结构不是固定的。系统的结构是受环境的影响在改变的，特别是复杂系统。复杂系统的结构不是一成不变的。那么，系统的功能也在改变。我开始认识到这一点的是大系统、巨系统跟简单系统的一个根本的区别，即简单系统大概没有这样的情况，原来是怎么一个结构就是怎么一个结构。这就说到1981年年初。

大概到1982年年初，我又学一点东西，知道数学家们在研究微分动力体系。北京大学的廖山涛教授就是这方面的行家，他还有一个研究集体，一直在搞微分动力体系。研究微分动力体系实际上就是研究系统的动态变化，所以微分动力体系又是系统学的一个素材了。到1982年的初夏，在北京开过一个名字很长的会议，叫“北京系统论、信息论、控制论中的科学方法与哲学问题讨论会”，这是清华大学与西安交大、大连工学院、华中工学院四个学校组织起来，共同召开的。在这个会上，我把自己直到1982年年初的认识在那儿总结了一下。

在这以后，又有1983年、1984年、1985年三年的时间，这就讲到第七点，第七步了，觉得又有一些新的东西要引进系统学的研究。什么新东西呢？很大的一个问题就是奇异吸引子与混沌，即strange attractor，chaos，这些理论好像要从有序又变成无序，所以是一个很大的问题。另外，用电子计算机来直接模拟自组织、怎么组织起来的，这是第二点。第三点，叫fractional geometry，就是非整几何，非整维的几何，这是法国数学家M.曼德布罗(M. Mandelbrot)的工作。第四点，可以说我孤陋寡闻了，在这个时候才知道，早有一个理论，是关于非线性的动力系统理论。在三维以上的非线性动力系统会出现混沌现象，这就是所谓的KAM理论，它是三个人名的缩写，这三个人就是Kolmogorov，Arnold，Moser。也就是非线性三维以上的体系很容易出现混沌。第五点，既然这样，于是乎，有一个叫罗伯特·肖(Robert Shaw)的人，他说：“混沌是信息源。”总之，有这几点吧，就是奇异吸引子，混沌，还有电子计算机模拟自组织，曼德布罗的非整几何，KAM理论，还有所谓“混沌是信息源”等。所有这一切说明，今天在国外这些领域是一个热门，大热门！最近我看到国外有人说“非线性动力体系理论在今天对理论工作者的吸引力，就像一二十年前这些理论工作者被吸引到量子力学一样”。就是说，新一代的理论工作者不去搞量子力学了，那是老皇历，没什么可搞的了，要搞这个非线性动力体系。在座的知道这个消息吗？昨天我碰到一位科学家，我说外国人有这么一个说法，他说不知道。我说，你有点落后于时代了。所以这方面的工作看起来确实关系重大。之所以给同志们如实汇报我从 1978 年以前到现在走过的这条认识道路，结论是什么呢？结论就是，创立系统科学的基础理论——系统学已经是时代给我们的任务。你不把这门学问搞清楚，把它建立起来，你就没有一个深刻的基础认识。我们要把系统这个概念应用到实际工作中去，这方面的应用很多很多，在座的都知道，不用我来讲。那么，在这些应用中，你只能看到眼睛鼻子前面一点点。要看得远，一定要有理论。这个问题我是越想越重要。下面我说点实际问题吧！

我们现在搞改革。对于改革，我们的预见性很有限。所以常说“摸着石头过河”，走一步，看一步。为什么会这样呢？因为我们的预见性很差。我曾经说笑话，我们放人造卫星，如果也是走一步，看一步，那早打飞了，不知飞到哪里去了，没有理论还行啊?！但是现在要建设社会主义，要在建国 100 周年的时候，即 2049 年使我们的国家达到世界先进水平，这是一段好长好长的路。而且没有多少年了。多少年？65 年！65 年你要走完这条路，你老在“摸着石头过河”，那可不行。我们不能再犯错误，或者尽量地少犯大错误，不要犯大错误。那我们必须有预见性，这预见性来自什么？来自科学！这个科学是什么？就是系统科学！这个科学就是系统科学的基础理论——系统学。所以我觉得这是一个非常重要的问题。

我再讲一点，就是何以见得有用？在座的同志都是从事这项工作的，你们都可以讲嘛！我讲一点自己的体会。实际上在一开始，已经讲了我把系统科学用到现代科学技术体系里面，已经用了。我用的效果如何呢？就是刚才向哲学家们提的那个问题。我说你们说了半天的哲学对象，我已经解决了嘛！这是不是很有用呢？我觉得是很有用的。再一个，我在国防科工委常常说的，人跟物，或者叫人跟武器装备的关系，现在用一个学术性的名词，叫人-机-环境系统工程。再一个就联系到中医理论。我的看法是，中医是祖国几千年文化实践的珍宝，可是它又不是现代意义上的科学理论。到底中医的长处在什么地方？这就联系到贝塔朗菲对现代生物学的批判。现代西方医学的缺点在于，它从还原论的看法多，从整体的看法少。现在西方医学也认为这是它们的缺点，所以对中医理论，讲整体，很感兴趣。刚才讲的人-机-环境系统工程，中医理论与现代医学要再向前走一步，这些都是人体科学里面的问题，而这方面的问题也必须靠系统科学，系统学。再一点，关于思维，人的思维。人的思维是脑的一个功能，但是人脑是非常复杂的，人脑是一个巨系统，要理解人脑的功能，人是怎么思维的。从宏观去理解，那你必须要有系统学。所以刚才我随便举了几个个人的体会。这些工作重要不重要啊？当然是很重要的！而这些方面的工作要真正在理论上有个基础，都要靠系统学。所以我在这儿如果讲一句冒失的话，我觉得系统学的建立，实际上是一次科学革命，它的重要性绝不亚于相对论或者量子力学。我这样认识，对于我们的社会主义建设，刚才提的建国 100 周年等这些问题，它的重要性更是很明显。所以我觉得，建立系统学的问题是我们当前的一个重要任务。

最后必须说明，我也不是所有的问题都清楚了，没有那样的事。现在我还有很多东西没搞清楚。刚才说了混沌，好像是从有序变成无序，那到底是不是这样的？无序变成有序，在一定的情况下，这个有序又可以变成无序，是不是这样？我搞不清楚；罗伯特·肖说的"混沌是信息源"这个提法，我吃不下去，这个结论我没法理解。因为我以前搞过流体力学。流体力学就有一个混沌问题，湍流就是混沌。我要试问罗伯特·肖，你说湍流到底给出什么信息来了？你说是信息源，那湍流是什么信息源？恐怕他也答不上来。还有混沌的一个最简单的例子，就是差分方程 $X_{n+1}=KXn(1+Xn)$，假设 K 达到了一个临界值，差分方程一个序列的 Xn 就要出现混沌，这是个很具体的问题。你说这个混沌到底给出了什么信息？恐怕不好回答。看来罗伯特·肖做得好像是这样一种工作：就是假设信息量的含义是像香农(Shannon)做的统计的含义，那么，他具体去算一个出现混沌的系统，可以算出来信息量在增加，那无非是一个公式。我认为要是停留在这一点上，那是数学游戏，没有解决什么问题。你仅仅说根据香农关于信息量的定义把它算到哪一个混沌现象得出来，这个现象在产生所谓信息，仅此而已。若"请问先生，这个信息是什么？"他也说不上来。所以我觉得信息这个概念现在要好好地研究。我是不怪香农的，香农是一个很有成就的科学家，他也没有说他来解决什么信息产生的问题，香农当时搞这个理论，就是为了解决一个通讯道的问题，他用一个方法可以计算通讯道里面信息的流量。至于流过去的是什么信息，他从来没考虑。你把他的这个理论无边无际地应用到现在所谓的信息论，我看这是后人有点瞎胡闹，那个罗伯特·肖尤其是瞎胡闹，是数学游戏。所以说“混沌是信息源”，现在不能说服我，我搞不清楚是怎么回事。而联系到此，我觉得是信息这个概念问题。虽然我们将来在系统学里也要考虑信息，但信息到底是什么，谁也不清楚。当然，就连鼎鼎大名的N·维纳（Wiener）也说过不负责任的话，他说什么是信息，信息不是物质，也不是精神。到底是什么？这个大教授怎么能随便说话呢？我认为它总是一种物质的运动。但是它又是一个发生点、发生者，也有一个接收者，中间有个信息道。那么，从发生者和接收者来看，它是有含义的，有信息含义。那么他就把这个信息通道里面的物质运动解释为一种信息。很重要的就是有送信的和接信的，他们要有个默契。没有这个默契，就没有信息。古人不是说过“对牛弹琴”的话吗？你这个琴弹得再美妙，岂不知牛不能欣赏你这个高山流水的高尚音乐吗？总之，就是这个信息通道的问题。牛和这个弹琴的人没有信息通道，所以琴音并不能使牛产生美感。所有这些问题我都没有搞清楚。还有非线性过程，再联系到非整几何，许多问题。比如说鞅，什么半鞅、上鞅这些问题，我也搞不清楚。再有今天在座的郑应平同志，他是想把博弈论引入到系统理论，我看需要引入，但到底怎么个引入法？我也还搞不清楚。总而言之吧，还有很多问题我都没有搞清楚。也许在座的同志已经清楚了，我要向大家学习。今天的讲话，我是和盘托出，无非说我这个人是很笨的。我认识一点东西是很曲折的，我就是这么认识过来的。我相信同志们大概比我聪明，认识得比我快。那么系统学的建立就是大有希望的，我向同志们学习。

系统思想、系统科学和系统论*

咱们这个会的名称，看会标共 27 个字之多，所以我想把这个会的名字简化一下，是不是就叫四校三论讨论会？因为好像在座的同志喜欢用“三论”这个名称，控制论、信息论、系统论。我则不然，我想三还是多了一些，简化一下就叫系统论。实在说，只有一论，即系统论。今天我就是来宣传这个观点，算是百家之中的一家。当然，我是希望大家能同意我的观点，所以今天我讲的题目就叫“系统思想、系统科学和系统论”。

首先我想说明的，就是我能够讲这些东西绝不是我一个人努力的结果，我要讲的这些观点差不多都是跟今天在座的许国志同志讨论过的。和我讨论的还有国防科委的王寿云同志，还有从前跟我共同署名写过文章的，像国防科委情报所的柴本良同志，中国社会科学院的乌家培同志，清华大学自然辩证法教研组科学方法论小组的魏宏森同志、刘元亮同志、寇世琪同志、范德清同志、姚慧华同志、曾晓萱同志在一年多来也和我研讨过多次。其他还有跟我通过信的同志，我自己也数不清有多少，恐怕不下百人，在座的恐怕就有。也就是说，我今天能够讲一些东西，都是这么一个集体共同讨论磋商的，是我接受大家教育的结果。我想强调这一点，因为现代科学技术里面，很难

---

* 本文为钱学森 1982 年 7 月 10 日在北京系统论、信息论、控制论的科学方法与哲学问题学术讨论会上的报告，收录于清华大学出版社 1984 年出版的《系统理论中的科学方法与哲学问题》文集中。

说哪一个人能够独立作什么贡献，都是集体的；现代科学技术的研究工作都是社会化的。

一、系统思想的发展

我先讲系统思想。系统思想的由来已久。一个人在实践当中，认识一点客观事物，他总要想把这些事物联系起来看。在古代，人们有天神主宰的观点。老天爷、玉皇大帝，又是什么这个神那个神，也能说明一点观察到的自然现象，这也是系统啊，只不过是神话的系统就是了。当然是不科学的，是想象的。到了后来，觉得这个神、那个神不好，神灵主宰不好，于是把神灵从系统当中清除出去，这大大地前进一步了。但是，这样一个系统里面还是有很多臆想的东西，或者说是自然哲学式的系统，也就是说，事实有的掌握了，有的不掌握。不掌握的部分，空着，连不起来。要怎么样把它联系起来呢？就加一些臆想的东西，这就是自然哲学。在座的不知道有没有看过中医？我说中医理论就是自然哲学式的东西。这个理论是很好的、很完整的一个系统。但里面包括了很多想象的联系，实际上是不是那么回事？还需要研究。不是说中医要现代化吗？我看这个现代化就要在这个问题上做工作。中医理论有近两千年的历史，但它还不是科学的。

到了 16 世纪，资产阶级开始出现在历史舞台上。这个时候兴起了近代自然科学。近代自然科学，它是要排除那些臆想的东西，一定要把事情刨根问底搞清楚。从整个的系统来考察，很困难，一口咬不下，所以就把事物分解开，一点一点来啃。这就是把复杂的、整个的系统分解开、分解成一部分一部分；然后研究这一部分。后来可能觉得还太复杂，再分解、再分解，这样一种工作方法是近代科学的工作方法。或者有人说这就是还原论。与此同时，还有机械唯物论，是唯物的，但是跟还原论比较是机械的唯物论。不论还原论也好，机械唯物论也好，今天我们听起来不太好。因为我们讲究整体现，我们讲究辩证唯物论。但是我也必须说，在近代自然科学兴起的时候，出现这样的近代科学研究方法，还是一个进步。因为不这样办，研究事物就不可能前进。这是进步，不是退步。这一点恩格斯曾经说得很清楚，他高度评价了近代科学兴起以后的这一些科学方法。这大约是三四百年前的事。

大约到了100年前，恩格斯说：“一个伟大的基本思想，即认为世界不是一成不变的事物的集合体，而是过程的集合体。其中各个似乎稳定的事物以及它们在我们头脑中的思想映象即概念，都处在生成和灭亡的不断变化中。在这种变化中，前进的发展，不管一切表面的偶然性，也不管一切暂时的倒退，终究会给自己开辟出道路。”[1]这是恩格斯在《路德维希·费尔巴哈和德国古典哲学的终结》这篇论著里的一段话。我认为，这就是现代的科学的系统思想，马克思主义哲学的系统思想。这个简单的回顾，包含2 000年的历程。正、反、合，原来是有系统思想的，但是不那么科学，是自然哲学式的。到了近代自然科学兴起了，需要科学化了，暂时又不得不搞还原论，搞机械唯物论。最终到了马克思、恩格斯，建立了马克思主义哲学。这个时候又最后综合起来，变成了现代的科学的系统思想。这样来回顾一下系统思想在历史上的发展，实际上也是哲学发展到辩证唯物主义这样一个过程，这对我们考虑问题是有用的。

但是真正照着恩格斯的话去做，也是很不容易的。恩格斯自己就在上面引的那段话的后面接着说：“但是，口头上承认这个思想是一回事，把这个思想具体地实际运用于每一个研究领域，又是一回事。”[1]这话说得很好。事实也是这样，恩格斯指明了现代的科学的系统思想。但是人们真正按照这个去做，很长一段时间内还没有做到。实际上，真正用现代系统的思想去解决现代的问题，又经过了差不多半个世纪。是战争的需要促进了科学技术的发展。在第二次世界大战中，由于现代化战争的需要，出现了 Operations Analysis，运筹分析，后来又叫 Operations Research，运筹学。又出现了系统分析，System Analysis。后来又出现了系统工程，Science Engineering。还有管理科学，Managemet Science，这些词是非常之多的，有些时候用词用得也很怪，联合国教科文组织在奥地利维也纳郊区有一个专门的国际研究所叫 IIASA，就是国际应用系统分析研究所。我当时看了发笑，系统分析就是应用的嘛，还有什么“应用的系统分析”？简直胡来！在40年代、50年代、60年代、70年代一直到最近吧，恐怕在国外这种词多极了。简直是一片混乱，爱怎么叫就怎么叫。我看见一个有意思的事。西德是用德文的，德文里公司叫

Gesellschaft。但是有一个公司，叫 Systems Engineering Gesellschaft，是德文的公司，前面加的 Syslems Engineering 又是英文的，英德合一！乱嘛，也说明是兴旺发达，也就是真正把系统的思想运用在军事上，运用在经济问题上，运用在社会问题上，做了大量的工作。系统思想经过 2 000 多年的演变，最后到 100 年前，恩格斯把它明确了，成为真正辩证唯物主义、科学的、现代系统的思想。然后又经过了半个多世纪，才真正在实际上应用来解决具体的问题。但是又出现了词句上的混乱。

二、系统科学概念的形成

(一) 系统工程和运筹学

下面我就来讲讲我自己这几年来学习这个问题的经过，老老实实地给同志们汇报我是怎么走过来的。要说到粉碎“四人帮”之后，在 1978 年 4 月的时候，我收到许国志同志的一封信，给我很大的启发。他说外国人用词实在是五花八门。就他看，不管怎么说，实际上，是不是可以称为系统工程。就是把用系统思想直接改造客观世界的这些技术，通通称作系统工程。直接为这些工程技术——系统工程服务的一些科学的理论，是不是可以用运筹学这个名字。我当时读了他的这封信就感到很高兴。因为许国志这封信清理了我国人用词的混乱。归纳了一下，两个层次：一层是直接改造客观世界的技术，是工程技术；还有一层是为这个工程技术直接服务的一些理论科学。他是 1978 年 4 月给我的信。1978 年 5 月 5 日是马克思生日，我们国防科委开始举办科技讲座。那一天是科技讲座的头一次。军队里的习惯，头一次要负责同志讲，结果找了朱光亚同志和我两个人讲。那个时候实际上我并没有搞得很清楚，光是看了许国志同志一封信。我的题目就是“系统工程”。没想到，我讲的受到欢迎：当天，在那儿听的就有张爱萍同志。他是国防科委主任，又是总参谋部的副总长，前几年他还是国务院副总理。他听了就说：“好啊，是应该这样做。”还有现在在海军工作的李耀文政委，那个时候是国防科委政委。他听了也说好，咱们办个系，就搞系统工程。这两位领导支持这个工作。5 月 5 日晚上我就出差到西南去了。头一站跑到成都，省委要我讲讲现代科学技术，杨超同志主持。讲什么呢？我心里想的就是系统工程，就又讲了系统工程。第二次讲得略微系统了一点。后来再一站就跑到昆明去了。云南省委一听说四川省委让我讲过，就又让我讲。我在昆明还是讲系统工程。这一次又比前一次稍微好一点了。到了昆明这个时候，基本上就是那个模子。讲的用系统思想直接改造客观世界的技术，这是系统工程。系统工程又有各种门类。为这些系统工程服务的理论科学是运筹学。这个想法大致就形成了。我跑的最后一站是湖南长沙国防科技大学。那时国防科委刚接管国防科技大学，正要把国防科技大学调整一下。我就借这个机会，照李耀文同志 5 月 5 日说的，要办一个系，叫作系统工程系，就是这么一个过程。后来我与许国志同志、王寿云同志写了一篇文章，登在 1978 年 9 月 27 日的《文汇报》上。[2]这就是我学习这个问题的头一个阶段。

但这时，我总觉得不太满意。从自然科学发展来看，自然科学先有基础科学理论，有物理、化学、数学、天文学、生物学，这些都是比较老的。恩格斯所说的基本的自然科学就是指这些基本科学。恩格斯的那个时代还没有提我们说的工程技术，这是很自然的。因为在那个时候，大量的搞工程技术的人并没有学多少科学技术，都是技工学校出身的人。在 100 年前才开始有大学程度的工程技术学校。像美国的麻省理工学院，是大名鼎鼎的。当时恩格斯没有提工程技术，是很自然的。工程技术作为科学技术的一个组成部分，出现在 19 世纪末 20 世纪初，这是用自然科学的基础理论，实际改造客观世界。到了 20 世纪 20 年代，又出了一个中间的层次，叫作技术科学，直接为工程技术服务，作为它的理论。但比起基础科学来，强调应用性，我们叫应用基础。然后是实际应用，就是工程技术。现在在自然科学里头，这三个台阶是很清楚的。到了系统工程这个领域，我就觉得没有这三个台阶了。许国志、王寿云同志和我写的那篇文章中只有两个台阶。一是直接改造客观世界的系统工程；再一个是它的理论——运筹学。并说到进一步发展也要用到控制论、信息论。我所说的这个控制论，在我脑子里头是很具体的，就是我所写过的那本《工程控制论》那种类型的控制论。我说的信息论也是比较具体的，就是工程师为了设计通信系统所搞的那些理论，就是香农那样的信息理论。这在我脑子里头跟运筹学都是一样的，都是技术科学。所以只两个台阶，还缺更高的一个台阶。

(二) 系统的基础科学——系统学

这样，在系统工程领域就是两个台阶。比较起自然科学来讲总觉得缺一个台阶。在技术科学上还有一个更基础的理论。脑子里觉得应当有，但是是什么呢？又说不出来。1979 年 11 月 10 日，我在《光明日报》写的那篇文章[3]，实际上是 1979 年 10 月在北京开的系统工程讨论会上我的一个发言。在那里我就提出来，缺一个台阶，也就是更基础的理论，但不知道是什么。那时候随便说了什么"理论运筹学"呀、"理论控制论"呀。老实讲，不知道是什么东西。但是，基本的思想呢，就是说系统的思想要建立起一个完整的科学体系，就是系统科学。这个系统科学里头有三个台阶。一个是直接改造客观世界的，即系统工程。还有中间的一个技术科学的台阶，这个好像比较清楚了，就是运筹学。还可能有控制论、信息论，就是作为技术科学的那个控制论、信息论。当然，根据不同的系统工程对象还要引用一些其他科学，比如工程的系统，那当然还要许多工程的知识，讲经济的系统，还要许多经济的知识。但是，就系统科学本身来讲是，两个台阶。还有要建立的一个台阶，即基础理论的那个台阶。提出来了，但不知道怎么弄。到底怎么建？我也不知道怎么建。那个时候呀，有点苦恼。就是说，话是说出去了，但不知道怎么办？

在这一时候还要感谢许国志同志。他给我寄来一篇纪念一般系统论的大权威贝塔朗菲的文章，是罗森写的，这个才给我开了窍。大家知道贝塔朗菲是 20 世纪 30 年代奥地利生物学家。他不满意这个世纪以来生物学的发展。他说生物学完全走的是还原论的这条路；研究越来越细，一直研究到分子，叫分子生物学。学问是多极了，但是最后说到生命现象到底是怎么回事，好像越来越渺茫。研究得越细，对整体越说不清楚。所以，贝塔朗菲就提出来，是不是要朝另外一个方向看一看，他提出了系统的思想。当时他提出来的还不是一般的系统论，提的是叫理论生物学。这下就给我提了个头。哟！还有个生物学家在那里做了那么多工作，提出还原论的这条路不太好，要考虑整个系统。这对我启发很大。于是去找了贝塔朗菲的这本书《一般系统论》[4]来看。看了这本书呢，老实讲，又不太满意。这位先生提了一个很好的意见。但是，空空洞洞。他这个一般系统论，什么都可以适用。生物不成问题，社会也能讲，经济也能讲，但他都没讲清楚。他的书里头引出了比利时的一位名家，就是普利高津。一说普利高津，我想起来了我曾在 50 年代对他产生过兴趣。因为那里，我要搞力学里的各种输运过程，读过普利高津的所谓非平衡态热力学。贝塔朗菲说系统和普利高津有关系。于是赶快把普利高津的书找来读，才知道普利高津后来对非平衡态热力学又有所发展，从这个稍有一些不平衡的热力学转到远离平衡态的热力学，而且还提出来所谓耗散结构的理论。把书找来看看以后，觉得普利高津的耗散结构，确实比贝塔朗菲的一般系统论进步了一点，总算有点方程式，定量化了，还说出了点道理来，但还是不够令人满意。

为什么呢？这要从往事说起，我记得 50 年前在上海交大学热力学的时候，总觉得不太痛快。老师给你讲，什么温度，什么熵，你不承认也不行。人家都是证明熵不能减小，只能增大。但是，我当时作为一个青年学生就感觉有点高深莫测。熵到底是什么？说不清楚。我后来当研究生。我原先是学工程(机械工程)，当研究生就得学点物理，学物理就要学统计力学(统计物理)。经典热力学是讲宏观的学问，但要知其所以然，就得深入到微观。热力学的微观基础还是分子和原子的运动。你完全可以从千千万万个、亿亿万万个微观世界的分子原子的运动，推导出经典热力学的这些规律。我一学到这儿高兴极了。我从前学的那个热力学的秘密被揭开了。有这一段经验，到了 1980 年初左右，我觉得问题好像是一样的，也就是普利高津是比贝塔朗菲进了一步。但没有进多大，问题还是没有得到解决。这个时候已经到 1979 年年底了，正好在 1980 年年初的时候，我接到一个通知，全国在生物学里搞理论的，特别是关于生物学里的有序化问题研究的，要在北京开一个小型的座谈会。给我发了通知，我就很高兴地去了。觉得应该向生物学家学习，因为生物学家好像有发展。在通知上看，还有几个讨论题目。一个题目是普利高津的理论，这个我还领教过；还提到一个哈肯的理论，我赶快找哈肯的书[5]来看。一看高兴极了！哈肯的工作，是用统计力学的办法，来解决复杂系统的有序化问题。他严格证明，在一定条件下，这个有序化的出现，是不可避免的。而且条件是讲得非常清楚的。用的理论就是统计物理，是很严格的理论。我这一下可高兴极了。这就是说有序化这个过去好像很神秘的现象，它的出现，完全是有理论根据的，而且必然出现。哈肯说，激光也是从无序到有序的转变。他说得这样精确，激光一定要有足够多的分子共同参加才能出现。少一个不出现，够了这个数非出现不可。同志们，科学的理论，说到这样一个清楚的地步，真是科学。我们掌握了这些道理，高兴得很。

带着这种心情，去参加刚才说的小型的讨论会。因为当天下午还有别的事，我要求允许我头一个发言，发完言就走。主持会议的同志允许了，叫我第一个说。我一发言，把我刚才的一套话说了。我也说了贝塔朗菲是有功劳的，但是我不太佩服他。普利高津是大科学家，得了诺贝尔奖，但是我对他的看法也不太怎么样。而这个哈肯说的，我才觉得是真正叫科学。说完了这一通，旁边的一位同志要说话，我也不认识他是谁。一位主持会议的同志给我介绍，说他是北师大的方福康同志，刚从普利高津那里回来得了博士学位的。我心想坏了。幸好他说："我完全同意你的观点。实际上，普利高津自己也完全意识到这一点，他已经和哈肯的观点完全一致了。"（因为他们很近，一个联邦德国，一个在比利时，经常在一起讨论的）我想这好了。所以，方福康教授所传来的信息表明，科学这个东西，不能含糊。对就是对，不对就是不对。善就是善，好就是好。好的东西终究要为大家共同认识。我这个姓钱的，远隔万里，也没有见过普利高津教授，也没有见过哈肯，我在这里放炮，我这个炮居然和他是一致的。所以科学毕竟是科学。这样一个经历，对我教育很深，使我有信心说系统科学完全可以搞起来。

这样，再往后到 1980 年 11 月。经过几个月了，我把前面讲的生物学理论会通知单上第三个人，即艾根的论文弄来看了一下。艾根把达尔文的生物进化论，完全放在分子生物学的科学基础上，用系统的观点来解释。那是地地道道的。在那以后，又看了一些东西，如微波激励细胞分裂。那么，这和激光现象中临界值可以引起突变是完全一致的。做这个工作的又是一位西德人，叫佛莱律希[6]。后来还有两位苏联科学家，斯摩良斯卡娅、维林斯卡娅两位，做的也是这一类工作。

有这些东西以后，到了 11 月份系统工程学会成立大会时，我觉得系统科学完全可以建立起来，系统科学的第一个台阶，是直接联系改造客观世界的，这是系统工程。这是大量的实际工作。它的作用、意义是毫无疑义的。像我们这些人，搞大型工程搞了20多年，就是用系统工程的方法来做的。不用系统工程的方法，就没有法子组织那样大的工程。所以实际的应用是毫无疑义的。这种实际应用，还要有科学的理论——运筹学，以及作为技术科学的控制论、信息论。这个台阶也是很明确的。经过这一年的努力，先是从许国志同志送来的一篇论文中得到启发，后来我又向几位同志请教，看书才明确了，这第三个台阶就是系统科学里面的基础理论。这个时候，我才敢把它叫作系统学[7]。这个系统学是完全有条件把它建立起来的。

但这都是讲有序化，讲从无序可以到有序。到了去年年底，今年年初，又给我提出问题来了。碰到一篇东西[8]，一看，有兴趣，再看下去，兴趣更大，觉得与系统学很有关系。这是一个什么问题呢？在非线性的系统里头，还有这么一个可能性，就是有序也会变成无序，变成杂乱。这问题是反过来了。这一项工作呢，实际上也做了好多年了。不过我没发现就是啦，孤陋寡闻吧。这原来是从生态学里头搞的工作。发现非线性的差分方程里头有一个参数，这个参数一到接近于临界值的时候，一下子出现了许多紊乱的现象。这样的现象，搞流体力学气动力学的人是很清楚的。在流体力学、气动力学中有这么一个现象，就是从层流到紊流或湍流。这么个现象，在流体力学里头，这个参数叫雷诺数。简单地讲，假设流体慢慢地流过一个物体，那么，这个流动是有序的；假如流速增加，到了一定数值，稳定的、平衡的流动不可能持续下去，就要发生紊乱的流动，叫紊流，或者叫湍流。现在做这项工作的人叫费根巴姆，是美国人，在美国原子弹研究所工作。这个人把这方面的工作捏在一起，提出所谓费根巴姆数。就是有一个邻近紊乱出现以前的一个有普遍意义的常数。这个数是4.669 201 66……一个算得很精的数，与圆周率π有类似的普遍意义的一个数。这是从有序转向紊乱情况时的一个关键数。我一看见这个工作，高兴得很啦，又丰富了我们的认识。从杂乱可以到有序，现在从有序又可以转到紊乱。这对我们系统的设计思想是很关键的问题。现在，我有一个猜想，公之于众，也许是不对的。这个猜想是什么呢？就是如果一个系统出现了从有序变到紊乱的趋势，我有办法治它。怎么治？就是把系统的联系切断几点，那就好了。原系统是按层次来组织的。如果要出现紊乱了，你就截断系统的某些联系，即增加层次，就可以防止紊乱的出现。这是我的猜想，“钱学森猜想”，也可能不对。这是不是值得研究的问题？

同志们，我在这里引用的构筑系统学的建筑构件都是国外科学家们的工作。难道就没有可用的中国科学家的工作吗？当然有，我不知道罢了。我最近才知道北京大学廖山涛同志的微分动力体系理论[9—13]是和系统学密切相关的。到了现在，也就是差不多经过 4 年的时间，我对于系统思想、系统科学的认识，就是这么一个经历。同志们可以听得出来，这不是我一个人的工作。那首先是世界各国人的工作，再有我也得到许多人的启示、帮助，然后我才有可能认识这些。

(三) 系统论是系统科学到马克思主义哲学的桥梁

我现在的认识，就是在《哲学研究》今年第 3 期的那篇文章[14]讲的。系统科学里头包括三个台阶。最高的台阶就是系统学。系统科学总的还要联系马克思主义哲学，因为马克思主义哲学是人类认识的最高概括。这个从系统科学到马克思主义哲学的桥梁，我把它叫系统论。所以从刚才一大段话里可以看出来，我为什么讲是一论，而不是三论。为什么呢？控制论、信息论是客观存在的。但是，我的认识呢，认为控制论、信息论是技术科学。作为联系马克思主义哲学桥梁的，是系统论。这也许是我们国家用词的问题。其实，从前要不译“控制论”而译成“控制学”，这个问题也许就解决了。如电子学一样，叫控制学。结果译成“论”，这就有点弄糊涂了。信息也叫论，其实，是“信息学”。我讲的这个系统论里头，当然要包括信息和控制这两个概念。因为一个大的系统，当然要有控制呀。要控制，就有相互之间的信息传递，那就是信息嘛。所以，系统论作为系统科学到马克思主义哲学的桥梁，当然包括控制和信息这两个概念。我看了一些我们这个会议的论文。其中有两篇，一是大连工学院刘则渊同志和王海山同志的《略论辩证的系统观》。再就是核工业部姜圣阶同志、张顺江同志、熊本和同志和严济民同志的《关于科学方法论基础的研究——辩证唯物主义与系统论、信息论、控制论》。他们也都阐明“三论”的统一，统一在“系统”。中国社会科学院哲学所查汝强同志在讲 20

世纪自然科学四大成就丰富了辩证自然观的时候[15]，也把“三论”作为一项大成就，而不是分开讲的。你会问为什么不起别的名词？怎么起别的名词，这是个系统科学嘛。找到马克思主义哲学的桥梁，当然只好叫系统论。看看这个道理到底站得住站不住？作为有很大成就的科学家维纳和香农，如果他们还活着，面对今天系统科学发展的情况，他们也会同意三归一，叫系统论。因为我们的这个系统论不是贝塔朗菲的“一般系统论”，比一般系统论深刻多了。所以我们统一于一个系统论。可以说，对维纳，对香农，对贝塔朗菲都是公道的。因为这不是一个普通的问题，应该讲清楚。所以，今天我又用这一段时间再跟同志们说明，为什么我这样想的。请同志们考虑考虑。

我认为当务之急是把系统科学搞起来。我老跟很多同志宣传，当务之急是把贝塔朗菲、普利高津、哈肯、艾根、费根巴姆、廖山涛以及其他我还没有提到的人的工作收集起来、组织起来，构成系统学。这是当务之急。当然也许在座的同志的兴趣不在此，而在系统论。系统论是系统科学到马克思主义哲学的桥梁，系统论的产生需要概括整个系统科学的成果。第三个台阶，系统学还没有搞起来，就要跨第四步了。稳不稳啊？摔不摔跤？当然我们现在对于系统科学的认识已经不少了，不能说我们不能够运用这个系统论概念去推动我们的工作，那样就太保守了。我们还是可以用系统论里的思想来推动我们的工作。我下面主要讲这个问题。讲这个问题也是向同志们汇报我怎么想的。

三、运用系统论来建立精神财富的体系

(一) 现代科学技术的体系结构

问题从科学学讲起，从现代科学技术的体系讲起。最近我还把它扩大了，包括文学艺术。文学艺术有一个相应于科学学的，叫文艺学。这两个大部分，现代科学技术和现代文学艺术，都是我们人在实践中认识客观世界的结果，都是我们建设社会主义的精神财富，最后都要概括到马克思主义哲学。

这个是什么意思呢？这也是系统，大的系统。我考虑这个大系统，也是用了系统的思想，用了系统论里的一些东西，用了系统科学里的一些东西。这就是说，尽管系统论在今天一下子要把它说清楚还很困难，但是这个题目是要研究的。而且研究这个题目的同时，还有具体的应用。

人通过社会实践，认识客观世界这个体系，才有了现代科学技术。对这个问题，我从前写过一些东西。总的我认为，现代科学技术，不是像我们过去常常说的好像是自然科学、社会科学，而是六个大的部分[9-13]。就是自然科学、社会科学，再有原来数学包括在自然科学里头。但是，现在数学在社会科学也要用，再包括在自然科学里就不合适了，应该拿出来，叫数学科学，这就有三个啦。还有三个呢？是我老宣传的，是系统科学。刚才说了半天了，还有思维科学和人体科学。所以六个大部门：自然科学、社会科学、数学科学、系统科学、思维科学、人体科学。这每一个科学技术部门里头，都有三个台阶：一个是直接改造客观世界的学问，工程技术类型的；再一个是为工程技术提供理论的，一般性的学问的，叫技术科学；然后，再高一点，就是基础科学。然后有个最高的台阶，就是通过一个桥梁到马克思主义哲学。这里要说明的是这么一个问题。

在以前，我们有一种习惯看法，好像自然科学跟社会科学不同，研究的对象不一样。自然科学是研究自然界的，社会科学是研究人类社会里面发生的问题的。我现在提出一个新的观点。我为什么这么提？这里首先有一个想法，现代科学技术是一个整体，不是分割的。整体在哪里？整体在研究对象是一个客观世界。而我们把它分成六个部门，这不是把整体的客观世界分成六大片。不是这个意思，而是研究整体客观世界，从不同的角度、不同的观点去研究客观世界。这么一个思路，这也是得启发于系统论。整个客观世界是一个整体。这个恩格斯早就讲了，这不是能够分开的。那么你分成六个大的现代科学技术部门，不能切，唯一的办法，只能从不同角度去研究它。自然科学是从什么角度去研究客观世界呢？我在这篇东西里都讲了。我认为自然科学，就像恩格斯在100年前提出来的《自然辩证法》里面的一个中心思想，就是研究物质在时空中的运动，这是第一点；第二点是物质运动的不同层次；第三点是不同层次的物质运动的相互关系。从这么一个角度去研究整个的客观世界。因为自然科学并不是研究自然的东西，现在是研究很多人为的东西了。我还举了一个例子，比如一个自然科学家到一个机械制造厂去，他不会着眼于厂的什么财务、经济管理、经济情况，而是把工厂看作一个材料的流动、切削、加工的场所，研究它的能源消耗、机械磨损，等等。他从他的角度去研究这些，这是自然科学家的。再说一件事，因为研究运动，物质的运动，那么这里面就有三个东西是最基本的。就是时间、长度和质量，我们叫量纲。这三个东西是基本的。凡是以这三个东西来研究客观对象的，我看就是自然科学。而且这个概念是非常有用的。我可以举个例子：比方说万有引力常数、质量、光速这三个东西有它自己的量纲，但是这三个东西组成不了一个没有量纲的量。还缺一个，缺的这个东西就是黑洞的半径，就是相对于那个质量的黑洞的半径。怎么能这样简捷地得到这个结果？有的同志觉得很吃惊，说我怎么没想到啊，因为你没有从那个角度去看这个问题。所以，什么叫自然科学？自然科学就是从物质运动、物质运动的不同层次、不同层次之间的关系，从这个角度来研究客观世界的，就叫自然科学。

那么什么是社会科学？社会科学就是研究整个客观世界。但是它的着眼点，它的角度是研究人类社会的发展运动、社会内部的运动，研究客观世界对人类社会发展运动的影响。总而言之，它的着眼点是人类社会。我说它是研究整个客观世界的。也许有的同志说，你的这个话吹得太远了，现在人类社会也不过是地球嘛，你怎么想到整个客观世界去啦！还包括天上的星星，其他东西啦。我说你别着急嘛，在几百年前，我们的祖先还是讲什么叫社会呀，社会是天圆地方，这么一块豆腐干似的小地方叫它社会。现在这个社会已到了全球啦。前几天美国人还发射了航天飞机，苏联也不甘心，还要到天上建立空间站，现在已经到了天上了。将来还要跑得远一点，再跑得远一点就是整个客观世界。所以，社会科学并不是限于哪一面，也是研究整个客观世界。不过它的着眼点是人类社会发展运动、社会的内部运动，研究客观世界对人类社会运动发展的影响。

第三，数学科学。它研究的对象是广泛的，我看这一点是没问题的，恐怕在座的都说数学哪儿不能用哇。问题是数学科学到底是什么角度去研究整个客观世界这么一个问题。对这个问题，中国科学院计算技术研究所的胡世华同志有文章讲过，他说数学就是从质和量的对立统一、质和量互变的这么一个着眼点，从这么一个角度去研究整个客观世界，我看这是对的。胡世华同志也说了，对这样一个说法，他自己还要继续研究下去，还要补充，还要发展。那好嘛。但是，数学从这么一个角度去研究客观世界，这是明确的。

第四，系统科学。这个不要讲了，刚才已经讲过了。从系统的观点去研究整个客观世界。

再下面一个就是思维科学。那么思维科学是由怎样一个角度去研究整个客观世界呢？我觉得思维科学的目的，就在于要了解人是怎么认识客观世界的。人在实践当中得到的信息，是怎么在大脑中储存加工、处理，成为人对客观世界的认识。所以首先是因为这样一个目的，思维科学所要研究的对象也是整个客观世界。角度就是从认识客观世界的过程，思维的过程，这样一个角度去研究这门学问。

那么最后一门就是人体科学。人体科学怎么变成研究整个客观世界呢？这就是因为人体科学的中心目的就是认识到人的存在与整个客观世界有千丝万缕的关系，不是单独的一个人存在。这样一个认识，实际上在中国是很古老的。现在就是要吸取中国古老的这些正确的东西来加深我们对于人体科学的研究。所以，人体科学就是从研究人与客观世界相互作用这一点去研究整个客观世界，包括人在内。

所有这些，就是最近我对于现代科学技术体系的一个认识，这是从客观世界是一个整体得到启示的。所以，六大现代科学技术部门都是研究整个客观世界的，不过是从不同观点、角度去研究。

剩下来一个问题，就是从这六大部门还要概括到马克思主义哲学，这就需要通过桥梁。这个桥梁有系统论，是系统科学的。其他几个好说，比如自然科学到马克思主义哲学的桥梁就是自然辩证法。我这个说法也许就是狭义自然辩证法，我是主张狭义的。都是自然辩证法，因为具体一点，要不没边没沿的。最近看到航空工业部诸声鹤同志 1982 年在中共中央党校自然辩证法班写的一篇讲自然辩证法的性质和任务的文章，感到他把为什么应该是狭义的道理讲得比较清楚了。社会科学到马克思主义哲学的桥梁就是历史唯物主义。数学科学呢，这个名字是山西大学一个同志起的，叫作数学学。我说也可以吧，叫数学学。就是把数学科学最概括的质跟量辩证统一，等等，这些东西概括起来，就叫数学学。思维科学到马克思主义哲学的桥梁，当然是认识论。那么人体科学呢？我认为整个的要害就在于人跟客观世界的统一这一点上，我给它起了个名字叫人天观。有一点古典的味道，实际上也很现代化，这个人天观在国外的一些宇宙学的科学家里面已经用了，还有一个英文的词叫 anthropic principle，我们有的同志给它翻作是什么“人择原理”，我说是不是叫“人天观”，或者“观”不好叫人天论。总而言之，就是人和客观世界的统一这么一个论点上去考虑人。

以上我是用了我对于系统的认识，对于系统科学的认识，对于系统论的认识，来组成了这么一个现代科学技术结构。六大部门，横的是三个大层次，最后第四个层次到马克思主义哲学。

（二）文学艺术的体系结构

还有一个大的范围，就是文艺，文学艺术。我说文学艺术也可以分六大部门。一个大部门就是小说、杂文这一类，这是以文字的陈述为表达手段的，长篇、中篇、短篇、报告文学、章回小说、杂文什么都在内。第二部门是诗词、歌赋，也可以包括群众创造的顺口溜，还有我们同志爱哼哼的不太文雅的打油诗，都可以。这些陈述的东西比较少，是用传神的办法来表达的。第三个大部门叫作建筑艺术，或者叫建筑园林[16]。我看这一点我们国家是了不起的。我认为这个部门里头，建筑园林，小的可以是盆景，就这么大，这是最小的吧。再大一点，苏州人有叫苏州窗景的，窗子外面布置的景色，这个就是大一点，有几米大。再大一点的层次就是庭院的园林了。苏州的拙政园、留园啦，这个大概是几十米到几百米。再上一个层次大一点就像北京北海、颐和园啦，有几公里啦。再上第五个层次，更大一点，风景区，太湖、黄山，那恐怕是几十公里。还有更大一点，有没有，也许还有。将来我们国家还要搞更大一点的风景浏览区。美国人叫作国家公园，很大一块地方。所以建筑园林在我们国家最丰富。可能有六个大层次。要是盆景，你就坐那儿看，神游；要是个窗景，你就得迈迈步了，移步看一看；要是大的浏览区，还得坐汽车。所以这第三个部分就是建筑园林。第四个大部分呢？就是书画整形艺术。这个在我们国家也有小有大。小的可以在一颗米上画，大的像四川乐山大佛，这也是非常丰富。第五个部门是音乐。第六个部门是综合艺术，就是戏曲、戏剧、电影、舞蹈。中国有京剧、沪剧、越剧、相声、说唱、电影、电视，当然归到这个部门里头了。

所以文学艺术，我也大胆地归了归类，也有六个大部门。有没有台阶，反正我还是那套系统办法。六大部门分了还有没有台阶？有！毛主席在延安文艺座谈会上的讲话里面就讲了，乐曲中有群众性的叫“下里巴人”，高级的叫“阳春白雪”，这两个早就有区别的。“下里巴人”是大家都懂得的群众性歌曲。“阳春白雪”是高级的，能够唱的人就比较少了。所以，台阶是自古就分的。我想无论是哪个部门都有这样的台阶。群众创造的，就是最接近群众的，这是普及类型的，是普及艺术的一个基础。然后从这里提炼可以到一个更高的台阶。那么现在我也是老实地讲，到底有几个台阶？咱们大家研究，我还说不清楚。我认为反正不止两个台阶，不能光说是一个低台阶、一个高台阶就完了。

在这儿我提一个观点，认为文学艺术里面这个高的台阶，或者说是最高的台阶，是表达哲理的，是陈述世界观的。这样的文学艺术，举简单的例子，诗词里面就有嘛！我们唐代的大诗人李白到他最后这一年有一首长诗，叫《下途归石门旧居》。这首长诗实际上是讲哲理的，讲他的世界观，因为里面有这样的句子：“如今了然识所在”，这个意思就是想他的一辈子，在那样一个社会里头，李白有他的社会位置，他从前没有识破，现在识破了。这个是人一辈子认识的最后总结。所以那首长诗最后一句是：“向暮春风杨柳丝”，以此来寄托他的感情，所以它是一种哲理。我国宋朝女诗人李清照大家都知道，她写的一首诗叫《夏日绝句》，这首诗总共就四句：“生当作人杰，死亦为鬼雄。至今思项羽，不肯过江东。”在这四句中，有她的人生观、宇宙观。我们的诗词中，这样高级的东西很多。云南昆明大观楼上的长联的下联完全是一种人生观。这联叫“数千年往事，注到心头，把酒凌虚，叹滚滚英雄谁在？想：汉习楼船，唐标铁柱，宋挥玉斧，元跨革囊，伟烈丰功，费尽移山心力。尽珠帘画栋，卷不及暮雨朝云；便断碣残碑，都付与苍烟落照。只赢得：几杵疏钟，半江渔火，两行秋雁，一枕清霜。”以上这些不是简单的感情，而是他的人生观、世界观。拿音乐来说，著名音乐家贝多芬的第九交响乐就是反映他个人的世界观，讲他对人类社会的希望。还有他的弦乐四重奏 Op. 111，这些作品中所反映的就不是一般的音乐。

所以在文学艺术领域中，我认为有这么一个层次。这个层次是相当高的，是哲理性的，陈述世界观的。所以，这些都可以进行研究。就是文学艺术，是不是这六个大的部分，而且有不同的层次。最接近群众性的，群众创造的那些东西是一个台阶。然后有更高的一个台阶，在这个台阶上还有一个台阶（也许是最高的一个台阶），我认为这是文学艺术里面讲世界观、哲理的。最后它还是要到达马克思主义哲学的，因为文学艺术也是人类的社会实践。那么怎么到马克思主义哲学？大家可以研究。我认为是美的哲学。这里头我是向中国社会科学院哲学研究所美学专家李泽厚同志学习了。他说：美是主观实践与客观实际相互作用后的主客观的统一。这说得很抽象，但意思还是人通过社会实践达到了对于客观世界的认识的最一般的概括的规律。那么文学艺术通往哲学的桥梁是什么呢，就是美的哲学。

所以同志们，我现在把这些东西做个比较。现代科学技术有六大部门，文学艺术（现在我还没概括得很好，还要进一步研究），也是有六个部门，都有一个很明确的桥梁，到马克思主义哲学。这就是整个人类社会实践创造的，也可以叫作精神财富。一方面是现代科学技术；再一方面是文学艺术，它们都要到马克思主义哲学这个最高台阶。当然马克思主义哲学来自人类的社会实践，也必然要用来指导人们的社会实践。列宁说过“圆圈的圆圈”，我看就是这个意思。就是这里面的相互关系，不是说只是上面指导下面，也不是说只是下面往上面。它们是相互来往的关系，但是又是有序的，有结构的来往。我不久以前跟一些搞力学的人讲，力学从它20世纪的发展来看，它不是物理里面那一些基本的力学，那些都定了。而是怎么样用这些物理的、基本的力学原理来解决具体的实际问题，所以是应用力学。应用力学是一门技术科学。但也不是说只有从基础科学到技术科学，从力学的基本原理到应用力学。因为应用力学也有再向基础科学反馈的这个作用。比如说现在，在这些结合部位，化学力学、生物力学、天文力学、地质力学，一方面，基础科学向力学输送东西，力学也向基础科学输送东西，这是反馈的作用，是完全存在的。

在人通过社会实践认识客观世界的规律中，还有一个部门没有包括在前面讲的科学技术和文学艺术这些成就之内，这就是军事科学技术。军事科学技术自有史以来，就是一个非常重要的部门。在当今世界中也还是一个非常重要的部门。在这个部门中，如果按我们以上用的说法分台阶，最接近实际战争活动的是军事技术，即军事工程、军事装备的技术和近几十年发展起来的军事系统工程，这是第一个台阶。第二个台阶是军事科学。从军事科学技术到马克思主义哲学的桥梁是军事哲学。马克思和恩格斯对战争的规律都做过研究工作，并有重大贡献。然而在世界战争史上，很少有是毛泽东同志那样集军事统帅与理论家于一身的。他把实践和理论结合起来，大大地把军事科学和军事哲学推进了[17]。

我刚才描述的这个体系里面，都有这些反馈的作用。但是，它又有一个结构，不是乱的，而是有序的，即有序化的结构。这样一个思想我认为是正确的。我们是在运用系统科学，运用系统论来研究问题。

（三）马克思主义哲学也有体系结构吗

再进一步。我想，马克思主义哲学是否也有一个系统的结构？这里作为一个问题提出，请在座的同志指教。我刚才说的这些东西好像已经涉及这个方面了。因为我所说的那样桥梁：自然辩证法、历史唯物主义、数学学、系统论、认识论、人天论、美的哲学和军事哲学，这八个桥梁实际上就是马克思主义哲学的基础。在这八个基础的基石上，存在着一个大厦——辩证唯物主义。这是否也是一个结构，也是一个系统？科学系统论的运用，什么事情都是一个系统，而且有一个结构。而这个结构之中存在着相互作用。我这样说，也可能有人反对。他们会说："马克思、恩格斯、列宁都没有这么分，你为什么要这样分呀？""马克思的辩证唯物主义和历史唯物主义，还有自然辩证法，这些都是并列的。你怎么说还有一个基础，并在这基础之上还有个大厦？"我劝这些同志：不要老守着100年前的东西，事物总是发展的嘛。我们现在要比前人做得更好一点，这难道不应该吗？而且我们这么做，是符合系统论的。

我在结束我的发言时，想提出一个要求，让我们大家共同来遵守。治学要力求严谨，言之有物，切忌空话连篇。现在有些苏联人写文章，还有些东欧国家的人写文章，实在太空了。有一位好心的同志给我寄来翻译保加利亚某人的一本书，《科学技术社会学》，后来我给他写了回信说："感谢你，你是好心，但看完这本书我得益甚少。这本书里好像尽是噪音，信息很少！这条路我们不要去走。我们还是扎扎实实，是什么就是什么，真正研究一个问题，搞清楚它。”

同志们，我刚才讲的东西，都是我在同志们的帮助下，这 4 年来学习的一些结果。我如实向同志们汇报，请批评指正！

参考文献

[1] 恩格斯：《路德维希·费尔巴哈和德国古典哲学的终结》，《马克思恩格斯选集》，第四卷，人民出版社，1972

[2] 钱学森，许国志，王寿云：《组织管理的技术——系统工程》，《文汇报》，1978 年 9 月 27 日，第一版

[3] 钱学森：《大力发展系统工程.尽早建立系统科学的体系》，《光明日报》，1979 年 11 月 10 日，第二版

[4] Bertalantty. Ludwig von. General System Theory: Foundations, Deve Copment. Applications. New York: George Braziller, 1968

[5] Haken H. Synergetics: an Introduition. Berlin: Springer-Verlay, 1978

[6] Grundler W. Keiloiann F. Fröhlich H: Resonant Growth Rate Pesponse of Yeast Cells Znddiəted by Weak Microuaves. *Physics Letters*. 1977, 62A(6): 463 - 466

[7] 钱学森：《再谈系统科学的体系》，《系统工程理论与实践》，1981 第 1 期，第 2 - 4 页

[8] Robert M May: Simple Mathematical Models with very Complicated Dynamics. *Nature*, 1976, 261(5560): 459 - 467

[9] 廖山涛：《常微系统的一个诸态备经性质定理》，《中国科学》A 辑，1973 年，第一期，第 1 - 20 页

[10] 廖山涛：《阻碍集与强匀断条件》，《数学学报》，1976，19(3): 203 - 209

[11] 廖山涛：《线性化与典范方程组》，《数学的实践与认识》，1973 年，第 2 期，第 28 - 33 页

[12] 廖山涛：《阻碍集》(2)，《数学学报》，1980 年第 23 卷，第 3 期，第 411 - 453 页

[13] 廖山涛：《关于稳定性推测》，《数学年刊》(A 组)，1980 年，第 1 期，第 9 - 30 页

[14] 钱学森：《现代科学的结构——再说科学技术体系学》，《哲学研究》，1982 年

[15] 查汝强：《二十世纪自然科学四大成就丰富了辩证自然观》，《中国社会科学》，1982 年，第 4 - 9 页

[16] 钱学森：《再说园林学》，《园林花卉》，1983 第一期

[17] 李际均：《毛泽东军事思想的特点和历史地位》，《红旗》，1982 年 14 期 11 页

大力发展系统工程尽早建立系统科学的体系*

关于系统工程的重要性，现在大概没有什么不同意见，但必须说明：正如大家在会议中多次讲了的，系统工程是技术，它只能在适当的社会制度和国家组织体制下发挥作用。建立这种制度和体制是生产关系和上层建筑的问题，是系统工程的前提，没有这个前提，系统工程再好也无能为力，当然，我们从系统工程的观点，可以提出对改革的建议。另外，因为系统工程是个新生事物，所以大家对其含义、范围等，说法不一，例如有的同志就罗列了八种不同的解释[1]。当然，一个问题大家意见不同，并无坏处，可以交流讨论，互相启发，认识可以因而深化。我在这次会议中就因为听了同志们的报告，看了一些会议材料而深受教育，现在也是抱着参加讨论的目的，作个发言。我的总想法是：我们搞科学技术应该用马克思主义哲学为指导，因此考虑问题一定要从马克思列宁主义、毛泽东思想的立场、观点和我国的实际出发，不能一味跟外国人走；他们搞不清的，我们应该努力搞清楚，他们不明确的，我们要讲明确，而且要力求符合大道理。当然，我在这里说的一定有不妥当的地方，也会有错误的地方，还要请大家批评指正。

（一）

我觉得我们首先应该搞清楚“系统”这个概念。在国外，有那么一些人一

---

* 本文原载1979年11月10日《光明日报》。

说到系统工程中的系统,总好像是20世纪的新发现,是现代科学技术所独特的创造。这在我们看来,自然不能同意,因为局部与全部的辩证统一,事物内部矛盾的发展与演变等,本来是辩证唯物主义的常理;而这就是“系统”概念的精髓。以前在科学技术中不注意系统概念的运用,正是受了科学技术早年历史的影响。恩格斯就讲过:“旧的研究方法和思维方法,黑格尔称之为‘形而上学’的方法,主要是把事物当作一成不变的东西去研究,它的残余还牢牢地盘踞在人们的头脑中,这种方法在当时是有重大的历史根据的。必须先研究事物,而后才能研究过程。必须先知道一个事物是什么,而后才能觉察这个事物中所发生的变化。自然科学中的情形正是这样。认为事物是既成的东西的旧形而上学,是从那种把非生物和生物当作既成事物来研究的自然科学中产生的。而当这种研究已经进展到可以向前迈出决定性的一步,即可以过渡到系统地研究这些事物在自然界本身中所发生的变化的时候,在哲学领域内也就响起了旧形而上学的丧钟。”[2]恩格斯还把这一认识上的飞跃称为“一个伟大的基本思想,即认为世界不是一成不变的事物的集合体,而是过程的集合体。”[3]这里,恩格斯讲的集合体不就是我们讲的系统吗?恩格斯强调的过程,不就是我们讲的系统中各个组成部分的相互作用和整体的发展变化吗?而恩格斯的这些光辉论述写于1886年年初,距今大约100年了!

其实,马克思、恩格斯、列宁和毛主席的著作中还有许多这方面的论述,我们现在搞系统工程一定要熟悉这些论述,作为强大的理论武器。我们要认识到系统这一概念,来源于人类的长期社会实践,首先在马克思主义的经典著作中总结上升为明确的思想,而绝不是什么在20世纪中叶突然出现的。

系统有自然界本来存在的系统,如太阳系,如自然生态系统,这就说不上系统工程;系统工程是要改造自然界系统或创造出人所要的系统。而现代科学技术对系统工程的贡献在于把这一概念具体化。就是说不能光空谈系统,要有具体分析一个系统的方法,要有一套数学理论,要定量地处理系统内部的关系。而这些理论工具到20世纪中叶,即40年代才初步具备;所以系统工程的前身,即operations analysis, operations research到20世纪40年代才出现。当然系统工程的实践一旦产生实际效果,社会上就有一股强大的力量推动它发展,因此也就促使系统工程理论的发展,理论与实际相互促进。现代科学技术对系统工程的又一贡献是电子计算机。没有电子计算机的巨大计算能力,系统工程的实践将几乎是不可能的;系统工程的许多进一步发展还有待于性能更高的计算机的出现。这就是系统工程的历史:马克思主义先进思想所总结出的系统概念孕育了近60年的时间,到20世纪中叶才终于具备了条件,开出了一批花朵。要获取丰硕的果实,尚有待于我们今后的精心培育。

在办公室(80年代)

(二)

系统工程是工程技术,是技术就不宜像有些人那样泛称为科学。工程技术有特点,就是要改造客观世界并取得实际成果,这就离不开具体的环境和条件,必须有什么问题解决什么问题;工程技术避不开客观事物的复杂性,所以必然要同时运用多个学科的成果。一切工程技术无不如此。例如水利工程,它要用水力学、水动力学、结构力学、材料力学、电工学等,以及经济、环境、工农业生产等多方面的知识。所以凡是工程技术都是综合性的,综合性并非系统工程所独有。有人说系统工程是“高度综合的”,这一说法也许由于系统工程综合了人们本来认为好像不相关的学科,一旦习惯了,也可以把“高度”这两个字省略。

系统工程是一门工程技术呢？还是一类包括许多门工程技术的一大工程技术门类？我倾向于后一种意见。因而各门系统工程都是一个专业，比如工程系统工程是个专业，军事系统工程是个专业，企业系统工程是个专业，信息系统工程是个专业，经济系统工程（社会工程）是个专业；要从一个专业转到另一个专业当然不是不可能，但要有一个重新学习的阶段。这就如同干水利工程的要转而搞电力工程要重新学习一段时间才能胜任。既然不是一门专业，提“系统工程学”这样一个词就太泛了。这如同说一个人专业是“工程学”，那人们会问，他专长的是哪一门工程？因此我认为不必在系统工程这个一大类工程技术总称之后加一个“学”字，以免引起误解，好像真有一门工程技术叫系统工程学。我不想在系统工程后面加一个“学”字，也还有另外一个意思，那就是想强调系统工程是要改造客观世界的，是要实践的。

系统工程这一大类工程技术有没有共同的学科基础呢？如果有，又是什么呢？我认为为了更好地回答这个问题，我们先来考虑一下工程技术和其基础理论之间的关系，也就是现代科学技术的体系学[4]。我认为现代科学技术包括马克思主义哲学、作为它和自然科学和数学之间桥梁的自然辩证法、作为它和社会科学之间桥梁的历史唯物主义（社会辩证法）、自然科学、数学、社会科学，然后是技术科学、工程技术。这个体系的结构可以用下图来表示。

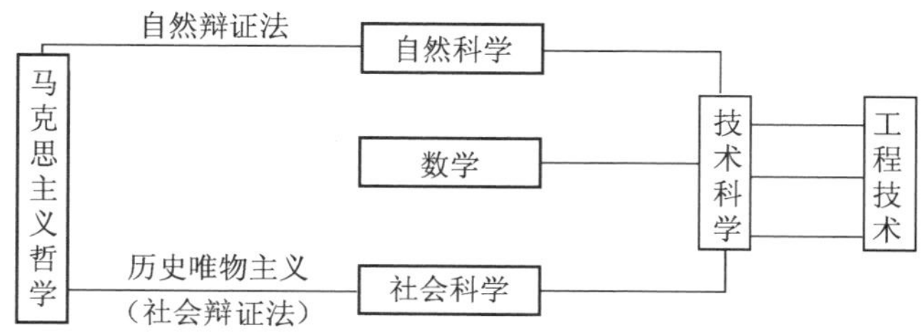

从这个现代科学技术总体系来看，系统工程是工程技术，问题是什么技术科学是其共同的理论基础？许国志、王寿云和我在《文汇报》的文章[5]中提出称这一共同基础为运筹学，我们当时也指出这是借用了一个旧有的名词，也就是国外叫 operations research，而我们以前把它译作运筹学的这个词。老的运筹学包括了某些系统工程的内容，如军事系统工程，那是历史的原因。我们的运筹学不包括系统工程的内容，而只包括了系统工程的特殊数学理

论，即线性规划、非线性规划、博弈论、排队论、库存论、决策论、搜索论等。运筹学是属于技术科学范畴的。

自动控制是建立在系统概念上的。尽管如此，我们在《文汇报》的文章中没有明确地把自动控制的理论，控制论作为系统工程的一个主要理论基础。这是照顾到现阶段的一个具体事实；一个系统当然有人的干预，在概念上可以把人包括在系统之内，但现在理论的发展还没有达到真能掌握人在一定情况下的全部机能和反应，所以把人包括到系统之中还形不成通用的理论；另一方面，系统工程的目前水平又一般地要有人干预，包括有时要发动群众出谋划策，所以还不能一般地搞一个没有人的系统，完全自动化。由于这些原因，我们虽然认为控制理论的大系统以至巨系统、多级控制发展是很有意义的，一定要提倡，但控制论作为系统工程的共同主要理论基础恐怕还有待于将来。我这样说只是想实事求是，绝不是没看到开发系统工程这一重要领域的，国内国外，都有不少来自原来搞自动控制、研究控制论的人；他们能敏锐地抓住这一科学技术的新发展，超出自己原来工作的范围，这应该受到欢迎。

除了运筹学这个系统工程的重要共同理论基础之外，又一个重要共同基础是计算科学和计算技术。

有的同志要把这两类各门系统工程的共同基础连同其他数学工具通称为“系统工程学”，我认为这样做不一定妥当，名词和内容不相符。因为系统工程的理论基础，除了共同性的基础之外，每门系统工程又有其各自的专业基础。这是因为对象不同，当然要掌握不同对象本身的规律：例如工程系统工程要靠工程设计，军事系统工程要靠军事科学等。这里用表把各门系统工程和与之对应的特有学科基础列出来。

从表中可以看出各种系统工程横跨了自然科学、数学、社会科学、技术科学和工程技术，发展系统工程需要各个方面的科学技术工作者的通盘合作和大力协同。我们这次会议有社会科学家参加，人数虽然不多，但意义重大。也因为这个原因，我觉得刘源张同志在这次会议中讲得好，他指出：工厂企业等的管理问题都涉及人，而人是社会的人，受他所处社会的影响；因为中国的社会不同于外国的社会，我们在许多系统工程的实践中千万不要忽视这个差别。

系统工程的专业	专业的特有学科基础
工程系统工程	工程设计
科研系统工程[4]	科学学
企业系统工程	生产力经济学[6]
信息系统工程[7]	信息学、情报学
军事系统工程[8]	军事科学
经济系统工程	政治经济学
环境系统工程[4]	环境科学
教育系统工程[4]	教育学
社会(系统)工程[9]	社会学、未来学[10,11]
计量系统工程	计量学
标准系统工程	标准学
农业系统工程[12]	农事学[12]
行政系统工程	行政学
法治系统工程	法学

(三)

表中列了14门系统工程，其实还不全，还会有其他的系统工程专业，因为在现代这样一个高度组织起来的社会里，复杂的系统几乎是无所不在的，任何一种社会活动都会形成一个系统，这个系统的组织建立、有效运转就成为一项系统工程。同类的系统多了，这种系统工程就成为一门系统工程的专业。所以我们还可以再加上许多其他系统工程专业。

表中前一半七种系统工程大家可能比较熟悉，不需要解释。后七种系统工程中的第一种是教育系统工程，那是专门搞一所学校，一个地区的学校以及一个国家教育系统的组建、管理和运转的，它的特有学科基础是作为社会科学的教育学。我认为薛葆鼎同志在这次会议的报告中说的宏观经济规划问题，就是社会系统工程。社会系统工程也可以简称社会工程[9]，是组织和管理社会主义建设的；也就是在中央决定一个历史时期的大政方针之后(例如现在我国要实现四个现代化），社会工程要设计出建设总图，并制订计划、规划；它特需的理论学科是社会学和未来学[10,11]这两门社会科学。计量系统工程和标准系统工程是搞一个地区、一个国家的计量和标准体系的，他们的组织、建立和正常执行，这在现代社会已成为非常重要的职能。包括农、林、牧、副、渔的农业，其重要性是无疑的了，但现代农业作为一种系统工程、农业系统工程是张沁文同志[12]的建议；我认为这个建议很好，要支持。农业系统工程的特有理论，张沁文称为"农事学"。这些思想在我们这次会议中的马世骏同志和李典谟同志的文章[13]也讲到了。行政系统工程是说在社会主义制度下，行政工作、机关办公完全可以科学化，加上现代档案检索技术，也可以计算机化。计算机可以拟出文件或批文草稿，可能包含几种抉择，供领导采用；它的理论也许是行政学吧。社会主义法治要一系列法律、法规、条例，从国家宪法直到部门的规定，集总成为一个法治的体系、严密的科学体系，这也是系统工程，法治系统工程；它的特有基础学科是法学。从我国目前实现四个现代化所迫切需要解决的问题来看，这后三门系统工程关系到农业发展，关系到提高行政效率，关系到加强社会主义法制，其重要性是很明显的。

当然目前系统工程概念具体化才不过十几年，只有表中头几种系统工程专业算是建立了，有了一些比较稳定的工作方法，算是有些教材可以教学生。大概从环境系统工程开始，往下这八种系统工程，有的尚在形成，有的只不过是一个设想，要靠我们今后的努力才能实现，但我在这里大胆地把他们列入表中，而且宣称还有许多未列而必然在将来会出现的系统工程专业。这是否有点冒失？我认为从马克思、恩格斯早在100年前奠定的系统概念来看，加上运筹学的迅速发展，以及电子计算机技术的突飞猛进，我们的提议是不过分的。为了四个现代化，我们一定要大力发展系统工程的各个专业。

我们在去年[5]就是基于这样一个认识才提出要组建"理""工"结合的专修组织管理专业的高等院校，并提出将来我们国家不是设几所这样的组织管理学院，而是几十所、上百所各有所专的各种组织管理学院，就如现在有综合性的理工院校，也有专业性的航空工程学院、船舶工程学院、通信工程学院等。此外也还要建相应的中等专业学校。这将是教育事业中的一次重大革新。从这次会议来看,这一变革已经开始了,系统工程教育已得到教育部的关怀和重视,得到发展。全国已有十几所高等院校设置了系统工程方面的课程,上海机械学院设置了系统工程系,在西安交通大学、清华大学、天津大学、华中工学院、大连工学院、上海化工学院还成立了系统工程的研究所或研究室。在军队学校中已有国防科学技术大学建立了系统工程和数学系。其他一些军队院校也都开展了系统工程的工作。有了这个开始。我想不要几年就会有我国第一所"理""工"结合的组织管理学院了。我建议把这件事列入国家的第六个五年计划。

发展系统工程还需要加强这方面工作人员之间的学术交流,开展学术讨论。我们这次会议也是一次成功的活动。现在已有几个学会和研究会很重视系统工程,如航空学会举办了系统工程和运筹学讨论班,自动化学会有系统工程委员会,中国金属学会采矿学术委员会成立了系统工程专业组,管理现代化研究会也举办了系统工程的讨论会。可以说学会活动已经开展起来了。是否还有需要成立一个专业的系统工程学术组织,我们大家可以考虑。

但为了宣传和交流系统工程的工作,我想我们应该办好一个系统工程的科学普及性刊物和一个系统工程方面的学术性刊物。我们还要出版一套系统工程方面的丛书。所谓系统工程方面是指系统工程和其共性的理论运筹学,以及有关的计算机技术,如何落实,逐步做到,也要请大家提出意见。

(四)

从我以上的阐述来看,系统工程可以解决的问题涉及改造自然,改造、提高社会生产力,改造、提高国防力量,改造各种社会活动,直到改造我们国家的行政、法治等;一句话,系统工程涉及整个社会。所以我们面临由于系统工程而引起的社会变革绝不亚于大约120年前的那一次:那是因为自然科学的发展壮大,从而创立了科学的工程技术,即把千百年来人类改造自然的手艺上升到有理论的科学,由此爆发了一场大变革。系统工程是一项伟大的创新,整个社会面貌将会有一个大改变。

当然,我们现在仅仅在这一过程的开端,像我们以前已经提到的那样,我们现在能够看到的只是很小的一部分，就是表中所列举的14种系统工程也不过是系统工程全部中的一部分。也因为同一理由，我们说到的也不一定确切，14种系统工程的划分也会在将来的实践中有调整。但更重要的一点是系统工程一定会在整个社会规模的实践中对理论提出许多现在还想不到的问题，系统工程的理论还要大发展。这又有两个方面：一个方面是对每一门系统工程所特有而联系着的学科，正如表中所示，他们有的是自然科学或从自然科学派生出来的技术科学，但看来将来会更多的是社会科学或主要从社会科学派生出来的技术科学；这里有大量的新学科。另一方面，作为系统工程的方法理论的运筹学更会有广泛的发展，因为实践会对它提出更高的要求。正如前面已经讲过的，系统工程将来一定会更多地用控制论，不但用工程控制论，而且用社会控制论。我们还要创造一些特别为系统工程使用的数学方法，特别是在统计数学和概率论等不定值的数学运算方面。计算数学也会因系统工程实践而有某些特定方面的发展。

这样说来，系统工程所带动的科学发展是一条很广泛的战线，不是一种、几种学科，而是几十种学科。日本的科学家们提出了一个新名词，叫"软科学"[14]。我们的日本朋友没有明说，但我想这"软"字大约来自"软件"吧？因为这些学问是以信息的处理为主要对象的，是搞"软"的，不像我们以前所熟悉的自然科学总是同物质运动的速度、力、能量等打交道，是搞"硬"的。所以我们在上面说的这一大套学科技术，似乎也可以借用"软科学"这个词来概括。但我进一步考虑：从系统工程改造客观世界的实践，提炼出一系列技术科学水平的理论学科，能就到此为止了吗？要不要更概括更提高到基础科学水平的学问呢？例如运筹学会不会引出理论事理学，控制论（包括工程控制论、生物控制论、社会控制论和人工智能等技术科学）会不会引出理论控制论呢？这个可能是存在的，就在这次会议上许国志同志[15]的报告就明确地指出：不同事物、不同过程的事理，通过精确的数学处理，从理论上发现其相似性。这个相似性难道不会引出更深刻的、潜在的具有普遍意义的新概念吗？物理学的能的概念不就是这样产生的吗？目前强于理论的研究，不是通过量子色动力学提出"真空"不空的新概念吗？所以应该承认完全有可能出现理论事理学和理论控制论，那用"软科学"这个词就显得局限了些，深度不够。

另外，要看到系统里面也有许多“硬件”，并不像“软件工程”专搞软件那么“软”。所以不宜用“软科学”这个词，我们应该回到系统这一根本概念，采用“系统科学”这个词。系统科学是并列于自然科学和社会科学的，是基础科学。

建立系统科学这个概念之后，我们就有了一个学科的体系，可以从整个学科体系的结构来考虑问题，也就是参考前面的图，来研究系统科学的发展。这样，从系统科学这一类研究系统的基础科学出发，结合其他基础科学，我们组成一系列研究系统共性问题的技术科学；也许这些学问可以统称为系统学[16]。现在的系统学主要是运筹学。与系统科学有关的还有各门系统工程特别联系着的技术科学学科和社会科学学科。直接搞改造客观世界的学问就是各门系统工程了。

这也就是说，上图中的科学技术体系只是目前的状况，不包括我们在上面讲的这一发展。到 21 世纪，基础科学不能只是自然科学、社会科学、数学这三大类，还得加上系统科学一类。其实，几十年后，一定还会有其他变化，例如在这次会议上，吴文俊同志[17]提出要把数学机械化，就是一个振奋人心的革新。当然马克思主义哲学在得到科学技术新发现、新发展的充实、发展和深化之后，仍然是指导一切科学技术的基础理论。

辩证唯物主义的认识论教导我们：客观世界是不以人们的意志而独立存在的，人可以通过社会实践逐步认识客观世界，而当人掌握了客观世界的运动规律之后，又能能动地利用这些规律来改造客观世界，并在实践中检验我们认识的正确性。我在这里提出大力发展系统工程，尽早建立系统科学体系的论点，符合不符合马克思主义的认识论呢？要不要这样干呢？这有没有体现了 100 年前恩格斯的伟大思想呢？这都是很值得思考的一些问题。这次会议的讨论给了我们很多启发，但我们在会后还应该继续研究，力求把稳发展方向。大家努力吧！

注释

[1] 沈泰昌：《关于“系统工程的概念”的命题》，《系统工程与科学管理专集》（四）

[2] 恩格斯:《路德维希·费尔巴哈和德国古典哲学的终结》,《马克思恩格斯选集》,第四卷,第 240～241 页

[3] 同上，第 239～240 页

[4] 钱学森:《科学学、科学技术体系学、马克思主义哲学》,《哲学研究》,1979 年第 1 期，第 20～27 页

[5] 钱学森、许国志、王寿云:“组织管理的技术——系统工程”,《文汇报》,1979 年 9 月 27 日,一、四版

[6] 于光远:《关于建立和发展马克思主义‘生产力经济学’的建议》草稿

[7] 钱学森:《情报资料、图书、文献和档案工作的现代化及其影响》,《科技情报工作》,1979 年第 7 期,第 1～5 页

[8] 钱学森、王寿云、柴本良:《军事系统工程》,《系统工程与科学管理专集》(三)

[9] 钱学森、乌家培:《组织管理社会主义建设的技术——社会工程》,《经济管理》,1979 年第 1 期，第 5～7 页

[10] 沈恒炎:《一门新兴的综合性学科——未来学和未来研究》,《光明日报》,1978 年 7 月 21 日，22 日，23 日

[11] 钱学森:《现代化和未来学》,《现代化》,1979 年

[12] 张沁文:《农业系统工程与农事学》(尚未发表)

[13] 马世骏、李典谟:《生态系统与系统分析》,本次会议上宣读的论文

[14] 刘英元:《软科学》,本次会议上宣读的论文

[15] 许国志:《论事理》,本次会议上宣读的论文

[16] 顾基发、周方:《浅谈运筹学与系统学》,《航空知识》,1979 年第 7 期，第 5～7 页

[17] 吴文俊:《数学的机械化与机械化数学》,本次会议上宣读的论文

再谈系统科学的体系*

在以前的两篇文字[1,2]中，我谈到系统科学的体系和系统科学的基础理论，系统学的建立。在第二篇中我讲了为了建立系统学只从工程技术的各门系统工程和其技术科学的运筹学，以及控制论去提炼还不够，还必须打开视野，要吸收贝塔朗菲的一般系统论、理论生物学，普利高津及其学派的远离热力学平衡态的耗散结构理论，特别是哈肯的协合学理论。

在这里我想补充两项在我看来是很有意义的研究。首先是佛莱律希等人于1967年开始的工作，其综述见栉田孝司的文章[3]。佛莱律希认为哈肯的激光器理论也可以用于生命现象，因为活体中存在着纵型电振动分支，通过代谢给它供应能量，当能量超过某一阈值时，形成强激励下的单模相干振动，出现长距离的相位相关。这正是活体具有极惊人的有序性的解释。他们并且从细胞膜的厚度和声波传播速度得出这种振动频率大约为 $10^{11}\sim10^{12}$ 赫。又因活体细胞膜上存在着由于膜两侧钠离子和钾离子的浓度差异，而引起的 10^5 伏/厘米的电场强度，振动必然发生相应的电磁波。根据以上频率，电磁波应是毫米波。斯摩良斯卡娅和维林斯卡娅[4]正是用毫米波照射大肠杆菌后，发现大肠杆菌合成菌素的活性与波长密切相关，有共振现象，在共振宽度仅 10^8 赫左右，出现活性高峰。佛莱律希[5]也和格林德勒(W. Grundler)和凯尔曼(F. Keilmann)一起，用毫米波辐照酵母菌，发现生长

* 本文原载1981年第1期《系统工程理论与实践》。

速度也出现共振峰，共振宽度才 10^7 赫左右。这些试验证实了佛莱律希的设想，把协合学理论直接运用于细胞繁殖现象了。

其次我要介绍的是一项更为深入而广泛的工作：艾根和舒斯特尔的“超循环”(hypercycle)理论[6]，这是直接建立生命现象的数学模型。他们观察到生命现象都包含许多由酶的催化作用所推动的各种循环所组成，而基层的循环又组成更高一层次的环，即“超循环”，也可以出现再高层次的超循环。超循环中可以出现生命现象所据为特征的新陈代谢、繁殖和遗传变异。艾根等的贡献在于他们把控制论中的巨系统理论具体化到生命现象，提出了结构模型，并且通过实例，生物遗传信息的传递过程，验证了他们的模型可以复现生命现象的特征，为达尔文的进化论，即生命在生存环境中的演化，提供了科学的理论基础。

佛莱律希的工作、艾根的工作以及还有其他工作都和贝塔朗菲，普利高津和哈肯的工作一样，都是自然科学和数学科学的研究为系统科学的基础科学——系统学，提供了重要的构筑材料。

在办公楼前(1974 年)

以前我也讲过为系统学提供构筑材料的还有各门系统工程的理论、运筹学，以及自动化技术的理论、控制论，特别是巨系统理论。但在组织一个大系统的过程中，系统内部的信息传递是个非常重要的问题，信息的准确程度对整个系统的功能关系极大。这个问题的理论是又一门现代科学、信息论，它是由现代通信技术的发展需要,在 40 年代建立起来的。所以来自工程技术的构筑系统学的材料有运筹学、控制论和信息论的内容。这再加上前一节所讲的来自自然科学和数学科学(特别是突变论)的构筑材料,建立起系统学的工作就提到研究计划上来了。我们应该立即开始这项工作。

系统学的建立也会有助于明确系统的概念,即系统观。国外有些人,如乌耶莫夫(А. И. Уемов)[7],称作为"一般系统论"的实际是我们这里的系统观。系统观将充实科学技术的方法论,并为马克思主义哲学的深化和发展提供素材。这也就是说人的社会实践汇总、提炼到系统科学的基础科学——系

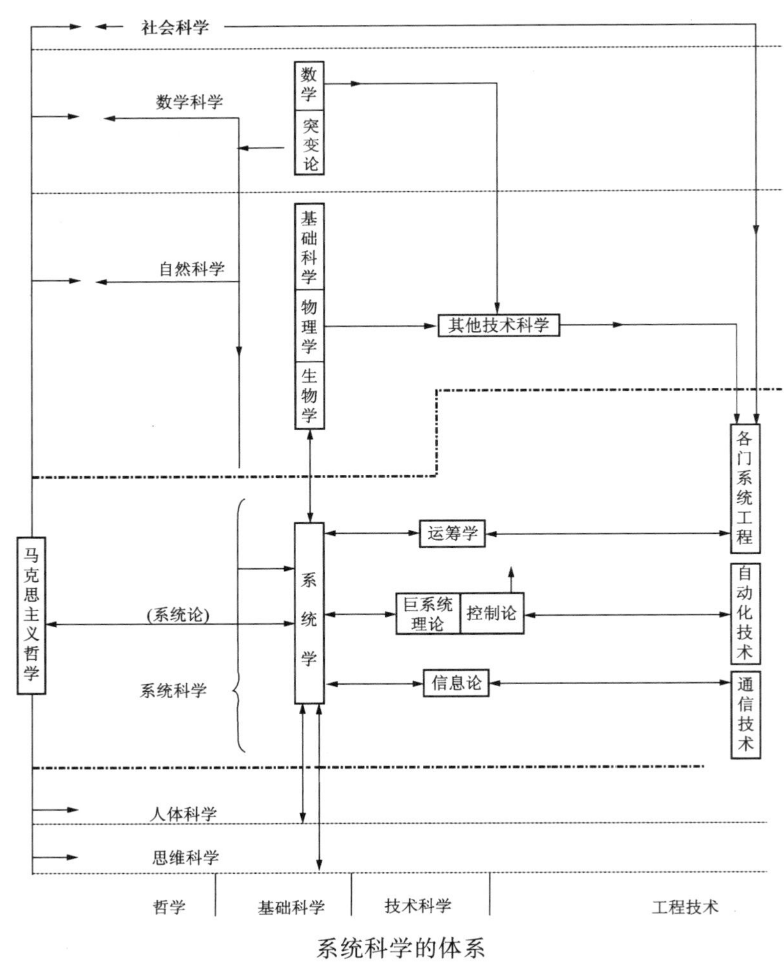

系统科学的体系

统学，又从系统学通过一座桥梁——系统观，达到人类知识的最高概括——马克思主义哲学。所以系统科学的体系可以表达如图那样，分工程技术、技术科学、基础科学和哲学四个台阶。

我以前[8]也曾提出控制论的发展，除了工程控制论之外，又有生物控制论、经济控制论和社会控制论，从而提出一种设想："能不能更集中研究'控制'的共性问题，从而把控制论提高到真正的一门基础科学呢？能不能把工程控制论、生物控制论、经济控制论、社会控制论等作为是由这门基础科学理论控制论派生出来的技术科学呢？"现在经过两年的时间，回答是肯定的，这门基础科学就是我们讲的系统学。

系统科学体系的成立也必将影响其他现代科学技术的发展。它与现代科学技术的另两个大部门——人体科学和思维科学的关系前文[2]已经讲到。它当然也将反过来促进比较早建立的科学技术部门，如自然科学和社会科学。例如贝时璋[9]把"细胞重建"作为细胞繁殖中不同于细胞分裂的又一个途径，要阐明细胞重建的机制就需要系统学。所以系统学的建立和研究是现代科学技术进一步发展中的一个重点。

注释

[1] 钱学森：《大力发展系统工程，尽早建立系统科学体系》，《光明日报》，1979 年 11 月 10 日，二版

[2] 钱学森：《系统科学、思维科学和人体科学》，《自然杂志》，1981 年第 1 期，第 3～9 页

[3] 栉田孝司：レーザー研究，1979 年第 3 期，第 241～250 页，译文见《国外激光》，1980 年第 9 期，第 1～7 页

[4] A. Z. Smolyanskaya, R. L. Vilenskaya, *Soviet Phys*. Uspekhi, 16(1974)571

[5] W. Grundler, F. Keilmann, H. Fröhlich, Phys. Letters 62A(1977)463
W. Grundler, F. Keilmann, H. Fröhich, Z. Naturfisch. 33C(1978)15

[6] M. Eigen, P. Schuster, *Naturwissenscharten*, 64(1977) 541, 65(1978)7, 65(1978)341

[7] А. И. Уемов，原作见 Природа，11(1975)；译文见《世界科学(译刊)》，1980 年，第 12、44 页

[8] 钱学森：《现代化、技术革命与控制论》，《工程控制论》(修订版，序)，上册，科学出版社，1980 年

[9] 石珀：《细胞重建》，《北京科技报》，1980 年 12 月 5 日，三版

系统工程与系统科学的体系*

系统工程是个新生事物，所以大家对其涵义、范围等说法不一。当然，一个问题大家意见不同，并无坏处，可以交流讨论，互相启发，认识可以因而深化。我们搞科学技术应该用马克思主义哲学为指导，因此考虑问题一定要从马克思列宁主义、毛泽东思想的立场、观点和我国的实际出发，不能一味跟外国人走；他们搞不清的，我们应该努力搞清楚，他们不明确的，我们要讲明确，而且要力求符合大道理。

（一）系统思想和系统工程

首先应该搞清楚"系统"这个概念。系统作为一个概念既不是人类生来就有，也不是像有些外国人讲的那样，是20世纪40年代突然出现的东西。

系统概念来源于古代人类的社会实践经验，所以一点也不神秘。人类自有生产活动以来，无不在同自然系统打交道。古代农事、工程、医药、天文知识等方面的成就，都在不同程度上反映了朴素的系统概念的自发应用。人类在知道系统思想和系统工程之前，就已经在进行辩证的系统思维了。朴素的系统概念，不仅表现在古代人类的实践中，而且在古中国和古希腊的哲学思想中得到了反映。用自发的系统概念考察自然现象，这是古代中国和希腊唯

* 本文选自《论系统工程》（增订版），湖南科技出版社，1988年。

物主义哲学思想的一个特征。古代辩证唯物主义的哲学思想包含了系统思想的萌芽。

在国外,有那么一些人一说到系统工程中的系统,总好像是 20 世纪的新发现,是现代科学技术所独特的创造。这在我们看来，自然不能同意,因为局部与全部的辩证统一,事物内部矛盾的发展与演变等,本来是辩证唯物主义的常理,而这就是“系统”概念的精髓。以前在科学技术中不注意系统概念的运用,正是受了科学技术早年历史的影响。恩格斯就讲过:“旧的研究方法和思维方法,黑格尔称之为‘形而上学’的方法,主要是把事物当作一成不变的东西去研究,它的残余还牢牢地盘踞在人们的头脑中,这种方法在当时是有重大的历史根据的。必须先研究事物,而后才能研究过程。必须先知道一个事物是什么,而后才能觉察到这个事物中所发生的变化。自然科学中的情形正是这样。认为事物是既成的东西的旧形而上学,是从那种把非生物和生物当作既成事物来研究的自然科学中产生的。而当这种研究已经进展到可以向前迈出决定性的一步,即可以过渡到系统地研究这些事物在自然界本身中所发生的变化的时候,在哲学领域内也就响起了旧形而上学的丧钟。”[1]恩格斯还把这一认识上的飞跃称为“一个伟大的基本思想,即认为世界不是一成不变的事物的集合体,而是过程的集合体。”[2]这里,恩格斯讲的集合体不就是我们讲的系统吗？恩格斯强调的过程,不就是我们讲的系统中各个组成部分的相互作用和整体的发展变化吗？而恩格斯的这些光辉论述写于 1886 年年初,距今已经 100 年了!

其实,马克思、恩格斯、列宁和毛泽东同志的著作中还有许多这方面的论述,我们现在搞系统工程一定要熟悉这些论述,作为强大的理论武器。我们要认识到系统这一概念,来源于人类的长期社会实践,首先在马克思主义的经典著作中总结上升为明确的思想,而绝不是什么在 20 世纪中叶突然出现的。

什么叫系统？系统就是由许多部分所组成的整体,所以系统的概念就是要强调整体,强调整体是由相互关联、相互制约的各个部分所组成的具有特定功能的有机整体,而且这个“系统”本身又是它所从属的一个更大系统的组成部分。系统工程就是从系统的认识出发,设计和实施一个整体,以求达到

摄于 1987 年

我们所希望得到的效果。我们称之为工程，就是要强调达到效果，要具体，要有可行的措施，也就是实干，改造客观世界。

系统有自然界本来存在的系统，如太阳系，如自然生态系统，这就说不上系统工程；系统工程是要改造自然界系统或创造出人所要的系统。而现代科学技术对系统工程的贡献在于把这一概念具体化。就是说不能光空谈系统，要有具体分析一个系统的方法，要有一套数学理论，要定量地处理系统内部的关系。而这些理论工具到 20 世纪中叶，即 40 年代才初步具备；所以系统工程的前身，即 operations analysis，operations research 到 20 世纪 40 年代才出现。当然系统工程的实践一旦产生实际效果，社会上就有一股强大的力量推动它发展，因此也就促使系统工程理论的发展，理论与实际相互促进。现代科学技术对系统工程的又一贡献是电子计算机。没有电子计算机的巨大计算能力，系统工程的实践将几乎是不可能的；系统工程的许多进一步发展还有待于性能更高的计算机的出现。这就是系统工程的历史：马克思主义先进思想所总结出的系统概念孕育了近 60 年的时间，到 20 世纪中叶才终于具备了条件，开出了一批花朵。要获取丰硕的果实，尚有待于我们今后的精心培育。

系统工程是工程技术，是技术就不宜像有些人那样泛称为科学。工程技术有特点，就是要改造客观世界并取得实际成果，这就离不开具体的环境和条件，必须有什么问题解决什么问题；工程技术避不开客观事物的复杂性，所以必然要同时运用多个学科的成果。一切工程技术无不如此。例如水利工程，它要用水力学、水动力学、结构力学、材料力学、电工学等，以及经济、环境、工农业生产等多方面的知识。所以凡是工程技术都是综合性的，综合性并非系统工程所独有。有人说系统工程是“高度综合的”，这一说法也许由于系统工程综合了人们本来认为好像不相关的学科，一旦习惯了，也可以把“高度”这两个字省略。

系统工程是一类包括许多门工程技术的一大工程技术门类。因而各门系统工程都是一个专业，比如工程系统工程是个专业，军事系统工程是个专业，企业系统工程是个专业，信息系统工程是个专业，经济系统工程（社会工程）是个专业；要从一个专业转到另一个专业当然不是不可能，但要有一个重新学习的阶段。这就如同干水利工程的要转而搞电力工程要重新学习一段时间才能胜任。既然不是一门专业，提“系统工程学”这样一个词就太泛了。这如同说一个人专业是“工程学”，那人们会问，他专长的是哪一门工程？因此不必在系统工程这个一大类工程技术总称之后加一个“学”字，以免引起误解，好像真有一门工程技术叫系统工程学。不在系统工程后面加一个“学”字，也还有另外一个意思，那就是想强调系统工程是要改造客观世界的，是要实践的。

（二）系统工程共同的直接学科基础

系统工程这一大类工程技术有没有共同的学科基础呢？如果有，又是什么呢？

（1）为了更好地回答这个问题，我们先来考虑一下工程技术和其基础理论之间的关系，也就是现代科学技术的体系。现代科学技术包括马克思主义哲学形成一个完整的体系，这已经在第二讲中阐述了。从这个现代科学技术总体系来看，系统工程是工程技术，问题是什么技术科学是其共同的理论基础？许国志、王寿云和我在《文汇报》的文章[3]中提出称这一共同基础为运筹学，我们当时也指出这是借用了一个旧有的名词，也就是国外叫 operations research 而我们以前把它译作运筹学的这个词。老的运筹学包括了某些系统工程的内容，如军事系统工程，那是历史的原因。我们的运筹学不包括系统工程的内容，而只包括了系统工程的特殊数学理论，即线性规划、非线性规划、博弈论、排队论、库存论、决策论、搜索论等。运筹学是属于技术科学范畴的。

自动控制是建立在系统概念上的，所以控制论也要作为系统工程的一个主要理论基础。当然我们也要看到一个具体事实；一个系统当然有人的干预，在概念上可以把人包括在系统之内，但现在理论的发展还没有达到真能掌握人在一定情况下的全部机能和反应，所以把人包括到系统之中还形不成通用的理论；另一方面，系统工程的目前水平又一般地要有人干预，包括有时要发动群众出谋献策，所以还不能一般地搞一个没有人的系统，完全自动化。由于这些原因，我们认为控制理论的大系统以至巨系统、多极控制发展是很有意义的，一定要提倡。

除了运筹学以及控制论这个系统工程的重要共同理论基础之外，又一个重要共同基础是讲信息传递理论的信息论；当然也还有计算科学和计算技术。

有的同志要把这两类各门系统工程的共同基础连同其他数学工具通称为"系统工程学"，我认为这样做不一定妥当，名词和内容不相符。因为系统工程的理论基础，除了共同性的基础之外，每门系统工程又有其各自的专业基础。这是因为对象不同，当然要掌握不同对象本身的规律：例如工程系统工程要靠工程设计，军事系统工程要靠军事科学等。这里用表把各门系统工程和与之对应的特有学科基础列出来。

(2) 表中列了 14 门系统工程，其实还不全，还会有其他的系统工程专业，因为在现代这样一个高度组织起来的社会里，复杂的系统几乎是无所不在的，任何一种社会活动都会形成一个系统，这个系统的组织建立、有效运转就成为一项系统工程。同类的系统多了，这种系统工程就成为一门系统工程的专业。所以我们还可以再加上许多其他系统工程专业。

系统工程的专业	专业的特有学科基础
工程系统工程	工程设计
科研系统工程[4]	科学学
企业系统工程	生产力经济学[9]
信息系统工程[5]	信息学、情报学
军事系统工程[6]	军事科学
经济系统工程	政治经济学
环境系统工程[4]	环境科学
教育系统工程[4]	教育学
社会(系统)工程[7]	社会学、未来学[10]
计量系统工程	计量学
标准系统工程	标准学
农业系统工程[8]	农事学[8]
行政系统工程	行政学
法治系统工程	法学

表中前一半七种系统工程大家可能比较熟悉,不需要解释。后七种系统工程中的第一种是教育系统工程,那是专门搞一所学校,一个地区的学校以及一个国家教育系统的组建、管理和运转的,它的特有学科基础是作为社会科学的教育学。我认为宏观经济规划问题,就是社会系统工程。社会系统工程也可以简称社会工程[8],是组织和管理社会主义建设的;也就是在中央决定一个历史时期的大政方针之后(例如现在我国要实现四个现代化),社会工程要设计出建设总图,并制定计划、规划;它特需的理论学科是社会学和未来学[10]这两门社会科学。计量系统工程和标准系统工程是搞一个地区、一个国家的计量和标准体系的,他们的组织,建立和正常执行,这在现代社会已成为非常重要的职能。包括农、林、牧、副、渔的农业,其重要性是无疑的了,但现代农业是作为一种系统工程、农业系统工程的特有理论,张沁文称为“农事学”[10]。行政系统工程是说在社会主义制度下,行政工作、机关办公完全可以科学化,加上现代档案检索技术,也可以计算机化。计算机可以拟出文件

或批文草稿，可能包含几种抉择，供领导采用；它的理论也许是行政学吧。社会主义法治要一系列法律、法规、条例，从国家宪法直到部门的规定，集总成为一个法治的体系，严密的科学体系，这也是系统工程、法治系统工程；它的特有基础学科是法学。从我国目前实现四个现代化所迫切需要解决的问题来看，这后三门系统工程关系到农业发展，关系到提高行政效率，关系到加强社会主义法制，其重要性是很明显的。

当然目前系统工程概念具体化才不过十几年，只有表中头几种系统工程专业算是建立了，有了一些比较稳定的工作方法，算是有些教材可以教学生。大概从环境系统工程开始，往下这八种系统工程，有的尚在形成，有的只不过是一个设想，要靠我们今后的努力才能实现；为了四个现代化，我们一定要大力发展系统工程的各个专业。

(3) 从我以上的阐述来看，系统工程可以解决的问题涉及改造自然，改造、提高社会生产力，改造、提高国防力量，改造各种社会活动，直到改造我们国家的行政、法治等；一句话，系统工程涉及整个社会。所以我们面临由于系统工程而引起的社会变革绝不亚于大约120多年前的那一次：那是因为自然科学的发展壮大，从而创立了科学的工程技术，即把千百年来人类改造自然的手艺上升到有理论的科学，由此爆发了一场大变革。系统工程是一项伟大的创新，整个社会面貌将会有一个大改变。所以系统工程的发展是第一讲中提到的技术革命，又是一项新的技术革命。

当然，我们现在仅仅在这一过程的开端，像我们以前已经提到的那样，我们现在能够看到的只是很小的一部分，就是表中所列举的14种系统工程也不过是系统工程全部中的一部分。也因为同一理由，我们说到的也不一定确切，14种系统工程的划分也会在将来的实践中有调整。但更重要的一点是系统工程一定会在整个社会规模的实践中对理论提出许多现在还想不到的问题，系统工程的理论还要大发展。这又有两个方面：一个方面是对每一门系统工程所特有而联系着的学科，正如表中所示，他们有的是自然科学或从自然科学派生出来的技术科学，但看来将会更多的是社会科学或主要从社会科学派生出来的技术科学；这里有大量的新学科。另一方面，作为系统工程的方法理论的运筹学更会有广泛的发展，因为实践会对它提出更高的要求。

正如前面已经讲过的，系统工程将来一定会更多地用控制论，不但用工程控制论，而且用社会控制论。我们还要创造一些特别为系统工程使用的数学方法，特别是在统计数学和概率论等不定值的数学运算方面。计算数学也会因系统工程实践而有某些特定方面的发展。

（三）系统科学的体系结构

这样说来，系统工程所带动的科学发展是一条很广泛的战线，不是一种、几种学科，而是几十种学科。日本的科学家们提出了一个新名词，叫“软科学”。所以我们在上面说的这一大套学科技术，似乎也可以借用“软科学”这个词来概括。但我进一步考虑：从系统工程改造客观世界的实践，提炼出一系列技术科学水平的理论学科，能就到此为止了吗？要不要更概括更提高到基础科学水平的学问呢？那用“软科学”这个词就显得局限了些，深度不够。另外，要看到系统里面也有许多“硬件”，并不像“软件工程”专搞软件那么“软”。所以不宜用“软科学”这个词，我们应该回到系统这一根本概念，把整个部门的多种学科概括为一个新的现代科学技术部门，叫作“系统科学”。系统科学是并列于自然科学和社会科学的。

建立系统科学这个概念之后我们就有了一个学科的体系，可以从整个学科体系的结构来考虑问题，也就是参考第二讲提到现代科学技术体系中横向层次；直接搞改造客观世界的学问就是各门系统工程；作为各门系统工程的共同理论基础的是技术科学层次的运筹学以及控制论和信息论。什么是系统科学部门中的基础科学层次？这就是系统学。

下面就来讲，建立系统学的问题。

只从工程技术的各门系统工程和其技术科学的运筹学，以及控制论去提炼还不够，还必须打开视野，要吸收贝塔朗菲的一般系统论、理论生物学，普利高津及其学派的远离热力学平衡态的耗散结构理论，特别是哈肯的协合学理论。

(1) 我们看到生物学界的发展，正如罗申(R. Rosen)在不久前的一篇论文中[11]所讲的，18 世纪以来的近代科学发展，在自然科学的研究中占主导地位的是还原论和经验论的方法，或形而上学的方法，这在当时是一个伟大的进步，是对古人的反击和革命：古代人们直观地以有机物或神灵主宰一切。然而罗申似乎忘记了从神灵到拉普拉斯的机械论之间也曾有过古代的唯物主义和辩证法；近代科学方法是从古代唯物主义发展而来的。罗申指出，近代科学的这种只重分析与实验的方法，在生物学的研究中，把生物解剖得越来越细，近四五十年更是攻打到了分子的层次。我们可以说把生命现象分解为分子与分子的相互作用，现在已取得了伟大的、惊人的成就，建立了分子生物学这门有非常充实内容的科学。但在这一发展面前，也有许多生物学家感到失望，我们知道得越细、越多，反而失去全貌，感到对生命的理解仍然很渺茫，好像知道得越少了。50 年前冯·贝塔朗费比较明确地认识到这一点，他开始所谓理论生物学（theoretische biologie, 1932）的研究，要从生物的整体，把生物整体及其环境作为一个大系统来研究。冯·贝塔朗菲还由此创立了他称为一般系统论（general system theory）的科学[12]。还把它应用到广泛问题的研究，例如研究人的生理、人的心理以及社会现象等。

一般系统论这一学科来源于生物学研究，是一个重要发展。王兴成同志在介绍它时[13]，把其基本原则归纳为一是整体性原则、二是相互联系的原则、三是有序性原则、四是动态原则。既然一般系统论是研究系统，一、二两条基本原则是容易理解的。三、四两条基本原则有些新鲜：它们来源于观察生物和生命现象。生物有一个有条不紊的构造，而且能有目的地生长和演化。这看来是生命所特有的。生物一死，构造立即开始破坏，生长和演化也立即停止，转入分解。所以一般系统论的核心是这后两条基本原则。冯·贝塔朗菲等人，首先认识到这个生命所特有的现象与物理学中热力学第二定律说的不同：热力学第二定律说一个封闭系统（同周围环境没有能量和物质交换的有限大的系统）的熵只能增加，看来越变越无序，而不是走向有序。抓住这一点，一般系统论强调系统的开放性，即系统要同周围环境有能量和物质的交换。

一般系统论的一个重要成果是把生物和生命现象的有序性和目的性同系统的结构稳定性联系起来：有序，因为只有这样才使系统结构稳定；有目的，因为系统要走向最稳定的系统结构。这个概念当然与现代科学中的控制论有关。

但是由于生物和生命现象的高度复杂性，理论生物学家搞一般系统论遇到的困难很大。几十年来一般系统论基本上处于概念的阐发，理论的具体和定量结果还很少。当然，他们抱的希望还是很高的，罗申[11]就说："从演化的角度来看，生物学可认为是一部告诉人们如何有效地解决复杂问题的百科全书，以及解决这些问题中要避免的事项。生物学给我们提供了如何在大而成员各有不同的集体中进行合作而不是竞争的实例，从而证明这种集体合作是可能的、存在的。"（当然他在这里把合作和竞争割裂了，在生物界里，合作与竞争也是辩证地统一的。）

(2) 复杂系统中的结构稳定性代表着有序性，但这稳定性到底是怎么产生的呢？首先给出这方面线索的是普利高津和由他率领的所谓比利时布鲁塞尔学派。他们在几十年的工作中，首先从平衡态热力学出发，研究了稍为偏离平衡态的热力学，从而得到处理一般不均匀物质中各种传递过程的理论。其中利用了昂萨格（Onsager）关于传递系数的对易定理。这就是由这个学派创立的非平衡态热力学。普利高津由此再向远离平衡态的方向推进。他发现只要化学反应的速度不是大到使分子运动的速度分布比起麦克斯韦平衡态分布有过分的畸变，那么线性传递关系，也就是输运流强与物态的空间梯度成线性关系，仍然是正确的，尽管现在传递系数必须作为局部物态的函数。这就使得他们的非平衡态热力学，可以推广到远离平衡态的情况。他们由此发现了远离平衡态的稳定结构，也就是所谓"耗散结构"（dissipative structure）[14]。并认为耗散结构就是一般系统论中要找的具有有序性的系统稳定结构。他们的系统合乎理论生物学的规定：从热力学的角度来看，系统必须是开放的。系统本身尽管在产生熵，但系统又同时向环境输出熵，输出大于生产，系统保留的熵在减少，所以走向有序。布鲁塞尔学派的这些成就把理论生物学推进了一大步，使一般系统论的有序结构稳定性有了严密的理论根据。系统自己走向有序结构就可称为系统自组织，这个理论也可称为系统的自组织理论。

(3) 但是只从热力学考虑问题，只从宏观研究问题，虽然可信，总给人以隔靴搔痒之感，不透彻。我们要深入到微观，从系统的每一个细微环节来考察全系统的运动。在这方面，从比较简单的系统做起的控制论，近年来有一个新发展，即巨系统理论。巨系统理论着重分析系统的层次结构；一级管一级，同级结构之间有一定的独立性。这诚然是个微观理论。但直接把巨系统理论用于生物，从细胞作为基层单元开始；或用于社会经济，从每个企业、每个生产队作为基层单元开始；那就要把亿万个细胞，千百万个企业、生产队，一齐进入计算分析，毕竟太繁琐，无法取得具体结果。所以直接从微观来考察系统又不实际，不现实。这一进退两难的处境，正如当年人们认识到气体由相互作用的亿亿万万个分子组成，一对分子的相互作用的规律是清楚的，就是分子太多，作为这亿亿万万分子整体的系统，气体的性质，却无法取得具体结果。我们需要一个微观过渡到宏观的理论。实现这一过渡的奥秘在于：我们其实并不需要知道每一个分子的运动才能知道作为整体的气体的性质；宏观知识不要求知道那么多细节。这一认识使 19 世纪后半叶的物理学家发展了一门新学科——统计力学，不求知道每个分子的运动，但求得到整体分子的平均行为。统计力学使得热力学这一宏观规律的学问能通过分子的微观运动来解释，微观到宏观的道路打通了。这是近代物理学的一项辉煌成就。它给我们一个启示：在研究复杂的巨系统中，我们也要引用统计方法，才能透彻地看到局部到整体的过渡，才能避开不必要的细节，把握住主要的现象。哈肯（Hermann Haken）[15]就是用这样的观点来研究系统行为的。他的工作是从 60 年代研究激光发射机理开始的。由于当时现代科学技术的多方面成果已经摆在他面前，他吸收了概率论、信息论和控制论的有关部分，并且从一些平衡态，如超导现象和铁磁现象的理论发现，有序结构的出现并不是非远离平衡不可。超导体和铁磁体的结构是一种有序结构，就连液体和固体结构也在一定程度上是有序的；而它们都可以在热力学平衡下，从无序的状态产生。哈肯还发现激光发射这种远离平衡态的系统与上述平衡态的系统，在形成系统的有序结构的机理方面是相似的，都是本系统固有的性质。这就是说关键不在于热力学平衡还是热力学不平衡，也不在于离平衡有多远，而在于下面的情况：系统的详细运动或微观描述可以用一大组联立一阶时间导数的常微分方程来表达，有多少个描述系统状态的变数，方程组的方程就有多少。对复杂的系统来说，描述系统的变数在某瞬间可以成千上万，上亿万；但不管多少，用一个坐标标出一个系统变换的值，那系统的瞬间状态总可以用这样一个许许多多互相垂直的坐标轴所形成的多维空间中的一个点来表达。这个多维空间，在统计力学中称相空间。系统随时间的变化就是这个代表系统状态的点，在相空间随时间的移动。所以如果系统自己要走向一种有序结构，那就是说代表那种系统有序结构的点是系统的目标，不管从空间的那一点开始，终归要走到这个代表有序结构的点。更复杂的情况也可以出现，有序结构不是固定不随时间变的，而是一种往返重复的振荡，那就在相空间有一个封闭的环，这个环就是系统的目标。如果还要把在有序结构点或往返重复振荡附近的随机涨落也包括进去，那就说在相空间的这种点或环是不那么清晰的，有些模糊。

哈肯的贡献在于具体地解释上述相空间的"目的点"或"目的环"是怎么出现的。他的理论阐明，所谓目的，就是在给定的环境中，系统只有在目的点或目的环上才是稳定的，离开了就不稳定，系统自己要拖到点或环上才能罢休。这也就是系统的自组织。研究相空间系统的稳定性，哈肯得力于托姆(R. Thom)的突变论。所以哈肯是综合了现代理论科学的许多成就才创立了他的系统理论的，他称他和他一起的工作者的理论为"协同学"[15](synergetics)，并把它应用到物理现象、化学和生物化学现象和生物现象，甚至用到社会现象。

(4) 在这里我想补充两项在我看来是很有意义的研究。首先是佛莱律希等人于 1967 年开始的工作，其综述见栉田孝司的文章[16]。佛莱律希认为哈肯的激光器理论也可以用于生命现象，因为活体中存在着纵型电振动分支，通过代谢给它供应能量，当能量超过某一阈值时，形成强激励下的单模相干振动，出现长距离的相位相关。这正是活体具有极惊人的有序性的解释。他们并且从细胞膜的厚度和声波传播速度得出这种振动频率大约为 $10^{11} \sim 10^{12}$ 赫。又因活体细胞膜上存在着由于膜两侧钠离子和钾离子的浓度差异，而引起的 10^5 伏/厘米的电场强度，振动必然发生相应的电磁波。根据以上频率，电磁波应是毫米波。斯摩良斯卡娅和维林斯卡娅[17]正是用毫米波照射大肠杆菌后，发现大肠杆菌合成菌素的活性与波长密切相关，有共振现象，在共振宽度仅 10^8 赫左右，出现活性高峰。佛莱律希[18]也和格林德勒和凯尔曼一起，用毫米波辐照酵母菌，发现生长速度也出现共振峰，共振宽度才 10^7 赫左右。这些试验证实了佛莱律希的设想，把协合学理论直接运用于细胞繁殖现象了。

其次我要介绍的是一项更为深入而广泛的工作：艾根和舒斯特尔的“超循环”(hypercycle)理论[19]，这是直接建立生命现象的数学模型。他们观察到生命现象都包含许多由酶的催化作用所推动的各种循环所组成，而基层的循环又组成更高一层次的环，即“超循环”，也可以出现再高层次的超循环。超循环中可以出现生命现象所据为特征的新陈代谢、繁殖和遗传变异。Eigen 等的贡献在于他们把控制论中的巨系统理论具体化到生命现象，提出了结构模型，并且通过实例，生物遗传信息的传递过程，验证了他们的模型可以复现生命现象的特征，为达尔文的进化论，即生命在生存环境中的演化，提供了科学的理论基础。

佛莱律希的工作、艾根的工作以及还有其他工作都和贝塔朗菲，普利高津和哈肯的工作一样，都是自然科学和数学科学的研究为系统科学的基础科学——系统学，提供了重要的构筑材料。这也没有说完一切可以引用为系统学结构材料的现代科学发展，例如还有与大系统和巨系统有关的一门数学理论，微分动力体系；也还有多维非线性动力体系中出现的与有序化相反的“混沌”(所谓“奇异吸引子”理论)。这都说明系统学的建立工作是一项意义重大而又十分艰巨的科学事业。

系统学的建立也会有助于明确系统的概念，即系统论。国外有些人，如乌耶莫夫[20]，称作为“一般系统论”的实际是我们这里的系统论。系统论将充实科学技术的方法论，并为马克思主义哲学的深化和发展提供素材。这也就是说人的社会实践汇总、提炼到系统科学的基础科学——系统学，又从系统学通过一座桥梁——系统论，达到人类知识的最高概括——马克思主义哲学。所以系统科学的体系可以表达如图那样、分工程技术、技术科学、基础科学和哲学四个台阶。

系统科学体系的建立也必将影响其他现代科学技术的发展。它也将反过来促进比较早建立的科学技术部门，如自然科学和社会科学。这种变革孕育着一场 21 世纪初的科学新飞跃，即第一讲中说的科学革命。

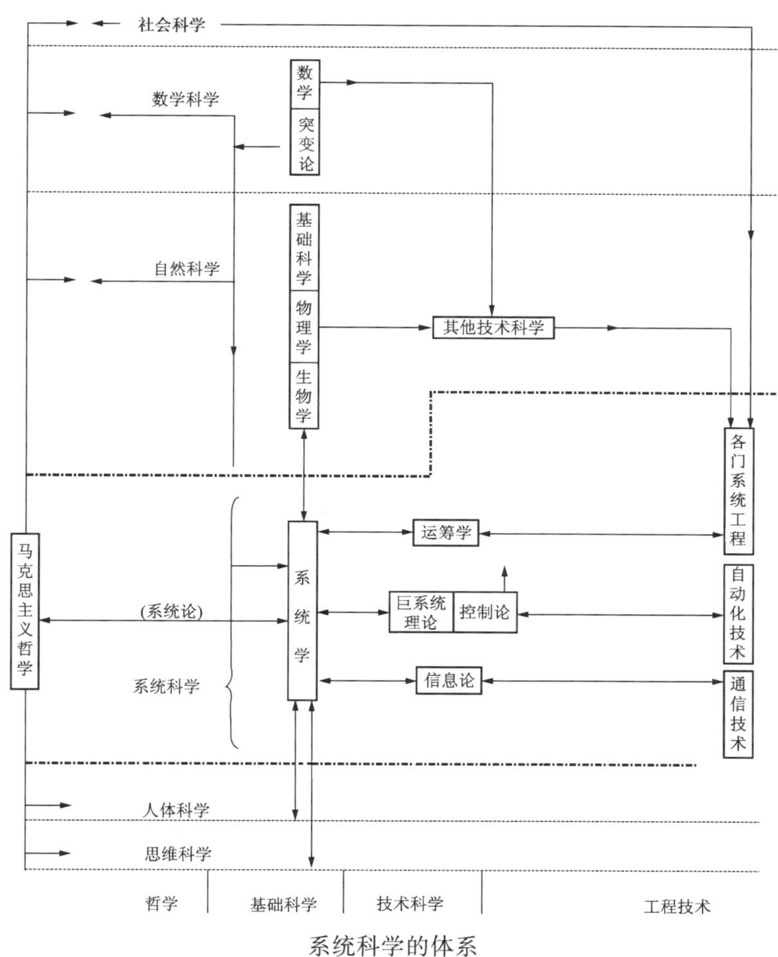

系统科学的体系

注释

［1］ 恩格斯:《路德维希·费尔巴哈和德国古典哲学的终结》,《马克思恩格斯选集》,第4卷,第240～241页

［2］ 同上,第239～240页

［3］ 钱学森、许国志、王寿云:《组织管理的技术——系统工程》,《论系统工程》,湖南科学技术出版社,1982年,第7～27页

［4］ 钱学森:《科学学、科学技术体系学、马克思主义哲学》,同上,第203～219页

[5] 钱学森:《情报资料、图书、文献和档案工作的现代化及其影响》,同上,第 87～98 页
[6] 钱学森、王寿云、柴本良:《军事系统工程》,同上,第 40～72 页
[7] 钱学森、乌家培:《组织管理社会主义建设的技术——社会工程》,同上,第 28～39 页
[8] 张沁文、钱学森:《农业系统工程》,同上,第 121～136 页
[9] 于光远:《关于建立和发展马克思主义“生产力经济学”的建议》,草稿
[10] 沈恒炎:《一门新兴的综合性学科——未来学和未来研究》,《光明日报》,1978 年 7 月 21、22、23 日
[11] Rosen R., Int. J. *General Systems*, 5(1979)173
[12] von Bertalanffy L., *General System Theory*, G. Braziller (1968)
[13] 王兴成:《系统方法初探》,《哲学研究》,1980 年第 6 期,第 35 页
[14] Glansdorff P., Prigogine I., *Thermodynamic Theory of Structure, Stability and Fluctuations*, Wiley (1971);沈小峰、湛垦华,《自然辩证法通讯》,1980 年第 1 期,第 37 页
[15] 哈肯,H:《协同学》,原子能出版社,1984 年
[16] 栉田孝司,レ—ザ—研究,1979 年第 3 期,第 241～250 页,译文见《国外激光》,1980 年第 9 期,第 1～7 页
[17] A. Z. Smolyanskaya, R. L. Vilenskaya, *Soviet Phys.* Uspekhi, 16(1974)571
[18] W. Grundler, F. Keilmann, H. Fröhlich, Phys. Letters 62A (1977)463
W. Grundler, F. Keilmann, H. Fröhlich, Z. Naturfisch. 33C (1978)15
[19] M. Eigen, P. Schuster, *Naturwissenscharten*, 64(1977)541,65(1978)7,65(1978)341
[20] A. И. Уемов,原作见 Природа,11(1975);译文见《世界科学(译刊)》,1980 年,第 12、44 页

关于建立和发展马克思主义的科学学的问题*

外国人都说科学学是英国科学家J. D. 贝尔纳在20世纪30年代创始的，但他们也不见得都按贝尔纳的原来意图搞，而把科学学的研究范围说得似乎很宽广，各种说法又不一致。就连科学学的名称都不一样，英国人称 science of sciences，美国人称 sociology of science；我看他们不如用 scientiology 更简练些。其实我们现在也不必非采用他们的说法不可，因为我们走的是社会主义道路，路子不一样嘛。那什么是科学学？我认为：科学学是把科学技术的研究作为人类社会活动来研究的，研究科学技术活动的规律，它与整个社会发展的关系。什么是马克思主义的科学学？所谓马克思主义的，是指用马克思列宁主义、毛泽东思想的立场、观点和方法来研究科学学。这是重要的，因为科学学是一门社会科学，必须如此。

这些观点，我在另外一篇文章[1]已经说过。在读到于光远、龚育之和王兴成同志的近作[2]之后，受到教益，但我又感到意犹未尽，所以再写这篇文字，参加讨论，并向同志们请教。

（一）

既然科学学是研究科学技术活动的一门社会科学，它就是一门学科，它

---

* 本文原载《科研管理》创刊号（1979年）。

不是一门直接改造客观世界的工程技术。有没有一门这方面的工程技术呢?有的,而且是一门在现代社会中有非常重要意义的工程技术,即科技研究的组织管理技术,我把它叫作科研系统工程,是系统工程这一类新的工程技术之一。要搞好科研系统工程当然要研究科学学,不然就没有理论基础;但科研系统工程的实践,即科学技术的研究、研制工作的组织管理,除科学学之外,还要许多其他学问和技术,如运筹学、经济学、计算机技术等[3]。最根本的是要区别科学理论和工程技术,前者有单一的研究领域,而后者总是综合多种学科的成果来具体进行一项建设和组织管理工作。

现在,我们的同志急于要提高我国科学技术研究、研制工作的组织管理水平,这是可以理解的;但有些同志就因此把科学学同科研系统工程混淆起来,要科学学工作者去直接解决我国当前的科技组织管理问题,那也许会欲速而不达。当然我们研究科学学主要是为了提高我们的科技组织管理水平,加速实现我国科学技术现代化。这个目的是明确的。我讲这个话是想劝我们科技组织管理工作者要对科学学有点耐心,不要杀鸡取卵。

科学学既然有别于系统工程,当然也不同于讲系统理论的系统科学,科学学也就和一类与系统科学和系统工程密切联系着的所谓"软科学"不相干,这也是一个要明确的问题。

还有一个问题是:科学学包括不包括社会科学的研究活动?我认为科学学的研究应该包括这一部分社会活动。科学学不能只是自然科学的科学学,科学学也是社会科学的科学学,而且也是技术科学和工程技术以及哲学的科学学。

科学学是自然辩证法吗?或者说科学学也研究科学研究中的方法论吗?我看还是不缠在一起为好。如果说目前我国自然辩证法研究工作还未打开局面,因此要借科学学来走出一条路子,这不见得妥当;科学学是研究科学技术研究这一社会活动,不是研究科学技术本身,所以也不去搞科学的方法论;科学学是可以和自然辩证法分清研究领域的。自然辩证法自有其广阔的活动范围,比如用自然科学的新发现来丰富并深化马克思主义哲学。而且一旦我们说科学学同自然辩证法有交叉,那么科学学还包括社会科学的研究活动,岂不科学学又和历史唯物主义或社会辩证法也交叉了吗?这样会打乱本来可以划分清楚的各学科之间的界限。当然,这是说学科;一个人可以同时搞几门科学的研究，自然辩证法的工作者也可以同时研究科学学。

（二）

以上是讲科学学与其他学科的划分。那么科学学应该是什么呢？我想科学学的一个重要内容是科学技术体系学，也就是科学技术的分门别类，各门学科之间的相互联系，学科体系的发展、演变，新学科的成长和老学科的消亡或重新划分。这当然与研究整个科学技术的活动有关，所以是科学学的一个重要内容。科学技术的各个学科组合成为一个整体的、联系的体系，这是恩格斯在大约100年前指出的。我们现在的科学技术体系有六个组成部分（如图1），概括一切的是哲学，哲学通过自然辩证法和历史唯物主义（社会辩证法）这两个桥梁和自然科学、数学科学和社会科学相连接。自然科学研究自然界，社会科学研究人类社会，数学科学则是自然科学和社会科学都要用的学问。在这三大类学科之下，介乎用来改造客观世界的工程技术之间的是技术科学，那是针对工程技术中带普遍性的问题，即普遍出现于几门工程技术专业中的问题，统一处理而形成的，如流体力学、固体力学、电子学、计算机科学、运筹学、控制论等。在工程技术问题中新起的一大类是各门系统工程。

在办公室（80年代）

科学技术是不断发展的，图1所示的体系大致代表了科学技术目前的状况，以前不是如此，将来也不会老是这样。大约在 20 世纪初，科学技术的体系中就没有技术科学这一大类，因为它尚在建立之中。那时数学也只是作为自然科学的一个部门，没有划出来，因为那时即便是科学的社会科学也还没有用数学方法，数学似乎为自然科学所独有。所以在 20 世纪初，科学技术的体系大致如图 2 所示，是四大部类所组成。如果我们再往前追，大约 130 年前呢？那时工程技术也还没有成为学问，改造客观世界的能工巧匠只被认为是有才能的人，而他们的才能还没有总结成为学问，特别是能在高等院校里讲授的学问，所以列不进科学技术的体系中。130 年前的情况，大约如图 3 所示，是三大部类的科学技术体系。再往前呢？比如说两百年前呢？那时没有马克思主义的哲学，也没有科学的社会科学，科学技术就只有一个部类，即自然科学，如图 4。如果还要往前追溯，那就没有科学的体系了；我们一般讲科学自文艺复兴起，16 世纪以前只有科学的部分成果，形不成体系。

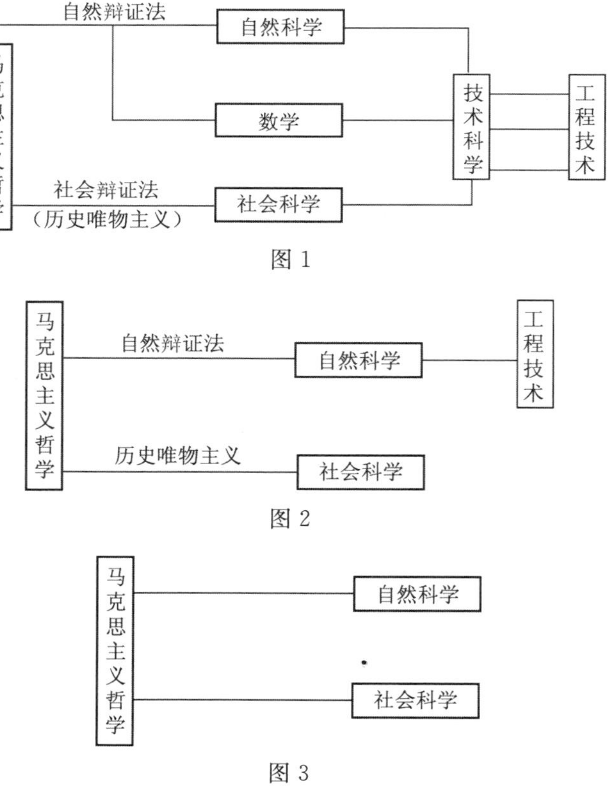

图 1

图 2

图 3

自 然 科 学

图 4

从 1780 年情况的图 4 到 1850 年情况的图 3，再到 1890 年情况的图 2，最后到现在的图 1，这是科学技术体系的发展、演变，所以科学技术体系学不但研究一个时期的情况，即“现象学”，还要研究不同时期的变化，即“动力学”，科学技术体系学也包括科学技术近代史。所以科学学也包括科学技术近代史。

既然包括历史，那将来呢？科学技术体系不会发展到现在就停下来，将来的科学技术体系也不会就像图 1 那样固定下来。例如，现在已经出现了苗头的系统科学和思维科学，将来很可能上升到科学技术体系中两个新的大部类学科。

（三）

赵红洲同志在《红旗》杂志的文章[4]是一篇讲社会的科学能力的文章。他讲了科学家队伍的集团研究能力，实验技术装备的质量，图书-情报系统的效率、科学劳动结构的最佳程度和全民族的科学教育水平等五个方面，我想这些内容都属于一门可以称为科学能力学的一个科学学分支，它是专门研究科学技术研究力量如何形成，研究科学技术研究的内在规律。因为是内在规律，科学技术组织内部的关系，所以我认为它是相对独立于社会制度的。这个情况类似于生产力经济学，生产力经济学[5]研究生产中的两大因素人和生产工具，以及他们的组织管理，它有别于政治经济学，是不直接受社会制度影响的。

所以对科学学的这一个部分，科学能力学，我们可以吸取资本主义国家几百年来实践的经验，并由实践经验总结出来的一套规律，为我所用。当然，有些同我国社会主义制度“接口”的问题，我们要谨慎，要处理好。

科学技术研究的内在规律中有一个非常重要的问题，科学革命的问题。这是美国科学家 T. S. 库恩[6]首先阐明的一个概念：说明科学理论的发展也正和一切事物一样是一个量变到质变的过程。一门科学一旦有了系统的理论就进入正常发展的阶段，大量的实验和理论分析，不断充实原来的理论，理论又见诸实际应用,实践结果又提出新的研究课题,要求科学家去解决。这都大体上是量的累积,原来科学理论框架显得更加牢固了。但就在这一阶段的量变中,也隐藏着与原来理论规范相矛盾的东西,随着研究的进展,矛盾逐渐显露,也会有些不损害原来理论的小修补。可是矛盾终于无法克服,引起激化,大家都有了科学危机感,这时就会出现一个新理论来取代原来的理论,形成一次质变,一次科学理论的飞跃。当然新理论总是吸取了原来理论的成果,包含了原来的理论,是人们认识客观世界漫长过程的一个新的驿站。这种质变就是科学革命;例如,从天体日心运动学说到牛顿力学,氧的发现代替了燃素论,相对论又代替了牛顿力学,量子力学的创立等。我们早就认识到这些事例都是科学史上的伟大变革,是推动科学技术发展的一股强大动力,所以科学革命是科学技术研究中一个极为重要的内在规律,而研究科学革命是科学能力学的一项重要任务。

组织科学技术队伍中的一个问题是充分调动每一个成员的劳动积极性,而这在我们社会主义制度中就必须做到按劳分配。要按劳动的贡献来分配就又必须对科学技术研究工作的价值作出准确的评价。决不能"平分"、"吃大锅饭"。这是一个对脑力劳动成果定价值的问题,在以前好像还没有认真研究过,现有的只是各种奖金,国家的科学奖金,国家的发明奖,各部门的成果奖、技术革新奖等。有一点是可以肯定的,即科学技术研究成果的价值,也就是对提高人民物质生活和文化生活的贡献,常常需要一段时间才能明确,因此按劳分配所必需的成果评价不大可能在脑力劳动一个阶段结束后立即作出,有时甚至要相当长的一段时间才能准确评价。从这一点来说,奖金是科学技术工作中按劳分配的好办法。但现在奖金值往往是事先分级定值,而定级颁发又缺一套科学的方法,所以这个方法还很不完善。改进科学技术奖金制度,以至再进一步研究在科技工作中按劳分配的问题也是科学能力学的一项重要任务。

(四)

科学学的又一个非常重要的内容是科学技术与生产力,科学技术与上层建筑的相互作用,这当然是与社会制度密切相关的,可以称为政治科学学。科学学的这一个分支只有用马克思列宁主义的理论为指导才能取得研究成果,这是不能引进资本主义国家现成的研究结果的。例如现在国外有人[7]单纯地根据统计资料得出结论说:科学技术的兴盛时期从意大利转到英国,又从英国转到法国,从法国转到德国,现在在美国,但一国科学技术兴盛期只有60到110年,因此21世纪又该另一个国家了。这种完全不考虑政治经济因素的统计游戏,能有什么深刻的意义呢?

我们遇到的一个重要问题是科学技术与生产力的关系。一般讲科学技术是生产力,但是不是直接生产力呢?直接的生产力是人和生产工具,所以科学技术要成为生产力还要通过人或生产工具,以及用科学技术来更好地把人和生产工具组织到生产过程中去。也就是要用科学技术武装人,要用科学技术设计、制造更好的生产工具,要用科学技术提高生产组织管理水平。这是要能动地推进的,不是自然而然的,科学技术不会自己变成生产力。这是我国目前的一个大问题,大量科研成果用不到实际生产中去[8]。这就需要改革经济管理制度。

与这个问题密切相关的问题是科学技术研究的经费到底应该占工农业生产总值百分之几?我国现在的比例是不到1%。当然,如果成果弃而不用,也许比例还可以减。如果科研成果能迅速用来革新生产,发展生产力,那这个比例还要大大增加。在我国现在实际情况,究竟用什么比例为宜,应该研究。

政治科学学的一个重要理论问题是搞清技术革命这个概念,技术革命是毛主席在1969年的一个批示上提出的,毛主席说要区别技术革新和技术革命,后者是指技术上的重大变革,如蒸汽机、电力,现在的核能。蒸汽机的出现推动了产业革命,电力的出现进一步大大发展了生产力,把资本主义推向垄断资本主义。两次历史上的技术革命都极大地提高了社会生产力,使资本主义的生产关系和上层建筑更加不适应于生产力的发展。现在的核能技术革命也必然如此,现在正在进行的一场电子计算机技术革命也只能是如此,哪里会有什么矛盾的缓和?哪里会有什么社会主义革命过时的道理?但是帝国主义的帮凶们却高唱什么科学技术革命,什么第二次产业革命,第三次产业革命，好像第一次产业革命出了科学的社会主义，而现在第二次了，甚至第三次了，要出什么别的了，妄想骗人说马克思主义不灵了。那个社会帝国主义也鼓吹科学技术革命，为其霸权主义找口实！我们一定要用技术革命的理论来戳穿这些家伙的鬼把戏，指明革命的光辉前程。这是政治科学学的一项重要任务。

我们当然不能只看到科学技术对生产力发展和上层建筑的推动作用，也要看到上层建筑对科学技术的反作用。这是政治科学学的又一个重要研究课题。例如在资本主义国家科学技术研究活动的社会化与资本主义生产资料私有制和由此而产生的社会制度的根本矛盾，时时刻刻阻碍着科学技术的发展。在他们那里科学技术越发展，就越社会化，就越同私有制发生激烈的冲突，这是他们不可挽救的死症。

这就是说对科学技术来说，社会主义制度也是无比优越的。当然在我国现在也不是没有问题，钱三强同志就指出过我国科学技术工作中存在的许多问题。[9]政治科学学要研究这方面的问题。

在国外，科学技术工作总是被认为只有专业人员才能干，广大人民群众是被排除在科技大门之外的。但对我们来说科学技术的源泉是人的社会实践。因此亿万人民的实践经验决不能忽视，即便是点滴的看法，一个小小的建议，都应该得到专业科技人员的认真分析，其中有可能孕育着客观世界中还未被认识的事物。科学技术史上有那么多偶然的发现该给我们启发了吧。这种正确对待人民群众实践的态度是我们所特有的，是社会主义制度下科学技术活动应有的一个特点。

社会上层建筑对科学技术活动的又一重要影响是军事科学技术研究在整体科学技术研究中所占的比重。据一个统计资料，现在世界各国每年用于科学技术研究和研制的费用大致是 1 500 亿美元，军事方面的占 24%，航天技术占 8%；其实这两者都是军事性质的，一共是 32%，差不多是全部费用的 1/3。基础科学研究才 15%，不到军事性质的一半。医疗卫生才 7%，农业研究才 3%。以上还是世界的平均，在苏联和美国，军事科研的比重还会更大。这是我们研究科学学必须注意的一个方面，也是政治科学学的一大课题。

(五)

上面讲了马克思主义的科学学三个方面的研究或三个分支学科：科学技术体系学、科学能力学和政治科学学。我们是把科学学研究的科学技术社会活动从近代科学算起的，因为只从意大利文艺复兴以后，科学技术才具有我们现在所说的概念。当然，近代科学技术以至现代科学技术都吸取了古代科学技术的成果，所以研究古代科学技术史也是必要的，但那也许不属于我们所谈的科学学的范围了。

为了预见科学技术活动的进一步发展，我们在前面讲科学技术体系时谈到要研究科学技术体系的未来。但整个科学技术活动在未来社会中的情况，又是一个更全面的问题，它涉及人类社会的未来，是另一门社会科学，未来学的研究范围。

注释

[1] 钱学森：《科学学、科学技术体系学、马克思主义哲学》，《哲学研究》，1979年第1期，第20～27页

[2] 于光远：《谈谈科学学》，龚育之：《马克思主义与科学学》，王兴成：《试谈科学学的研究对象和内容》，《自然辩证法研究会通信》，1979年7月25日

[3] 钱学森、许国志、王寿云：《组织管理的技术——系统工程》，《文汇报》，1978年9月27日，一、四版

[4] 赵红洲：《试论社会的科学能力》，《红旗》，1979年第4期，第64～72页

[5] 于光远：《关于建立和发展马克思主义“生产力经济学”的建议》，草稿

[6] T. S. Kuhn, *The Structure of Scientific Revolutions*, University of Chicago Press，(1970)

[7] 汤浅光朝：《科学活动中心的转移》，赵红洲译，见《科学与哲学(研究资料)》，1979年第2期，第53～73页

[8] 任涛、祝善训：《从推广科技成果看改革经济管理体制的必要》，《人民日报》，1979年8月9日，三版

[9] 钱三强：《赶什么？怎么赶？——国外科技工作随感》，《北京科技报》，1979年4月20日，4月27日，5月18日，7月6日，7月27日，8月10日

科学学、科学技术体系学、马克思主义哲学*

对于如何加速发展我国科学技术，大家议论很多，有许多文章，我读了也很受启发，很受教育；也促使我思考这方面的问题，也就是如何把人从社会的生产斗争、阶级斗争和科学实验这三项实践所总结出来的学问，包括自然科学、社会科学和工程技术，按照马克思列宁主义和毛泽东思想的立场、观点和方法，组织成为一个科学的、完整的体系的问题。这当然是个大问题，要解决这个问题无非为了能更好地掌握现代科学技术的规律，能动地推动我国科学技术的高速发展，实现四个现代化。但我知道得很不够，有些看法，也并不成熟，现在把它写下来，提请同志们讨论，批评指正，以便把问题搞得更清楚些。

系统和系统工程

就先从工程技术说起吧。其他工程技术大家熟悉，现在专讲系统工程。

什么叫系统？系统就是由许多部分所组成的整体，所以系统的概念就是要强调整体，强调整体是由相互关联、相互制约的各个部分所组成的。系统工程就是从系统的认识出发，设计和实施一个整体，以求达到我们所希望得到的效果。我们称之为工程，就是要强调达到效果，要具体，要有可行的措施，也就是实干，改造客观世界。

---

* 本文原载 1979 年第 1 期《哲学研究》。

这样一说，系统和系统工程是普遍的，是我们经常在做的。哪一件事物不是由各个部分组成？我们办事不是总在协调各个部分的关系、要求较好的效果？那为什么近30年，特别是最近十年才大力发展系统工程这门技术？理由可能有两个：一是现在一件事的规模和复杂程度都大大超过以前，花在协调各部分的工作量是很大的，要给以重视，要有专业人员；二是也因此有必要纠正近代科学发展约400年来盛行的形而上学地看问题以及分割各部分的习惯，强调照顾全局、辩证统一的观点。当然光有愿望去发展系统工程，如果没有工具也不行。这就有必要指出系统工程的理论工具是运筹学，计算工具是电子计算机，两者都是30年来的科学技术成果。因此，今天加速发展系统工程[1]的条件是基本具备了的。

我们说基本具备，也就是有不具备的地方。有一类系统工程[2]如工程体系的系统工程、生产企业或企业体系的系统工程、军事系统工程、后勤系统工程、资料库系统工程等是具备加速发展的条件的。但也有另外一类系统工程，主要由于作为该系统工程基础的、研究该事物运动和变化的规律的学问还不够完善或甚至还未建立起来，加速发展这门系统工程就有困难，我们首先要努力把事物本身的规律搞清楚。

医学就是一个这一类的例子。医学怎么也成了一门系统工程了呢？请

在航天医学工程研究所作学术报告(1983年)

问：我们不是要创造中医西医结合的我国新医学新药学吗？讲中、西医结合就是要强调中医学术中的整体观念，辩证论治思想，治病要人、病、证三结合以人为主统筹考虑。这就是要把人体作为一个复杂的体系，还要把人和环境作为一个复杂的体系来考虑。这就说明医学是系统工程，新医学新药学必须建立在这个观点上。但要具体去做，我们还需要大大加深生理科学的知识。我们要遵循中医从几千年实践总结出来的脏象、气血、经络等学说作为指导，一定要有这样一个思想基础。但不能停留在中医已经建立的理论上，不然怎么能进一步发展呢？我们要用现代科学技术为手段[3,11]，大力开展生理科学的研究，真正把人这个对象搞清楚。事物本来是辩证的，生理科学的深入研究，必然会克服过去片面性、形而上学的缺点。近年来对神经—体液（如下丘脑分泌）以及生物电的研究都说明这样一个趋向。所以建立我国新医学新药学的途径是组织并培养我国生理学研究力量，成倍地扩大和加强这支队伍，大力支持这方面的工作。

再举一个例子。保护一个健康的生活环境是一门技术，环境系统工程，它包括了人的生活活动，工业生产，农业、畜牧业、林业、渔业的生产，自然条件、气象变化等各个方面。这当然是一门要十分重视的系统工程，但要加速发展这门系统工程，也遇到对环境学[4]这个学科研究不够的困难，所以要大大加强对环境运动和变化规律的研究。建立环境学研究机构和培养环境学专业人员是很必要的。

教 育 工 程

让我们再把系统工程的范围扩大一些，讲一讲教育的问题。

教育是实现四个现代化新的长征中的一件大事。但是教育的学问作为一门科学来看待还是近来的事，因此我们还面临着组织建立起严密的、精确的教育科学技术的任务。

教育还有技术吗？有。有同志已经提出创立教育工程这门教育科学技术，这是很好的建议[5]。但我认为教育工程不是泛泛地讲什么“培养人才的工程”。我们应该实事求是地把教育工程看作是一门技术，一门组织管理一所学校、一座高等院校、一个国家的教育体系(包括幼儿园、小学、中学、大学、中技校、业余学校、各种干部学校等)的技术。教育工程也是一门系统工程。以一座理工科高等院校论,全校可能有1万多人,有十几个系,每个系又有若干专业;不但要教学生、教研究生,而且要开展大量科学研究工作,并通过研究工作来不断培养新的教师和提高现有教师的水平;有办公室与住房;有教室和教学设备,包括电化教学设备;有实验室;有维修车间、有工厂;有生活设施,食堂、商店,以及银行、邮局、电话站等。这一切难道不是一个庞大的系统吗?而且这样一个系统还在不断地变化;科学技术在前进,教学和科研也要跟着变,系的组织也不断调整,实验室要改建。这样一座高等院校同一个工业企业不是很相像吗?建立、不断充实和办好这样一所学校,不同经营一个工业企业不相上下吗?在国外,知名的大学的组织管理都要用有组织能力、有管理经验的人来办,所使用的一套方法也同大企业一样。当然,幼儿园、小学、中学等学校规模要小得多,但数量多,由他们所组成的体系却也是一个庞大的系统。所以教育事业是规模宏大而内容又复杂,组织管理教育事业要用系统工程的办法,是一门技术。教育工程也要用运筹学和电子计算机。

教育工程的理论基础是什么?要实施教育就必须掌握教育的规律,而教育的规律从何而来?不能靠主观想象,要靠总结经验,也就是要把人类社会的教育事业作为社会活动的一个方面来研究,发现其中固有的规律。我想这就是教育学。所以教育学是教育工程的主要基础,前者是科学,后者是技术。教育工程当然还要依靠许多其他学科,如运筹学、经济学等。

教育学是一门社会科学,因为教育学的研究对象是社会活动的一个方面,就如经济学是研究社会经济活动规律一样。是社会科学就有阶级性。我们搞教育是要培养有社会主义觉悟的有文化的劳动者,包括工人、农民和宏大的无产阶级知识分子队伍。资产阶级搞教育是为了培养足够多的资产阶级知识分子队伍,地主阶级搞教育是为了培养封建知识分子。当然各个阶级的教育学中有一部分是共性的,那是反映人学习的客观规律的,即反映生理学和心理学的学习规律,这一部分我们的教育学也要吸取。但我们的教育学总不能把“大成至圣先师”的那一套全部搬过来。

我想无产阶级的教育理论虽然马克思、恩格斯、列宁和毛主席已有不少阐发，但我们仍然面临着一个学习、整理的任务，而且要在此基础上写出我们的教育学。以前的书（例如凯洛夫著的《教育学》）是不能令人满意的。为此组建专门的研究机构就很有必要了。

科学学

我们已经讲过[6]科学技术研究的组织管理是一门系统工程，称为科研系统工程。特别由于现代诸如核能、高能物理、航天技术、空间科学等“大科学”的兴起，这一点已是不必怀疑的了。但是要加速开展科研系统工程的工作，建立这门技术还有两个问题要搞清楚：一个问题就是科研系统工程和科学学的关系。在国外，科学学是搞得颇为热烈的，但是应用技术和科学理论不分，内容庞杂，不成其为一门严肃、严密而精确的科学。我认为应该首先把技术和科学理论区分开，也就是把那一部分属于科学技术研究的组织管理技术分出来，明确科学学是科研系统工程的一个主要基础，是科学，不属技术。讲组织管理科学技术的研究就不是科学学，而是研究系统工程，而这除了要运用科学学之外，还要引用经济科学以及其他有关科学技术。

第二个问题是：把技术分出去之后，科学学该是什么样一门科学了呢？我同意查汝强同志的看法，就是把科学技术的研究作为人类社会活动的一个方面来考察，研究和总结其运动变化的规律。既然是研究社会活动的一个方面，科学学是社会科学，不是自然科学。是社会科学就有阶级性，我们要看到国外在科学学的工作中有不少错误的观点。这我们不能学。我们要在马列主义、毛泽东思想指引下，从理论上概括科学史研究的成果，分析各国科学技术研究的现象，总结我国科学技术工作的实践经验。

因此，马克思主义的科学学不是现成的，而是要我们努力去创建的一门科学。我们面临的任务在其艰巨性方面，绝不亚于马克思当年研究政治经济学。当然时代不同了，马克思几乎是孤军奋战，而我们则可以建立一个研究所，并发动全国有关力量，浩浩荡荡向科学学进军。我们一定能在不长的时间内，取得较大的成果。

这样大张旗鼓地搞，是不是太过分了呢？我认为不是。实现四个现代化，提高科学技术水平，开展科学技术工作是个关键，但这又必须大大提高我们组织管理科学技术研究工作的能力。我们大搞科研系统工程是对的，但科研系统工程的基础之一的科学学还未建立，这当然是非常紧急的情况，应该立即采取措施。

科学技术体系学

恩格斯有一段非常精辟的话，他说："一个伟大的基本思想，即认为世界不是一成不变的事物的集合体，而是过程的集合体，其中各个似乎稳定的事物以及它们在我们头脑中的思想映象即概念，都处在生成和灭亡的不断变化中，在这种变化中，前进的发展，不管一切表面的偶然性，也不管一切暂时的倒退，终究会给自己开辟出道路。"他接着又说："事实上，直到上一世纪末，自然科学主要是搜集材料的科学，关于既成事物的科学，但是在本世纪，自然科学本质上是整理材料的科学，关于过程、关于这些事物的发生和发展以及关于把这些自然过程结合为一个伟大整体的联系的科学。"[7]恩格斯在这里讲出了一个非常重要的事实，即新的学科会不断产生，然后发展，而老的学科又会消亡。吴征铠同志讲："所谓消亡，并不说这些知识没有了，而是要上升到新的分类才有利于人才的培养，才符合客观发展的需要。"[8]这是很对的。我们切莫把学科看为一成不变的，但这也是原则同意容易，而具体实行又有困难。

在上面所引的恩格斯的话中，他还强调了自然科学的整个体系，认为这是科学进一步发展必然要出现的。我们在今天读这些论述，有三点要考虑：一是从恩格斯紧接着举出的关于动物植物过程的生理学，关于胚胎发育过程的胚胎学，关于地壳逐渐形成过程的地质学来看，100 年前的自然科学体系比起现在要松散得多，也有许多空缺和断开的地方，很不完整；二是他只讲了自然科学，没有包括社会科学。这是因为真正科学的社会科学还刚刚由马克思和恩格斯创立，还来不及纳入整个科学的体系；三是恩格斯在这里还没有涉及工程技术，因为当时工程技术才刚刚被认为是同自然科学有联系的，是以自然科学为理论基础的。由于这三点，我们当前的任务是如何把恩格斯提出的“伟大的整体的联系的科学”完整起来，它要包括自然科学、科学的社会科学和工程技术，也就是建立科学技术体系学，研究其组成部分的相互联系和关系，学科的产生、发展和消亡，体系的运动和变化。研究和发展科学技术体系学的目的就是用它来帮助组织管理科学技术工作，制订规划、计划。因此科学技术体系学也是科研系统工程的一个理论基础，就像科学学是科研系统工程的理论基础一样。

在建立科学技术体系学中，第一步考虑的问题是大体上的构成。前面已经讲了三个组成部分：自然科学、科学的社会科学和工程技术。前两部分的划分是大家所熟悉的，只不过我们在本文以前的章节提出了两门科学的社会科学的新学科、教育学和科学学。需要说明的是工程技术为什么独立分出来成为一个部分。这是因为工程技术的实践总至少带上一点经济上的因素，例如就连医学(在上文是作为一种工程技术看待的)也是如此。吃药治疗，一点不考虑花费，恐怕不行；至于土木建筑工程、电力工程、水利工程、航空工程、造船工程等等都得考虑经济因素和社会目的。我们在这些工程技术的高等院校专业课程中，有一门从前叫工业企业管理的课，或技术经济的课，这不就是证明吗？至于各门专业的系统工程，社会科学更是其重要的理论基础，与自然科学一样重要。更大范围的组织管理，如国家社会主义建设的全盘组织管理和规划计划，也就是有叫作“技术经济和管理现代化”而我们建议叫“社会工程”[12]的，在那里科学的社会科学尤其重要，所以科学的社会科学也是直接生产力。由此看来，工程技术不能纳入自然科学，也不能纳入科学的社会科学，只能在科学技术体系学中单独成为一个部分。

如果说只有三个组成部分，就又出现技术科学归到哪一部分的问题。什么是技术科学？技术科学是以自然科学的理论为基础，针对工程技术中带普遍性的问题，即普遍出现于几门工程技术专业中的问题，统一处理而形成的，如流体力学、固体力学、电子学、计算机科学、运筹学、控制论等。20 年前我根据技术科学在性质和研究方法上与自然科学有所不同，曾把技术科学和自然科学、工程技术分开，作为三个部类[9]。现在看，把技术科学分出来还是对的，而且更有必要了，因为有些技术科学如运筹学、控制论还用来处理经济领域中的问题了，超出了自然科学的范围了。

所以科学技术的体系得有四个组成部分：自然科学、科学的社会科学、技术科学和工程技术，工程技术综合应用前三个组成部分的成果，直接改造客观世界。

我们在这里还要说明数学的特殊地位。数学不能归属于体系中的上述任何一个组成部分，但它又在每一个组成部分的每一门学科或技术都有用，都离不了它。说数学是“科学技术的皇后”是有理由的。其所以如此是因为科学技术是客观世界在人脑中的映像，而组织这个映像靠思维，数学则是被认识了的人思维规律系统化了的学问，它的重要性自不待言。所以科学技术的体系应该是四大部分加数学。

以上仅仅是科学技术体系学结构的极粗糙的轮廓，我们还要进一步仔细地考察它的构造，现在有研究工作的活的学科，数目总有1000以上，把它们按四大部分和数学的分类，一一排上位置。再下一步是研究学科之间的相互关系，例如要搞高能物理，对其他物理学学科，对化学，对电子学、计算机科学技术，对电工学和电力工程，对机械工程，对化学工程等有什么要求？我们要靠这张相互关系表来制订科学技术规划、计划。有了这一步的研究，还是科学技术体系学的“现象学”，还不到研究科学技术发展的“动力学”，要研究动力学还需要深入分析现象学。从而发现任务多的重点学科，那是要加强的；要找出有重要任务而现在无人搞的学问，那是要建立的新学科，也要确定将要消亡的学科，以采取力量转移的措施。

这里我们提到科学技术每一门学科每一门技术的研究任务，但学科研究任务究竟是怎么来的？总不该随心臆想。任务的来源首先是国家社会主义建设的总规划、总计划。这往往首先对工程技术提出要求，例如国家农业现代化、工业现代化和国防现代化，对各门工程技术都会规定任务。然后各门工程技术对技术科学、对自然科学、对科学的社会科学提出任务，也会对数学提点任务。任务的再一个来源是学科本身发展的需要，如高能物理的研究任务现在就不会来自农业现代化、工业现代化或国防现代化，而是自然科学本身发展的需要。

当然，我们研究科学技术体系学还必须考察自从 19 世纪中叶以来，这个体系产生和发展的历史。历史会给我们启示。

马克思主义哲学

有了科学技术体系学，可以有很多用处。但综合工作还没有做到底，我们要问庞大的现代科学技术体系，包括自然科学、科学的社会科学、技术科学、工程技术四大部分和数学，最后提炼成一门什么样的理论呢？是人类实践最概括的总结，这就是马克思主义的哲学。因此，科学技术发展了，作为它的理论概括的哲学也必然随着要发展。作为马克思主义哲学家来讲，无非有两种情况，一种是自觉地、主动地跟上，另一种是不自觉地、被动地跟上。跟总是要跟上的，区别仅在于矛盾激化的程度。

历史上哲学的发展中，哲学家们以被动方式接受新发展的居于多数，所以每次科学技术的重大进展都对哲学引起强烈的冲击。哥白尼发现地球和行星绕太阳运行，对哲学不是引起了强烈的冲击吗？以后每一次科学技术重大发展不都爆发了一场唯物主义对唯心主义的论战吗？就是到了马克思主义哲学已经建立之后，不还是这样吗？电子的发现不是如此吗？记得相对论创立后的情景吧！电子的发现和相对论的创立没有被马克思主义哲学家抓住，用来发展哲学，反而被唯心主义哲学家歪曲为反马克思主义哲学的口实，这是令人遗憾的。直到现代，20 世纪 50 年代以后，我们的哲学家还有些被动，例如控制论出现后，对哲学的冲击很大。这一浪刚刚过去，又来了电子计算机，出现了所谓“人工智能”，对哲学又一次冲击。人工智能或机器思维的问题最近陈步同志讲得很好[10]，但现在这一浪还没有过去，我们的同志还有反对说“电子计算机能代替人做一部分脑力劳动”的！

也有一些同志不大愿意说数学和物理学是基础自然科学中更为基本的学科，理由是物质运动是有层次的，每一个层次的运动有其特殊性，微观与宏观，死的与活的，要有区别呀。我们完全同意物质运动是有层次的，微观与宏观，死的与活的要有区别，但有区别并不是说界限是铜墙铁壁，不可通过。例如：我们用统计力学的理论就可以从微观运动过渡到宏观运动，从微观运动的规律得出宏观的热力学定律，并且得出微观运动中不出现的概念，如温度、熵等，从而打通了从微观到宏观的道路。再如，现在分子生物学的研究也正在打通从物理和化学到生命现象的道路,从死的到活的。这些例子很值得我们深思。找到不同层次物质运动的联系,并没有否定各层次物质运动的特性,而是使我们对他们的特性认识得更加深刻了。

所以总结近 100 年来的历史教训,我们认为马克思主义哲学是有其崇高的位置的,但是,哲学作为科学技术的最高概括,它是扎根于科学技术中的,是以人的社会实践为基础的;哲学不能反对、也不能否定科学技术的发展,只能因科学技术的发展而发展,不然岂不僵化了吗? 哲学家们要看到今天自然科学、科学的社会科学正处于重大突破的前夕,正酝酿着一系列技术革命,所以要力求主动,不断吸取新科学新技术的成就作为发展马克思主义哲学的素材。在这里我想提出现代物理学与哲学的密切关系的问题:前面举的好几个事例已能说明些问题,最近理论物理规范场论的研究更应引起马克思主义哲学家的注意,这些理论实际是在对宇宙的性质作深入的分析。例如根据这些理论研究,相对论的等效性原则(principle of equivalence)是和量子引力场论连在一起的;又如强子的量子色动力学(quantum chromo-dyna-mics)发现所谓另能量真空是有丰富内容的;再如超对称场理论(supersymmetry)对超引力场(supergravity)的研究导出了原来相对论中不能确定的宇宙论常数(cosmological constant)等。因此这方面的科学家应该组织到哲学的研究中来。其实,在 20 世纪杰出的理论物理学家如 A·爱因斯坦和W·泡利,尽管有他们的局限性,都对自然辩证法的发展作过贡献。

事物的另一面是:马克思主义哲学作为科学技术的最高理论,就必须用来指导科学技术的进一步发展。这一点是革命导师们所多次讲过的。所以,自然科学、数学以及技术科学、工程技术都必须以自然辩证法为指导。这一条原则我们一定要遵守,这大概无人反对。但是目前也有一个口号,叫作"科学无禁区,有禁区就不是科学,就没科学"。在科学技术历史上,由于不尊重马克思主义哲学而犯错误的事是很多的。例如百余年来微观世界的研究中,自然科学家多次讲已经达到物质结构的极限,在当时也看起来好像是极限,不能再分了;但他们不知道这是违背自然辩证法的,以致一次又一次地被迫承认错误!而列宁却在 70 年前就根据马克思主义哲学断言电子也是不可穷尽的,现在物理研究也走到研究电子结构的大门口了。这一反一正的经验不是很能说明问题吗？但就在目前也有同志感到用马克思主义哲学的指导科学研究很别扭，例如要搞“大爆炸宇宙学”，说宇宙有起点，而且具体推算出来了，就是从现在倒数到大约 100 亿年，时间有了起点！并且说这是与“所有”已经观测到的资料不相违背的。但这样的结果却不是违反宇宙无限性的哲学原则吗？实际上推论的方法也无视宇宙，在星系以上还有更高的层次，因而也违反物质结构往小往大都有无穷层次的哲学原则。为什么对马克思主义哲学这样轻视呢？更何况实际也已经在天文观测中出现了与“大爆炸宇宙学”相矛盾的苗头，我们应该谨慎从事呵。

所以我想对上面讲的口号加一个解释：科学是无禁区的，但首先要看那个“禁区”的区存在不存在，“有限宇宙”这个区是不存在的，“无层次宇宙”这个区也是不存在的，就不要去找麻烦攻打这些海市蜃楼了。这也使我们联想起永动机的问题，以前总有一些同志说他发明了永动机，现在好了，出了那个“四人帮”在辽宁的死党做反面教员，没有人再说永动机了。但将来时间长了，怎么样？会不会又有人要破这个不存在的“禁区”呢？这就要看我们把马克思主义哲学的宣传教育工作做得如何了。

注释

[1] 钱学森、许国志、王寿云：《组织管理的技术——系统工程》，《文汇报》，1978 年 9 月 27 日

[2] 钱学森、许国志、王寿云：《组织管理的技术——系统工程》，《文汇报》，1978 年 9 月 27 日

[3] 杨国忠：《新兴的生物医学工程学》，《光明日报》，1978 年 7 月 22 日

[4] 王华东、于澂：《对环境科学的初步认识》，《环境保护》，1978 年第 1 期；陈传康：《环境问题与环境科学》，《环境科学》，1978 年第 3 期；鲍强：《环境科学展望》，《光明日报》，1978 年 11 月 17 日

[5] 敢峰：《试论教育工程》，《光明日报》，1978 年 8 月 12 日；《再论教育工程》，《光明日报》，1978 年 10 月 26 日

[6] 钱学森、许国志、王寿云：《组织管理的技术——系统工程》，《文汇报》，1978 年 9 月 27 日

[7] 《马克思恩格斯选集》,第四卷,第 239～241 页

[8] 吴征铠:《对学科划分和专业设置的一点意见》,《光明日报》,1978 年 10 月 27 日

[9] 钱学森:《论技术科学》,《科学通报》,1957 年第 4 期

[10] 陈步:《人工智能问题的哲学探讨》,《哲学研究》,1978 年第 11 期

[11] 这里讲的实际是用现代化科学技术去解决生理学和医学的问题,还是生理学和医学。国外称这一部分科学技术为生理学医学之外的又一门新的“生理学医学工程学”,似不够妥当

[12] 其实这个提法近年来已在一些资本主义国家中出现,含义不同而已

现代科学技术的特点和体系结构*

在第一讲，说了要进行社会主义建设、改造客观世界，就必须运用人类通过实践认识客观世界所积累的知识，而其中一个重要组成部分就是现代科学技术的整个体系。这一讲就专门讲现代科学技术体系。由于现代科学技术体系发源于自然科学，人们一说科学技术常常就想到自然科学，所以讲现代科学技术就要从自然科学讲起，先弄清自然科学的对象，再讲现代科学技术的特点、体系结构，及其发展趋势。

（一）自然科学的研究对象

人类生活在自然界中，天天和自然界打交道，自然界既是人的变革对象，又是人的认识对象。所以，人们形成了一种朴素的看法，自然界是自然科学的研究对象。

自然界是由各种运动着的物体、物质组成的统一系统，其中既包括漫游太空的庞大星球、太阳系、银河系、总星系及观测所及的全部宇宙天体，微小的瞬息万变的分子、原子，各种“基本”粒子，又包括各种复杂的无机物、有机物和各种有生命的微生物、动物、植物、人类，还有作机械运动的实体以及弥漫各种空间的许多场。总之，自然界一切实际存在的客体，它们具有的各种

* 本文选自《论系统工程》（增订版），湖南科学技术出版社，1988 年。

特性、结构、存在状态、运动形式等，都是自然科学的研究内容。恩格斯说："自然科学的对象是运动着的物质、物体。"(《马克思恩格斯全集》第三十三卷，第 82 页)

但是，物质和运动是密不可分的，各种物质的特性、形态、结构及其规律性，都是通过运动表现出来的，要认识物质首先得研究物质的运动。恩格斯说："自然科学只有在物体的相互关系中，在物体的运动中观察物体，才能认识物体。对运动的各种形式的认识，就是对物体的认识。所以，对这些不同的运动形式的探讨，就是自然科学的主要对象。"(《马克思恩格斯选集》第四卷，第 407 页)

自从自然界产生人类以后，人和自然就相互作用、相互影响，自然科学的研究范围也相应地扩大，研究对象也更加复杂。现在的自然，除了太阳系以外的宇宙星系还没有受人的影响，属于天然的自然之外，整个地球、月球包括太阳系中某些行星已经受到人的活动的影响，自从向宇宙太空发射宇宙飞船探测球外文明以后，人类对宇宙的影响范围还在扩大。此外，人类运用自己的智慧加工自然界原有的材料，制造出自然界原来没有的东西，如各种工具、机器设备、建筑物等；还创造出模拟人的思维功能的人工智能机器，这是具有特殊性质、形态、结构的人工自然物，属于人工自然，也是自然科学的研究对象。因此，必须改变十六七世纪流行的自然科学只纯粹地研究自然界的观念，应该看到到了 18 世纪末以后，自然科学的研究范围早超出了自然界，包括了整个客观世界，自然的和人造的。只是自然科学研究的着眼点不同，看问题的角度不同，它是从物质在时间空间中的运动、物质运动的不同层次、不同层次的相互关系，这个角度去研究整个客观世界的。

(二) 自然科学发展到现代科学技术

自然科学的发展，经历了古代、近代、现代这三个阶段。自然科学作为人类征服自然的一种手段，是从古就有的，但是，真正作为一种专门的事业来搞，还是近代的事。近代自然科学技术开始于资本主义萌芽时期 16 世纪的意大利。恩格斯热情地歌颂了这一事实，他说："这是一次人类从来没有经历过的最伟大的、进步的变革,是一个需要巨人而且产生了巨人——在思维能力、热情和性格方面,在多才多艺和学识渊博方面的巨人的时代。”确实是这样,从列奥纳多·达·芬奇、阿尔勃莱希特·丢勒到布鲁诺、哥白尼,他们开始了近代科学技术的时代。这个时代一直到 19 世纪 70 年代,资本主义开始没落,走向垄断资本主义而结束。近代科学技术就是以这先后 400 年作为一个时期的。近代有别于古代,也有别于现代。这种划分的理由是:第一,它是合乎整个社会发展的历史的,是和资本主义的上升阶段相一致的;第二,它也是合乎科学本身的历史的。因为在这 400 年的近代科学技术中,整整前 300 多年还是恩格斯称之为“搜集材料”的科学。只是在这个时期中的最后几十年,才开始进入系统地研究事务在整个自然界当中的发生、发展和相联系的阶段,成为恩格斯称之为“整理材料”的科学。所以,在这个时期的绝大部分时间里,自然科学是调查研究、搜集材料,还没有来得及建立一个体系;第三条理由,就是这 400 年的科学技术的工作方式是个体劳动,没有社会化。比如,科学史上讲牛顿发现万有引力,据说是因为他看见苹果从树上掉下来,这一下悟到了万有引力。事实上不一定是这样,但故事是这样讲的,无非想说明牛顿是一个人琢磨发现了万有引力。瓦特造蒸汽机,是瓦特这个老工人师傅,带几个徒弟干的,世界上有伟大历史意义的蒸汽机就是这样造出来的。

钱学森与前后两任秘书王寿云、涂元季(1987 年)

在历史上,发现电磁相互作用,也是了不起的事情,这是法拉第带一两个助手,在一间屋子里,用一个台子,弄几根电线,还有一块磁铁,就这样研究出电磁相互作用的。这几个例子说明,在这个时期科学技术确实还没有社会化,尽管科学技术工作者是社会的成员,不能离开社会而生存,但就其劳动方式和状况来讲是个体劳动。

由近代科学技术再进一步发展,就到了我们称之为现代科学技术的时期。由近代科学技术进入现代科学技术,这是一个很大的变革。19 世纪末叶就出现了有组织的、规模比较大的科学技术研究单位——研究所,科学技术工作不再是一个科学家带几个助手干了。促成这种变化的有内在原因,还有外部原因。内在的原因就是因为科学技术到这时期已经比较复杂了。专科、分科很多,不分科就深入不下去。但是分了以后,解决任何一个具体的科学技术问题,光是一个行业是解决不了的,必须有多种的行业或专业相互协作才能解决。再有,所使用的科学技术设备、研究设备、仪器也复杂得多了。过去法拉第研究电磁现象,弄个台子,有块磁铁,几根电线就可以搞了。但在这时电力工业出现了,其他各门科学研究也大大发展了,科学研究所需要的设备比较复杂,制造、维护这些设备也需要专门的力量。这时一个人或少数几个人不能够全部承担起来,所以就一定要有一个组织,这就是出自自然科学技术本身的原因。再就是外部原因,促使这场转变的是当时出现了一场技术革命。

这个时期出现的一场技术革命是发明了电力。为了解决当时新兴的电力工业提出的各种问题,美国发明家爱迪生在 1876 年个人投资组建了世界上第一个科学技术研究所。这个研究所有 100 多人,里面有各种专业的科学家,如物理学家、化学家,也有各种专业的工程师和技术人员,还有技术工人,是搞设备和机械加工的,还有图书馆、器材库。一句话,爱迪生 1876 年组建的研究所,是我们现代科学研究单位的一个雏形。当然,比起现代的科学研究单位,100 多人是小的了,但是现代科学研究所所有的一些组织部分它都有,很齐全;而且整个研究所的工作都在统一的、严密的组织下进行。爱迪生这个人,世界上推崇他是发明家,确实,在他名义下的发明专利是非常多的;但是我们要看到,实际上他是代表了这 100 多人的研究所,这些专利实际上是他的研究所的 100 多人集体创造出来的。这一点很重要,说明爱迪生的研究所,开始了现代科学技术的时代,也就是科学技术从个体劳动转变为社会化的集体劳动的时代。这是一个很大的变革,推动这种变革的,当然首先是资本主义从自由资本主义转变到垄断资本主义这样一个强大的社会原因。列宁说:"竞争变为垄断。结果生产的社会化有了巨大的进展。特别是技术发明和改良的过程,也社会化了。"这精辟地指出了,从 19 世纪 70 年代开始,随着自由资本主义转化为垄断资本主义,科学技术就进入到现代科学技术的时代,工作方式从个体劳动变为集体劳动,科学技术工作社会化了。

在这样一个转变过程中,劳动的集体化和社会化是和资本主义的私有制根本矛盾的。就是爱迪生这样一个现代化的研究所在它诞生的头一天开始,这个矛盾就出现了。本来爱迪生研究所的工作是集体的劳动,但是在资本主义制度下这样一个集体的劳动只能归功于一个人,就是老板爱迪生。这是资本主义制度和现代科学技术社会化劳动的一个根本矛盾。

以后,由于垄断资本主义的发展,垄断资本家的需要,从爱迪生的这个研究所开始,大规模的科学技术研究所就纷纷成立起来,所有的垄断公司都有研究所,有的还不止一个。这种趋势从 20 世纪 40 年代起,又有了进一步的发展。第二次世界大战前后,由于战争的需要,武器发展的需要,科学技术的研究工作又进一步扩大到可以说是国家的规模。飞机研究工作、雷达研究、火箭研究、原子能研究是这样的,原子弹,氢弹、导弹、人造卫星、宇宙飞船的研究更是这样的。所谓国家的规模,就是说,要完成这些新式武器的研制,绝不是爱迪生那时的 100 人或几百人,也不是 1 000 人、2 000 人可以做到的,而是要把一个国家的科学技术力量组织起来,用几万人的集体来解决问题。从 100 人到 10 000 人,增加了 100 倍,这就是规模的变化。到现在,科学技术发达的国家,每年花在科学技术上的钱要占国民生产总值的 1%以上,像美苏两霸更是争夺激烈,疯狂备战,他们的科学费用很多,是和研制新式武器联系起来的,在美国差不多占国民生产总值的 3%,在苏联比例就更大了,恐怕要占 5%~6%。就是在其他资本主义科学技术发达的国家,也以占国民生产总值的 2%来计算,这是很可观的。这种情况是历史上从来没有过的。

不管资本主义国家的科学技术怎么发达,它有治不了的病,这病就是资本主义社会化的劳动和资本主义私有制的矛盾，像爱迪生研究所这样的事，在资本主义国家是每天每时每刻都在发生着。比如，1969 年 7 月美国“阿波罗十一号”登月飞行成功以后，美国总统尼克松要论功行赏，表彰一部分人。这一表彰不得了，因为本来是几十万工人、科学技术人员和行政人员集体的工作，硬要抓几个人，说是他们的功劳。结果表彰以后，几十名在登月飞行中做过工作的科学家、工程师不满意，撂挑子跑了，不干了。这说明，这个矛盾他们解决不了。资本主义国家的科学技术越发展，规模越来越大，内部矛盾就越解决不了。只有在社会主义制度下才能够解决这个问题，在我们国家里，有马列主义毛泽东思想的指引，有符合科学技术本身发展规律的路线和政策，党的正确领导和国家的组织、管理，我们能够不断克服前进中的困难和纠正工作中的错误，能够解决这个问题。因此，我们国家科学技术发展的速度一定要比他们快，尽管现在落后一段，但我们终究要赶上、超过资本主义国家，这是历史的必然。

（三）现代科学技术走向严密的体系

从 19 世纪下半叶开始，“经验自然科学获得了巨大的发展和极其辉煌的成果，甚至不仅有可能完全克服 18 世纪机械论的片面性，而且自然科学本身，也由于证实了自然界本身中所存在的各个研究部门（力学、物理学、化学、生物学等等）之间的联系，而从经验科学变成了理论科学，并且由于把所得到的成果加以概括，又转化成唯物主义的自然认识体系”（《自然辩证法》）。现代科学技术不单是研究一个个的事物、一个个现象，而是研究这些事物、现象发展变化的过程，研究这些事物相互之间的关系。今天，现代科学技术已经发展成为一个很严密的综合起来的体系，这是现代科学技术的一个很重要的特点。1978 年，中国科学院主持讨论自然科学学科规划，提出有六门基础学科：天文学、地学、生物学、数学、物理、化学。但是，从严密的自然科学综合观点，可以再综合成两门学问，一门是物理，研究物质运动基本规律的学问。一门是数学，指导我们推理和演算的学问。其他的学问都是从这两门派生出来的。知道了物质运动的基本规律，然后加工推理演算，就可以得出所有其他的学问。

比如化学，它实际上是研究分子变化的物理。20 世纪初有了原子和分子的物理学，20 年代中又出现了量子力学，它是研究原子这个物质世界里运动规律的理论，化学的变化实际上就是原子结合的变化。所以，量子力学出现以后，很快应用到化学问题上，出现了所谓量子化学这门学问，使化学变作了应用物理的一门学科。近来，由于高速电子计算机的出现，使人们能够解决人所不能计算的问题。所谓不能计算，就是时间有限，人的一辈子也计算不清。现在有了电子计算机，就可以很快地计算出来。以前不能解决的问题，不是理论上不能，而是时间不够，算不清楚。现在有了电子计算机，就可以算了。所以，现在又出现了所谓计算化学。从前人们一讲到化学，好像就是用瓶瓶罐罐作实验，现在由于掌握了原子内部运动的规律性，又有了电子计算机，就可以靠电子计算机去计算，不去靠做实验了。将来有朝一日化学研究主要靠电子计算机算，而且可以“设计”出我们要的分子，“设计”出造这种分子、化合物的化学过程。到那时做化学试验，只是为了验证一下计算的结果而已。

再说天文学。现在的天文学已经不是光看看月亮、太阳、星星在天上的位置和它的运行规律了，而是要研究星星内部到底是怎么样变化的，它现在是怎样的，过去是怎样的，将来又会是怎样的，它是怎样演化的。我们要研究的是宇宙的演化。比如研究太阳内部、其他恒星内部，人又去不了那个地方，怎样研究呢？一是研究可见光，把可见光分成各种不同频段的光谱，来进行研究。现在不但研究可见光，还研究天体辐射的红外线、无线电波以至波长非常短的紫外光、爱克斯光和伽马射线。这样一研究，就发现天文学可是热闹。从前我们看到日月星辰，好像它们的变化是察觉不到的，可是现在就不然了，天上可是热闹得很，有星星的爆发，一个星星变成氢弹，爆炸了，释放出 10 万亿亿个氢弹爆炸的能量。现在还发现，不但一个星星可以爆发，一个星系，像我们的银河星系，它的中心也会爆发，一旦爆发能释放出亿亿个恒星爆发的能量。一颗恒星爆发的过程，大概是一个月、几个月。古书上说有一种星星叫客星，实际上就是星星的爆发。现在发现还有一些变化更快的现象，如中子星，是由中子组成的，密度非常大，由中子组成的一个芝麻大的物质有几百万吨重。中子星是很小的一个星，比太阳小得多，转的很快，转的时候发出强度变化的爱克斯光。变化周期不到一秒钟,有的时候一秒钟变几十次,快得很。还有一种星,密度更高,引力场特别强,强到光线都射不出来,黑洞洞的,所以外国人给它一个名字叫"黑洞"。这个名词不太好,因为它并不是什么洞,是有物质在那里,似乎可以叫"陷光星"。既然光都出不来,怎么知道它在哪里呢?就是当其他的物质掉进去时,在坠落过程中,即还未达"星"前,它要发光,发出爱克斯光。从上面讲的一些天文学里的东西,可以看到,没有物理,天文学怎么能够理解?所以天文学也是靠物理。

再说地学。地学就是研究地球,实际上现在也是搞物理。有一位地学家讲:地学有三个时代,第一个时代是 18 世纪末到 20 世纪初。这时研究地质年代引用了生物观念,也就是化石观念,用生物化石可以断定地层年代,因为全世界都有生命的存在,这个地层有这种生物的化石,另外一个地层也有这样生物的化石,就可以判断出这不同的地层是属于同一时代的。这位地质学家把它称为生物学地球观,因为是把生物的概念运用到地学上来。到了 20 世纪初,又开始研究地壳里、海洋里化学成分的变化,地层的化学成分是怎样从一个地方慢慢变化,从一处渗透到另一个地方去;一个地方岩石的成分怎样受到火山的作用,又起了什么变化?这就是研究各种元素在地球上的分布和变化,从这里推论地球在地质年代中的变化。所以这位地学家说,20 世纪初年以后就出现了化学的地球观,就是从化学的角度来看地球。最后,到了现在,地学上一个最大的发展就是所谓板块理论,就是说,地球的大陆和洋底都是一块一块拼起来的。地壳是硬的,但不是整块的,是好多块拼起来的,就像七巧板似的。块和块之间有相互作用。这就可以解释火山带、地震带的形成。这是根据海底岩石地磁走向推论出来的。一个大板块里还有小的断裂带、断层,这就是更复杂的组合,像很多很小的七巧板凑起来的。这一些,加上研究地球深处的情况,都要靠物理学,所以这位地学家说,现在是物理学地球观。这样,地学又归到物理学去了。

再说生物学。半个世纪来,生物学有很大的变化和发展。这种迅速发展的泉源是分子生物学。分子生物学要研究的倒不是细胞、细胞核、细胞质、细胞膜,而是要研究生物体内脱氧核糖核酸和蛋白质这类大分子物质的结构和功能。最近,分子生物学上轰动世界的发现,就是可以把传递遗传信息的物质——脱氧核糖核酸从一种生物体的细胞中提出来，切成片段，在分子水平上使两种生物的遗传信息重新组合，然后通过一种中间物质的运载，引入到另一种生物的细胞中去，人工地改变细胞的遗传结构。这种分子水平的“杂交”，可以创造天然没有的新物种，它可以在动物和植物之间进行，从而打破植物和动物的界限。当然，现在这方面的工作还是在一个很粗浅的水平上。比如，胰岛素，它是治疗糖尿病的特效药。人和动物都产生胰岛素。胰岛素本身是一种高分子物质。化学生产很困难，以前靠从家畜屠宰后的胰腺去取，来源很少。但是，现在可以把产生胰岛素的胰腺细胞物质的遗传信息切下来，接到大肠杆菌的遗传物质上，而大肠杆菌是最容易培养的一种细菌，增殖速度很快，这样造出新的大肠杆菌，大量繁殖，就可以大量制造胰岛素，使胰岛素生产工业化。这仅仅是一个例子，这就是说，生物学已经到了分子水平，实际上国外许多从事分子生物学的人，本身就是物理学家。生物学到了分子水平，生物学也就归结到物理上去了。

所以，天、地、生、化这四门科学，从现代科学技术观点讲，都可以归结于物理学的分支了。当然，这里要推理演算，就要用数学，数学是一个工具。恩格斯说的整理材料的科学到现在已经有 100 年的时间了，现代科学技术更综合了，体系更严密了，根本学问只有这两门：物理学和数学。数学，顾名思义是算，但实际上数学不光是算，还是“辩证的辅助工具和表现方式”。这是说天、地、生、数、理、化这六门基础学科在科学技术的体系中并不是完全同排并坐的，其中数学和物理又是其他四门学科的基础。在此之上是各种分支学科；然后是各种技术科学；再上面是工程技术和生产技术如电力技术、电子技术、农业技术以及医学等。这就是现代科学技术的体系构成。这里面基础学科为应用科学技术提供了理论基础，基础科学和应用科学技术是指导生产实践的，而生产实践不但为科学技术的研究提供了必不可少的设备、仪器，同时又是科学技术中好多道理的源泉。

（四）现代科学技术的整体结构

前面讲的还着重于自然科学技术领域内的体系化，而在 19 世纪中叶，由于科学的社会主义的创立，真正科学的社会科学诞生了，也建立了指导一切科学研究的马克思主义哲学。这就形成了一个新的结构：两大门类，自然科学和社会科学；在两大门类之上，有马克思主义哲学，作为人类知识的最高概括。到了20世纪40年代以后，数学方法越来越用于社会科学的研究，所以把数学再放在自然科学之内也就不妥当了，独立成为一大门类，数学科学。

所以，一方面是分化，成立新的部门；一方面又形成体系，严密的结构。到现在认识到的现代科学技术体系，在纵的方面分为九大部门：自然科学、社会科学、数学科学、系统科学、思维科学、人体科学、军事科学、文艺理论和行为科学。这比马克思、恩格斯时代是大大发展了，那时称得起科学的只有自然科学，而且还包括数学；作为科学的社会科学是马克思、恩格斯首创的，还来不及确立。而今天我已可以列出九大部门，这是人类认识和改造世界的伟大成绩。当然历史不会就停留在这点上，将来的科学技术还要发展，会出现新的部门和新的层次。

这九个部门的划分不是研究对象不同，研究对象都是整个客观世界，而是研究的着眼点，看问题的角度不同。例如，自然科学是从物质在时间空间中的运动、物质运动的不同层次、不同层次的相互关系，这个角度去研究整个客观世界。又如，思维科学是从人脑通过思维认识整个客观世界这个角度去开展研究的。人体科学是从人体结构和功能在受整个客观世界的影响和相互作用的角度去开展研究的。军事科学的研究今天早已不限于战争，而是从矛盾斗争的角度去研究整个客观世界，包括"科技战"、"智力战"，还有"商战"。文艺理论是研究整个客观世界吗？是的，它是从美的角度去研究的。行为科学是从个人与社会的相互作用这个角度去研究整个客观世界。以上说到社会的地方都可能引起一个问题：社会能涉及整个客观世界吗？是的，整个客观世界请看：在短短的几百年前，我们还不知道有地球呢，现在不但人的活动已经要考虑整个地球，从地下到天上以至到太阳系……所以说整个客观世界是合理的。

现代科学技术的九大部门要概括到马克思主义哲学，其核心是辩证唯物主义。要概括到辩证唯物主义要通过一架桥梁，联系自然科学的是自然辩证法；联系社会科学的是历史唯物主义；联系数学科学的是数学哲学或元数学；

联系系统科学的是系统论;联系思维科学的是认识论;联系人体科学的是人天观;联系军事科学的是军事哲学;联系文艺理论的是美学;联系行为科学的是社会论。一个马克思主义哲学、九架桥梁、九大部门,这是现代科学技术体系的纵向结构。横向也有结构,就是基础科学、技术科学和工程技术三个层次。

认识现代科学技术的体系结构,是学习掌握认识世界和改造世界学问的锐利工具。这里还必须强调马克思主义哲学其基础的九架桥梁是指导我们认识客观世界和改造世界的。当然,哲学不是死教条,现代科学技术九大部门的发展也必须通过九架桥梁发展和深化马克思主义哲学。把马克思主义哲学放在科学技术整个体系的最高层次也说明了马克思主义哲学的实质:它绝不是独立于现代科学技术之外的,它是和现代科学紧密相连的。也可以说,马克思主义哲学就是全部科学技术的科学,马克思主义哲学的对象就是全部科学技术。这里强调这个观点是为了能和大家一道去克服目前存在的两个毛病:一是做学问死守一个小摊摊,关起门干,从不看看外面的世界;二是不学哲学,以为马克思主义哲学是与己无关的!

(五)掌握认识世界和改造世界的学问

现代科学技术除了上面讲的广度,从整个现代科学技术体系看广度之外,还有一个深度问题。为了举实例看看现代科学技术的深度,我们说说宇宙物质结构的大层次。宏观与微观有区别,地球、汽车、人等是宏观物体,它们的运动服从牛顿力学。但再大范围或运动速度大到接近光速,如银河星系的运动,牛顿力学不行了,要用爱因斯坦的相对论力学,这就是宇观,比宏观更上一个层次。在宏观层次以下是微观,小到原子、基本粒子,小到 10^{-15} 厘米,这要用量子力学。前些年我们还以为物质世界是宇观、宏观、微观三个层次,但现在不同了。英国爱丁堡大学物理学家希格斯(P. W. Higgs)为了解释一些基本粒子现象,发现必须更深入到物质结构再下一层次,尺度小到 10^{-34} 厘米,比 10^{-15} 厘米的微观层次再缩小 10^{19} 倍!这是一个新世界,可以称之为“渺观”,要用新理论。不但如此,在宇观层次之上也有新发展,宇宙学研究现代望远镜和其他手段所能探测到的近 200 亿光年范围的物质运动,六年前一批搞宇宙学的科学家，在改正以前的所谓“宇宙大爆炸理论”，提出新的理论，叫“宇宙爆胀论”，说明我们所在的宇宙有其特点，我们这个世界之存在也与它的特点有关，我们所在的宇宙之外还有其他与我们所在宇宙不同的宇宙。这是大开眼界，物质世界还有比宇观层次更高的层次，可以称之为“胀观”。这样从小开始，渺观、微观、宏观、宇观、胀观五大层次，从下一个层次升到上一个层次尺度放大 10^{19} 倍，1 000 亿亿倍，从上一个层次降入下一个层次尺度缩小 10^{19} 分之一，1 000 亿亿分之一！估计五大层次也不会不动了，将来随着人认识世界的进一步深入，会有比胀观更高的层次，也会有比渺观更深的层次。这种科学探索已经深入到世界的本源问题，以前非马克思主义哲学家提出的本体论也就从古老的哲学分化出来，进入自然科学了。所以，现代科学技术的深度也是惊人的。

科学技术是不是认识客观世界和改造客观世界的学问？当然是，但认识客观世界、改造客观世界的学问远不止于科学技术。我们现在有马克思列宁主义的正确指导，有了 100 多年全部科学技术的高速发展的丰硕成果，不只是自然科学和工程技术，不只是那么多少项新的技术革命。

现代科学技术既然有这样的广度和深度，它是不是包括了所有人类从实践中得到的知识呢？不，没有。人类掌握的知识远比现代科学技术整个体系还大得多。例如：局部的经验，专家的判断，行家的手艺，文艺人的艺术，点滴知识和零金碎玉等都是宝贵的知识，但还未纳入现代科学体系，还不是科学。一个突出的例子是中医医药学。中医理论是祖国几千年来实践经验的总结，非常珍贵，要发展我国传统医药是万万不能丢掉中医理论的。但中医理论现在还放不进现代科学技术体系中去，还不能称之为现代科学。它是有用的知识，这种不是科学但是有用知识的宝贝还很多，我们不妨称之为“前科学”，也可以说前科学的量远大于科学技术的量，科学技术的发展总是不断地把前科学变成科学，同时也发展和深化了科学技术本身。前科学逐渐进入科学技术体系，前科学会慢慢消失吗？不会的，人在继续实践，会不断积累新经验，生产新的前科学。

如果我们掌握了认识客观世界和改造客观世界这么大的学问，可以相信，建设社会主义现代化强国的任务再艰巨也能完成。

第二部分

开放的复杂巨系统与综合集成方法

一个科学新领域

——开放的复杂巨系统及其方法论*

近20年来，从具体应用的系统工程开始，逐步发展成为一门新的现代科学技术大部门——系统科学，其理论和应用研究，都已取得了巨大进展[1]。特别是最近几年，在系统科学中涌现出了一个很大的新领域，这就是最先由马宾同志发起的开放的复杂巨系统的研究。开放的复杂巨系统存在于自然界、人自身以及人类社会，只不过以前人们没有能从这样的观点去认识并研究这类问题。本文的目的就是专门讨论这一类系统及其方法论。

（一）系统的分类

系统科学以系统为研究对象，而系统在自然界和人类社会中是普遍存在的。如太阳系是一个系统，人体是一个系统，一个家庭是一个系统，一个工厂企业是一个系统，一个国家也是一个系统，等等。客观世界存在着各种各样的系统。为了研究上的方便，按着不同的原则可将系统划分为各种不同的类型。例如，按着系统的形成和功能是否有人参与，可划分为自然系统和人造系统；太阳系就是自然系统，而工厂企业是人造系统。如果按系统与其环境是否有物质、能量和信息的交换，可将系统划分为开放系统和封闭系统；当

---

* 本文由钱学森、于景元、戴汝为联名发表于1990年第1期《自然杂志》。

然，真正的封闭系统在客观世界中是不存在的，只是为了研究上的方便，有时把一个实际具体系统近似地看成封闭系统。如果按系统状态是否随着时间的变化而变化，可将系统划分为动态系统和静态系统；同样，真正的静态系统在客观世界也是不存在的，只是一种近似描述。如果按系统物理属性的不同，又可将系统划分为物理系统、生物系统、生态环境系统等。按系统中是否包含生命因素，又有生命系统和非生命系统之分，等等。

以上系统的分类虽然比较直观，但着眼点过分地放在系统的具体内涵，反而失去系统的本质，而这一点在系统科学研究中又是非常重要的。为此，在《哲学研究》一文[2]中提出了以下分类方法。

根据组成系统的子系统以及子系统种类的多少和它们之间关联关系的复杂程度，可把系统分为简单系统和巨系统两大类。简单系统是指组成系统的子系统数量比较少，它们之间关系自然比较单纯。某些非生命系统，如一台测量仪器，这就是小系统。如果子系统数量相对较多（如几十、上百），如一个工厂，则可称作大系统。不管是小系统还是大系统，研究这类简单系统都可从子系统相互之间的作用出发，直接综合成全系统的运动功能。这可以说是直接的做法，没有什么曲折，顶多在处理大系统时，要借助于大型计算机，或巨型计算机。

若子系统数量非常大（如成千上万、上百亿、万亿），则称作巨系统。若巨系统中子系统种类不太多（几种、几十种），且它们之间关联关系又比较简单，就称作简单巨系统，如激光系统。研究处理这类系统当然不能用研究简单小系统和大系统的办法，就连用巨型计算机也不够了，将来也不会有足够大容量的计算机来满足这种研究方式。直接综合的方法不成，人们就想到 20 世纪初统计力学的巨大成就，把亿万个分子组成的巨系统的功能略去细节，用统计方法概括起来。这很成功，是普利高津和哈肯的贡献，它们各自称为耗散结构理论和协同学。

（二）开放的复杂巨系统

如果子系统种类很多并有层次结构，它们之间关联关系又很复杂，这就

在系统科学讨论会上(1987 年)

是复杂巨系统。如果这个系统又是开放的,就称作开放的复杂巨系统。例如:生物体系统、人脑系统、人体系统、地理系统(包括生态系统)、社会系统、星系系统等。这些系统无论在结构、功能、行为和演化方面,都很复杂,以至于到今天,还有大量的问题,我们并不清楚。如人脑系统,由于人脑的记忆、思维和推理功能以及意识作用,它的输入-输出反应特性极为复杂。人脑可以利用过去的信息(记忆)和未来的信息(推理)以及当时的输入信息和环境作用,作出各种复杂反应。从时间角度看,这种反应可以是实时反应、滞后反应甚至是超前反应;从反应类型看,可能是真反应,也可能是假反应,甚至没有反应。所以,人的行为绝不是什么简单的"条件反射",它的输入-输出特性随时间而变化。实际上,人脑有 10^{12} 个神经元,还有同样多的胶质细胞,它们之间的相互作用又远比一个电子开关要复杂得多,所以美国 IBM 公司研究所的克莱门蒂(E. Clementi)曾说[3],人脑像是由 10^{12} 台每秒运算 10 亿次的巨型计算机关联而成的大计算网络!

再上一个层次,就是以人为子系统主体而构成的系统,而这类系统的子系统还包括由人制造出来具有智能行为的各种机器。对于这类系统,"开放"与"复杂"具有新的更广的含义。这里开放性指系统与外界有能量、信息或物质的交换。说得确切一些:① 系统与系统中的子系统分别与外界有各种信息交换;② 系统中的各子系统通过学习获取知识。由于人的意识作用,子系统之间关系不仅复杂而且随时间及情况有极大的易变性。一个人本身就是一个复杂巨系统，现在又以这种大量的复杂巨系统为子系统而组成一个巨系统——社会。人要认识客观世界，不单靠实践，而且要用人类过去创造出来的精神财富，知识的掌握与利用是个十分突出的问题。什么知识都不用，那就回到100多万年以前我们的祖先那里去了。人已经创造出巨大的高性能的计算机，还致力于研制出有智能行为的机器，人与这些机器作为系统中的子系统互相配合，和谐地进行工作，这是迄今为止最复杂的系统了。这里不仅以系统中子系统的种类多少来表征系统的复杂性，而且知识起着极其重要的作用。这类系统的复杂性可概括为：① 系统的子系统间可以有各种方式的通讯；② 子系统的种类多，各有其定性模型；③ 各子系统中的知识表达不同，以各种方式获取知识；④ 系统中子系统的结构随着系统的演变会有变化，所以系统的结构是不断改变的。我们把上述系统叫作开放的特殊复杂巨系统，即通常所说的社会系统。

系统的这种分类，清晰地刻画了系统复杂性的层次，它对系统科学理论和应用研究具有重大意义。从社会系统的最近研究中，也可以看出这一点。研究人这个复杂巨系统可以看作是社会系统的微观研究。而在社会系统的宏观研究方面，根据马克思创立的社会形态概念，任何一个社会都有三种社会形态，即经济的社会形态、政治的社会形态、意识的社会形态，可把社会系统划分为三个组成部分，即社会经济系统、社会政治系统、社会意识系统。相应于三种社会形态应有三种文明建设，即物质文明建设（经济形态）、政治文明建设（政治形态）和精神文明建设（意识形态）。社会主义文明建设，应是这三种文明建设的协调发展[4]。这一结论无论在理论上还是在实践中都有重要意义。从实践角度来看，保证这三种文明建设协调发展的就是社会系统工程。按照系统工程的定义，组织管理社会经济系统的技术，就是经济系统工程；组织管理社会政治系统的技术，就是政治系统工程；组织管理社会意识系统的技术，就是意识系统工程。而社会系统工程则是使这三个子系统之间以及社会系统与其环境之间协调发展的组织管理技术。从我国改革和开放的现实来看，不仅需要经济系统工程，更需要社会系统工程。单纯地进行经济体制改革，不注意另外两个子系统的关联制约作用，经济体制改革难以成功。

例如"官倒"、党内某些腐败现象、社会风气不正等，都对经济体制改革造成了严重影响，以至于不得不来治理经济环境，整顿经济秩序。党的十三届五中全会提出的进一步治理整顿和深化改革，就是社会主义制度的自我完善，是中国社会形态的自我完善。这都说明了单打一的零散改革是不行的。改革需要总体分析、总体设计、总体协调、总体规划，这就是社会系统工程对我国改革和开放的重大现实意义。

从以上列举的开放的复杂巨系统的实例中，可以看到，它们涉及生物学、思维科学、医学、地学、天文学和社会科学理论，所以这是一个很广阔的研究领域。值得指出的是，这些领域的理论本来分布在不同的学科甚至不同的科学技术部门，而且均已有了较长的历史，也或多或少地用本学科的各自语言涉及开放的复杂巨系统这一思想，如中医理论，但今天却都能概括在开放的复杂巨系统的概念之中，而且更加清晰、更加深刻了。这个事实启发我们，开放的复杂巨系统概念的提出及其理论研究，不仅必将推动这些不同学科理论的发展，而且还为这些理论的沟通开辟了新的令人鼓舞的前景。

（三）开放的复杂巨系统的研究方法

开放的复杂巨系统目前还没有形成从微观到宏观的理论，没有从子系统相互作用出发，构筑出来的统计力学理论。那么有没有研究方法呢？有些人想得比较简单，硬要把第一节中讲到的处理简单系统或简单巨系统的方法用来处理开放的复杂巨系统。他们没有看到这些理论方法的局限性和应用范围，生搬硬套，结果适得其反。例如，运筹学中的对策论，就其理论框架而言，是研究社会系统的很好工具。但对策论今天所达到的水平和取得的成就，远不能处理社会系统的复杂问题。原因在于对策论中已把人的社会性、复杂性、人的心理和行为的不确定性过于简化了，以至于把复杂巨系统问题变成了简单巨系统或简单系统的问题了。同样，把系统动力学、自组织理论用到开放的复杂巨系统研究之中，所以不能成功，其原因也在于此。系统动力学创始人福瑞斯特(J. Forrester)自己就提出[5]，对他的方法要慎重，要研究模型的可信度。但国内有些人对此却毫不担心，“大胆”使用。

另外，也有的人一下子把复杂巨系统的问题上升到哲学高度，空谈系统运动是由子系统决定的，微观决定宏观等。一个很典型的例子就是“宇宙全息统一论”[6]。他们没有看到人对子系统也不能认为完全认识了。子系统内部还有更深更细的子系统。以不全知去论不知，于事何补？甚至错误地提出“部分包含着整体的全部信息”、“部分即整体，整体即部分，两者绝对同一”，这完全是违反客观事实的，也违反了马克思主义哲学。

实践已经证明，现在能用的、唯一能有效处理开放的复杂巨系统(包括社会系统)的方法，就是定性定量相结合的综合集成方法，这个方法是在以下三个复杂巨系统研究实践的基础上，提炼、概括和抽象出来的，这就是：

(1) 在社会系统中，由几百个或上千个变量所描述的定性定量相结合的系统工程技术，对社会经济系统的研究和应用；

(2) 在人体系统中，把生理学、心理学、西医学、中医和传统医学以及气功、人体特异功能等综合起来的研究；

(3) 在地理系统中，用生态系统和环境保护以及区域规划等综合探讨地理科学的工作。

在这些研究和应用中，通常是科学理论、经验知识和专家判断力相结合，提出经验性假设(判断或猜想)；而这些经验性假设不能用严谨的科学方式加以证明，往往是定性的认识，但可用经验性数据和资料以及几十、几百、上千个参数的模型对其确实性进行检测；而这些模型也必须建立在经验和对系统的实际理解上，经过定量计算，通过反复对比，最后形成结论；而这样的结论就是我们在现阶段认识客观事物所能达到的最佳结论，是从定性上升到定量的认识。

综上所述，定性定量相结合的综合集成方法，就其实质而言，是将专家群体(各种有关的专家)、数据和各种信息与计算机技术有机结合起来，把各种学科的科学理论和人的经验知识结合起来。这三者本身也构成了一个系统。这个方法的成功应用，就在于发挥这个系统的整体优势和综合优势。

近几年，国外有人提出综合分析方法(meta-analysis)[7]，对不同领域的信息进行跨域分析综合，但还不成熟，方法也太简单，而定性定量相结合的综合集成方法却是真正的 meta-synthesis。

（四）综合集成方法的实例

下面，我们以社会经济系统工程中"财政补贴、价格、工资综合研究"为例，来说明这个方法及其应用。这个案例是成功的。

1979 年以来，由于实行农副产品收购提价和超购加价政策，提高了农民收入，这部分钱是由国家财政补贴的。但是，当时对销售价格没有作相应调整，结果是随着农业连年丰收，超购加价部分迅速增大，给国家财政带来了沉重的负担，是财政赤字的主要根源。这样，造成了极不正常的经济状态：农业越丰收，财政补贴越多，致使国家财政收入增长速度明显低于国民收入增长速度，财政收入占国民收入的比例逐年下降。

财政补贴产生的这些问题，引起国家的极大重视，有关部门提出，如何利用价格工资这两个经济杠杆，逐步减少以至取消财政补贴。然而，调整零售商品价格必将影响到人民生活水平；如果伴以工资调整，又涉及财政负担能力、市场平衡、货币发行和储蓄等。这些问题涉及经济系统中生产、消费、流通、分配这四个领域。

财政补贴、价格、工资以及直接和间接有关的各个经济组成部分，是一个互相关联互相制约的具有一定功能的系统。调整价格和工资从而取消财政补贴，实质上就是改变和调节这个系统的关联、制约关系，以使系统具有我们希望的功能，这是系统工程的典型命题。

为了解决这个问题，首先由经济学家、管理专家、系统工程专家等依据他们掌握的科学理论、经验知识和对实际问题的了解，共同对上述系统经济机制（运行机制和管理机制）进行讨论和研究，明确问题的症结所在，对解决问题的途径和方法作出定性判断（经验性假设），并从系统思想和观点把上述问题纳入系统框架，界定系统边界，明确那些是状态变量、环境变量、控制变量（政策变量）和输出变量（观测变量）。这一步对确定系统建模思想、模型要求和功能具有重要意义。

系统建模是指将一个实际系统的结构、功能、输入-输出关系用数字模型、逻辑模型等描述出来，用对模型的研究来反映对实际系统的研究。建模过程既需要理论方法又需要经验知识，还要有真实的统计数据和有关资料。

摄于20世纪80年代

有了系统模型，再借助于计算机就可以模拟系统和功能，这就是系统仿真。它相当于在实验室内对系统做实验，即系统的实验研究。通过系统仿真可以研究系统在不同输入下的反应、系统的动态特性以及未来行为的预测等，这就是系统分析。在分析的基础上，进行系统优化，优化的目的是要找出为使系统具有我们所希望的功能的最优、次优或满意的政策和策略。

经过以上步骤获得的定量结果，由经济学家、管理专家、系统工程专家共同再分析、讨论和判断，这里包括了理性的、感性的、科学的和经验的知识的相互补充。其结果可能是可信的，也可能是不可信的。在后一种情况下，还要修正模型和调整参数，重复上述工作。这样的重复可能有许多次，直到各方面专家都认为这些结果是可信的，再作出结论和政策建议。这时，既有定性描述，又有数量根据，已不再是先验的判断和猜想，而是有足够科学根据的结论。以上各步可用框图表示，如图1。

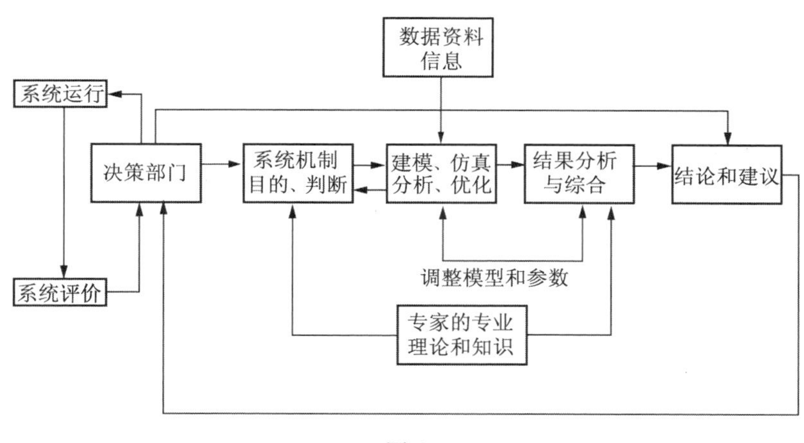

图 1

（五）综合集成还可以用知识工程

综上所述，综合集成方法取得了很好的效果。在解决问题的过程中，专家群体和专家的经验知识起着重要的作用。在以前，如在前一节所举的实例中，这一综合的过程还没有使用机器，建立模型也是靠人动脑子思考。现在看，我们还可以进一步，在一个系统中加入知识这一极其重要的因素。这就牵涉到知识的表达和知识的处理，实际上就是知识工程的问题了。知识工程是人工智能的一个重要分支，解决问题的办法着眼于合理地组织与使用知识，从而构成知识型的系统。专家系统就是一种典型的知识型系统。专家的一部分作用可以通过专家系统来实现，所以专家系统也自然是系统中的子系统。再进一步分析，在前面关于系统分类的讨论中，开放的特殊复杂巨系统居于最高层次，人作为这种系统中的子系统。人不能脱离社会而存在，随着社会的发展，人类创造各种机器来代替体力劳动与部分脑力劳动，结果具有智能行为的机器必然也是子系统。由人、专家系统及智能机器作为子系统所构成的系统必然是人-机交互系统。各子系统互相协调配合，关键之处由人指导、决策，重复繁重工作由机器进行。人与机器以各种方便的通讯方式，例如自然语言、文字、图形等，进行人-机通讯，形成一个和谐的系统。

近年来知识工程领域中的一些专家认识到以往忽视理论的错误倾向，已在探讨知识型系统研究的方法论问题。知识工程中的核心问题是知识表达，即如何把各种知识，如书本知识、专门领域有关的知识、经验知识、常识知识等，表示成计算机能接受并能加以处理的形式，这是必须解决的基本问题。知识型的系统与以往的动态系统不同，它的特点是以知识控制的启发式方法求解问题，不是精确的定量处理，因为许多知识是经验性的，难以精确描述。对于知识型系统，不能像以往的一些控制系统那样建立定量的数学模型，而只能采用定性的方法。如果系统中包括一些可以定量描述的部件，那么也必然是采用定性与定量相结合的方法来进行系统综合。已有许多工作是利用定性物理的概念与建模方法来建立定性模型，进而研究定性推理的[8]。定性建模是一种把深层知识进行编码的方法，关心的只是变化的趋势，例如增加、减少、不变等。定性推理指的是在定性模型上的操作运行，从而得到或预估系统的行为。这里着重的是结构、行为、功能的描述及它们之间的关系。到目前为止，已有三方面代表性的工作，一是 Xerox 公司的 De Kleer 等人从系统的观点出发提出以部件为主(component centered)的模型，认为系统最重要的特性是可合成性，在结构上系统由部件连接而成，系统的行为可由部件的行为推导而得出。他们致力于建立一种能进行解释与预估的定性物理系统；另一是 MIT 计算机科学实验室的 Kuiper 提出以约束为主(constraint centered)的模型；第三是 MIT 人工智能实验室的 Forbus 提出以进程为主(process centered)的模型。他把引起运动和变化的原因等称为进程，致力于建立进程对物理过程影响的理论。知识工程中研究定性建模与推理的动机是研究常识知识，解决常识知识的表达、存储、推理等。很多专家认为定性建模与推理的方法及理论研究很可能是解决利用常识知识的途径。1988 年欧洲人工智能大会把最佳论文奖授予关于定性物理模型和计算模型的论文，说明人们对这方面的研究所抱的希望。

实际上人工智能领域中有许多重要的工作是从系统的角度考虑的。有一种主张把人工智能的研究概括为是对各种定性模型(物理的、感知的、认识的、社会系统的模型)的获取、表达与使用的计算方法进行研究的学问[9]。这是系统科学观点的反映。当前人工智能领域中综合集成的思想得到重视，计算机统筹制造系统（Computer Integrated Manufacture System，简称 CIMS 系统）的提出与问世就是一个例子。在工业生产中，产品设计与产品制造是两个重要方面，各包括若干个环节，这些环节以现代化技术通过人-机交互在进行工作。以往设计与制造是分开各自进行的。现在考虑把两者用人工智能技术有机地联系起来，及时把制造过程中有关产品质量的信息向设计过程反馈，使整个生产灵活有效，又能保证产品的高质量。这种把设计、制造，甚至管理销售统一筹划设计的思想恰恰是开放的复杂巨系统的综合集成思想的体现。

总之，我们把系统的"开放性"和"复杂性"这两个概念拓广之后，对系统的认识就更加深刻，所概括的内容也就更为广泛。这种广泛性是从现代科学技术的发展，尤其是新兴的知识工程的发展中抽象概括而得来的，有着坚实的基础与充分的根据。在我们阐明了开放的特殊复杂巨系统属于系统分类中的最高层次之后，实际上就把系统科学与人工智能两大领域明显地加以沟通。这样一来各种以知识为特征的智能型系统，如互相合作的人工智能系统、分布式人工智能系统以及实时智能控制系统等都属于一个统一的、明确的范畴。这就有利于去建立开放的复杂巨系统的理论基础，这是当代科学发展的必然结果。

（六）开放的复杂巨系统研究的意义

从以上所述，定性定量相结合的综合集成方法，概括起来具有以下特点：

（1）根据开放的复杂巨系统的复杂机制和变量众多的特点，把定性研究和定量研究有机地结合起来，从多方面的定性认识上升到定量认识。

（2）由于系统的复杂性，要把科学理论和经验知识结合起来，把人对客观事物的星星点点知识综合集中起来，解决问题。

（3）根据系统思想，把多种学科结合起来进行研究。

（4）根据复杂巨系统的层次结构，把宏观研究和微观研究统一起来。

正是上述这些特点，才使这个方法具有解决开放的复杂巨系统中复杂问题的能力，因此它具有重大的意义，以下将着重讲讲这个看法。

现代科学技术探索和研究的对象是整个客观世界，但从不同的角度、不同的观点和不同的方法研究客观世界的不同问题时，现代科学技术产生了不同的科学技术部门。例如，自然科学是从物质运动、物质运动的不同层次、不同层次之间的关系这个角度来研究客观世界的，社会科学是从研究人类社会发展运动、客观世界对人类发展影响的角度去研究客观世界的，数学科学则是从量和质以及它们互相转换的角度研究客观世界的……[10]；而系统科学是从系统观点，应用系统方法去研究客观世界的。系统科学作为一个科学技术部门，从应用到基础理论研究都是以系统为研究对象。在宏观世界，我们这个地球上，又产生了生命、生物，出现了人类和人类社会，有了开放的复杂巨系统。而这类系统在宏观世界也是存在的，例如银河星系也是一个开放的复杂巨系统。这样看来，开放的复杂巨系统概念，已经超出了宏观世界而进入了更广阔的天地。因此，开放的复杂巨系统及其研究具有普遍意义。但是，正如前面已经指出的那样，过去的科学理论都不能解决开放的复杂巨系统的问题，这也是有原因的，可以从历史中去找。

大家知道，长期以来不同领域的科学家们早已注意到，在生命系统和非生命系统之间表现出似乎截然不同的规律。非生命系统通常服从热力学第二定律，系统总是自发地趋于平衡态和无序，系统的熵达到极大。系统自发地从有序变到无序，而无序却决不会自发地转变到有序，这就是系统的不可逆性和平衡态的稳定性。但是，生命系统却相反，生物进化、社会发展总是由简单到复杂、由低级到高级越来越有序。这类系统能够自发地形成有序的稳定结构。

两类系统之间的这种矛盾现象，长时间内得不到理论解释，致使有些科学家认为，两类系统各有各自的规律，相互毫不相干。但也有些科学家提出：这种矛盾现象有没有什么内在联系呢？直到 20 世纪 60 年代，耗散结构理论和协同学的出现，为解决这个问题提供了一个科学的理论框架。这些理论认为，热力学第二定律所揭示的是孤立系统（与环境没有物质和能量的交换）在平衡态和近平衡态（线性非平衡态）条件下的规律。但生命系统通常都是开放系统，并且远离平衡态（非线性非平衡态）。在这种情况下，系统通过与环境进行物质和能量的交换引进负熵流，尽管系统内部产生正熵，但总的熵在减少，在达到一定条件时，系统就有可能从原来的无序状态自发地转变为在时间、空间和功能上的有序状态，产生一种新的稳定的有序结构，普利高津称其为耗散结构。这样，在不违背热力学第二定律的条件下，耗散结构理论沟通了两类系统的内在联系，说明两类系统之间并没有真正严格的界限，表观上的鸿沟，是由相同的系统规律所支配。所以，普利高津在其著作中指出，“复杂性不再仅仅属于生物学了，它正在进入物理学领域，似乎已经植根于自然法则之中”[11]。哈肯更进一步指出，一个系统从无序转化为有序的关键并不在于系统是平衡和非平衡，也不在于离平衡态有多远，而是由组成系统的各子系统，在一定条件下，通过它们之间的非线性作用，互相协同和合作自发产生稳定的有序结构，这就是自组织结构。

现代科学 20 年来的这一成就是十分重要的，它阐明了长期以来困惑着人们的一个谜。但耗散结构理论、协同学的成功，也使得不少人过分乐观，以为这种基于近代科学还原论的定量方法论也可以用到开放的复杂巨系统，从而碰壁！

在科学发展的历史上，一切以定量研究为主要方法的科学，曾被称为“精密科学”，而以思辨方法和定性描述为主的科学则被称为“描述科学”。自然科学属于“精密科学”，而社会科学则属于“描述科学”。社会科学是以社会现象为研究对象的科学，社会现象的复杂性使它的定量描述很困难，这可能是它不能成为“精密科学”的主要原因。尽管科学家们为使社会科学由“描述科学”向“精密科学”过渡作出了巨大努力，并已取得了成效，例如在经济科学方面，但整个社会科学体系距“精密科学”还相差甚远。从前面的讨论中可以看到，开放的复杂巨系统及其研究方法实际上是把大量零星分散的定性认识、点滴的知识，甚至群众的意见，都汇集成一个整体结构，达到定量的认识，是从不完整的定性到比较完整的定量，是定性到定量的飞跃。当然一个方面的问题经过这种研究，有了大量积累，又会再一次上升到整个方面的定性认识，达到更高层次的认识，形成又一次认识的飞跃。

德国著名的物理学家普朗克认为：“科学是内在的整体，它被分解为单独的整体不是取决于事物的本身，而是取决于人类认识能力的局限性。实际上存在着从物理到化学，通过生物学和人类学到社会学的连续的链条，这是任何一处都不能被打断的链条。”自然科学和社会科学的研究覆盖了这根链条。伟大导师马克思早就预言：“自然科学往后将会把关于人类的科学总括在自己下面，正如同关于人类的科学把自然科学总括在自己下面一样：它将成为一个科学。”[12]我们称这种自然科学与社会科学成为一门科学的过程为自然科学与社会科学的一体化。可以说，开放的复杂巨系统研究及其方法论的建立，为实现马克思这个伟大预言，找到了科学的和现实可行的途径与方法。

在结束这番讨论的时候，我们还要指出：这里提出的定性与定量相结合的综合集成方法，不但是研究处理开放的复杂巨系统的当前唯一可行的方法，而且还可以用来整理千千万万零散的群众意见，人民代表的建议、议案，政协委员的意见、提案和专家的见解，以至个别领导的判断，真正做到“集腋成裘”。特别当我们引用它把零金碎玉变成大器——社会主义建设的方针、政策和发展战略，以至具体计划和计划执行过程的必要调节调整时（这在本文第四节讲的实例中已见一个小小的开端），就把多年来我们党提出的民主集中原则，科学地、完美地实现了。其意义远远超出科学技术的发展与进步，这是关系到社会主义建设以至实现共产主义理想的大事了。人民群众才是历史的创造者！

注释

[1] 钱学森等：《论系统工程》（增订本），湖南科学技术出版社，1988 年

[2] 钱学森：《哲学研究》，1989 年第 10 期，第 3 页

[3] New Scientist，21 Jan. (1988)68

[4] 钱学森、孙凯飞、于景元：《政治学研究》，1989 年第 5 期

[5] Forrester. J. W.，*Theory and Application of System Dyncmics*，New Times Press (1987)

[6] 王存臻、严春友：《宇宙全息统一论》，山东人民出版社，1988 年

[7] Hedges L,. Olk I,. *In Statistical Methods for Meta-Analysis*，Academic Press (1985)
Wolf F. M.，*Meta-Analysis: Qualitaeive Methods for Research Synthesis*，Sage (1986)
Rosenthal R.，*Meta-Analytic Procedures for Social Research*，Sage (1984)

Light R., Pillemer D., *Sunming up: the Science of Rcoiewing Research*, Harvard University Press (1984)

[8] 王珏、崔祺:《中国计算机用户》,1989 年第 8 期,第 22 页

[9] 戴汝为:《中国计算机用户》,1989 年第 8 期,第 14 页

[10] 吴义生:《社会主义现代化建设的科学和系统工程》,第六章,中共中央党校,1987 年

[11] 尼科里斯,普利高津:《探索复杂性》,四川教育出版社,1986 年

[12] 马克思:《经济学——哲学手稿》,人民出版社,1957 年,第 91 页

再谈开放的复杂巨系统*

刚才戴汝为同志的报告讲得很好。戴汝为同志多年从事人工智能、知识系统的工作，去年他听说我们在这里讨论开放的复杂巨系统问题，很感兴趣。因此，他是从人工智能、知识系统的角度来看开放的复杂巨系统问题。我正好相反，不懂人工智能和知识系统。从去年开始向他学习这方面的知识，发现这个问题很重要。我们是从不同角度走到一起来了。我们认为，要解决开放的复杂巨系统问题，要建立从定性到定量的综合集成方法或称为综合集成技术，需要这样的结合，所以后来就和于景元同志我们三个人合写了一篇讲这个观点的文字[1]。

但是我要提醒搞人工智能研究的同志，你们考虑问题的层次还太低，包括国外的一些学者，考虑的还是一些简单的问题。什么人工智能，说得很热闹，但具体处理的还是一些非常简单的问题，说不上什么智能。实际上，真正的人的智能，是人大脑高层次的活动，比目前一些人工智能专家考虑问题的层次要高得多。解决这个问题的途径是 1988 年马希文同志在一次讨论会上提出的人与机器的结合，单用计算机之类的机器不行，但人需要机器来帮助。所以，外国人好的东西我们要学习，但我不相信他们能解决开放的复杂巨系统问题，这要靠我们自己的努力。

---

* 本文是钱学森在 1990 年 10 月 16 日系统学讨论班上的发言，原载于 1991 年第 1 期《模式识别与人工智能》。

下面我讲四个问题。

(一) 什么是开放的复杂巨系统

对开放的复杂巨系统,我们可以说:

(1) 系统本身与系统周围的环境有物质的交换、能量的交换和信息的交换。由于有这些交换,所以是“开放的”。

(2) 系统所包含的子系统很多,成千上万,甚至上亿万,所以是“巨系统”。

(3) 子系统的种类繁多,有几十、上百,甚至几百种,所以是“复杂的”。

过去我们讲,开放的复杂巨系统有以上三个特征。现在我想,由这三条又引申出第四个特征:开放的复杂巨系统有许多层次。这里所谓的层次是指从我们已经认识得比较清楚的子系统到我们可以宏观观测的整个系统之间的系统结构的层次。如果只有一个层次,从整系统到子系统只有一步,那么,就可以从子系统直接综合到巨系统。我觉得,在这种情况下,还原论的方法还是适用的,现在有了电子计算机,从子系统一步综合到巨系统,这个工作是可以实现的。从前我们搞核弹,就是这么干的。因为,核弹尽管很复杂,但理论上仅有一个层次——从原子核到核弹。国外对于这种一个层次的问题,如混沌,即便是混沌中比较复杂的问题,如无限维 Navier-Stokes 方程所决定的湍流[2],还有我们在这个学习班上讲过的自旋玻璃,都可以这么处理,他们把这种问题叫复杂性问题。我认为这种所谓的“复杂性”并不复杂,还是属于有路可循的简单性问题。我把这种系统叫简单巨系统。我们所说的开放复杂巨系统的一个特点是:从可观测的整体系统到子系统,层次很多,中间的层次又不认识;甚至连有几个层次也不清楚。对于这样的系统,用还原论的方法去处理就不行了。怎么办?我们在这个讨论班上找到了一个方法,即从定性到定量的综合集成技术,英文译名可以是:meta-synthetic engineering,这是外国没有的,是我们的创造。

(二) 建立开放的复杂巨系统的理论

要建立开放复杂巨系统的一般理论,必须从一个一个具体的开放复杂巨

在人体科学讨论班上演讲(1983 年)

系统入手。哪些系统属开放复杂巨系统呢?社会系统是一个开放复杂巨系统。除此以外,还有人脑系统、人体系统、地理系统、宇宙系统、历史(即过去的社会)系统、常温核聚变系统[3]等,都是开放的复杂巨系统。研究问题要从具体资料入手。例如,社会系统中有区域问题,也有国家问题,还要注意国际问题。如新华社编的《世界经济科技》今年第 41 期上刊登日本人的文章[4],讲的是日本随着经济的发展,将一些劳动密集型产业转移到亚洲"四小龙",现在"四小龙"又将这些产业向东南亚发展中国家转移。文章说,最后要向中国大陆找出路,因为中国很大,人口众多。所以说,中国的社会主义建设,必须考虑国际的影响。只有从一个一个具体的开放复杂巨系统入手进行研究,当这些具体的开放复杂巨系统的研究成果多了,才能从中提炼出一般的开放复杂巨系统理论,形成开放的复杂巨系统学,作为系统学的一部分。50 年代形成工程控制论就是采用这个办法,从一个一个自动控制技术中提炼出来的。这里我们也要指出:在开放的复杂巨系统中,实践经验和资料累积最丰富的是社会系统和人体系统。前者是关系到国家事务的大问题,后者是涉及人民保健医疗的大问题。

然而,由于开放的复杂巨系统是多层次的,其功能状态变化的可能性是非常广泛的,有可能出现一些超出常规的现象,如人体系统出现的人体特异功能，这是意想不到的，使不少人不能接受，但又是客观存在的。社会主义中国这个社会系统是不是也出现过“特异功能”？60 年代我们搞成原子弹、导弹、人造卫星，世界上有许多人以为不可设想，我看这就是社会主义中国的特异功能。亚运会办得这么好，也是许多人想象不到的。全国第四次人口普查，只用了一年多时间准备和调查登记，这在 11 亿多人口的大国也是超常的。所以，中国共产党领导的这个社会系统，只要组织得好，是可以做出意想不到的成就，这就是中国这个社会的“特异功能”。我们搞开放复杂巨系统研究的同志，千万要有这个思想准备，不要被自己习惯了的老一套束缚住。

（三）要有正确的指导思想

研究开放的复杂巨系统要有正确的思想指导，那就是马克思主义哲学思想的指导。因为研究开放的复杂巨系统，正如我在一开头所讲的，当然要靠计算机、靠知识系统、靠人工智能等技术手段，但又不能完全依靠这些机器，最终还要靠人，靠人的智慧。如果完全靠机器能解决问题，那就不是开放复杂巨系统了。人的智慧是什么？是马克思主义哲学。哲学是人类知识的最高概括。

最近我读了王东同志写的讲《列宁的哲学笔记》的书[5]。书中说，建立马克思主义的哲学体系，马克思、恩格斯作过第一次伟大的尝试；狄茨根作过第二次尝试；列宁的哲学笔记的第三次伟大尝试，都未成功。斯大林搞得不好，从哲学上讲，许多东西批错了。而中国革命远比苏联十月革命要复杂得多，中国革命形成的毛泽东思想，处理许多错综复杂问题确有独到之处。陈志良、杨根、郭建宁三位同志合写的文章[6]，也讲从宏观的、整体的角度处理非常复杂的问题，论述了小平同志思维上的整体性、系统性、宏观性、战略性等，这是很正确的。毛泽东思想的核心部分就是这些内容，即抓问题的本质，矛盾的主要方面，注意情况的变化等。这就教导我们怎样看一个复杂问题，怎样看一个复杂巨系统。其中特别要防止的是头脑僵化，自己形成一个概念就一成不变。开放的复杂巨系统可是千变万化的，我们要有这样的认识。

革命战争年代，党中央、毛主席在延安，没有电子计算机，也没有现在那么多信息，那时作正确决策靠什么？靠指导思想。所以当时特别强调，实践—理论—再实践。一项政策，一个理论，在实践中发现有不对的地方，立即改正。这些指导思想，对于我们研究开放的复杂巨系统是非常重要的。也就是我们要用正确的哲学思想来指导，也要通过实践，不断修改我们的理论，因为我们处理的问题太复杂了。通过这样的办法提出的理论，即定量的模型，和过去相比，要能适用比较长的时间，即使出现失误的话，损失也不要太大。这也是我们研究开放的复杂巨系统的目的。

最后我要附带说一句，吴学谋同志的泛系理论[7]不大好懂，实际上是一种哲学思想，如果其中有什么有用的东西，我们要注意吸取。

（四）要用思维科学的成果

从定性到定量的综合集成技术，实际上是思维科学的一项应用技术。研究开放的复杂巨系统，一定要靠这个技术，因为首先要处理那么大量的信息、知识。信息量之大，难以想象，哪一个信息也不能漏掉，因为也许那就是一个重要的信息。情报信息的综合，这是首先遇到的问题。过去我在情报会议上讲过一个词，叫资料、信息的"激活"，即把大量库存的信息变成有针对性的"活情报"。汪成为同志告诉我，外国人也有一个词，英文叫"data fusion"，我看这个词不好，用"information inspiritment"更恰当一些。我们在做定性的工作中，一开始就要综合大量的信息资料，这个工作就要用知识工程，而且一定要用知识工程，因为信息量太大了，光靠手工是无法完成的。还有"人大"、"政协"会上有大量提案，这都是专家意见，都是有根据的，很重要，但也不见得全面，需要将这些意见进行综合，这个也要用知识工程、人工智能，这是我们从定性工作开始时要做的一部分。

所以，从定性到定量的综合集成技术是思维科学的应用技术，是大有可为的。应用技术发展了，也会提炼、上升到思维学的理论，最后，上升到思维科学的哲学——认识论。哲学界现在争论的许多问题，如什么是主体，什么是客体，什么是思维，什么是意识等，都会有一个正确的答案了。从唯物主义的观点来看，这些问题是很清楚的。人认识客观世界靠什么？靠大脑，而大脑是物质的，是物质世界的一部分。人靠实践来认识客观世界。这不过是人脑这一部分物质，通过物质手段，与更大范围的客观物质相互作用的过程。什么主体，什么客体，什么思维，什么意识，都只不过是讨论研究这一相互作用过程中使用的术语而已。每次所认识的，只是客观世界的很小一部分，所以要再实践，再认识，才能不断扩大我们对客观世界的认识，这个过程是无穷尽的。所以，哲学界争论不休的问题，从开放的复杂巨系统的观点和从思维科学观点来看，都是很清楚的。因此这里讨论的关于开放的复杂巨系统的观点，对于我们认识客观世界哲学，也有重大意义。

注释

[1] 钱学森、于景元、戴汝为：《一个科学新领域——开放的复杂巨系统及其方法论》，《自然杂志》，1990 年第 1 期，第 3～10 页

[2] 如果把分子作为子系统，那么从微观层次的分子运动综合上升到宏观层次的 Navier-Stokes 方程，是从微观的混沌到宏观的层流有序；然后 Reynold 数大了，这一层次又不稳定，发生湍流，但全流场，再上一个层次，还是保持一定流形分布的，还是有序。这里宏观层次是可观测的，全流场也是可观测的。下一个层次到上一个层次都是可观测的。每一次综合只隔一个层次，所以这里的问题不属于复杂巨系统，而且下一个层次的混沌正是上一个层次有序的基础

[3] 常温核聚变是“特异功能”的观点首先由陈能宽同志提出。因为是“特异功能”，所以引起争议

[4] 《西太平洋地区产业结构发生连锁式变化》，《世界经济科技》，1990 年 10 月 9 日(第 41 期)，第 1～8 页

[5] 王东：《辩证法科学体系的“列宁构想”》，中国社会科学出版社，1989 年

[6] 陈志良、杨根、郭建宁：《论邓小平的哲学思维方式》，中央党校：《党校论坛》，1990 年第 10 期，第 1～6 页

[7] 吴学谋：《从泛系观看世界》，中国人民大学出版社，1990 年
吴学谋：《泛系理论与数学方法》，江苏教育出版社，1990 年

基础科学研究应该接受马克思主义哲学的指导*

今年早些时候，我写过一篇讲基础性研究的文字[1]，说明基础性研究包括两类性质不同的研究：基础科学研究和基础应用研究。前者是在探索中认识客观世界，暂时还不知道会有什么应用，自然也不知道会有什么收益；而后者是为了一个方面的应用，必须先下功夫把这个方面的基本规律搞清楚，是有鲜明的目的性的。因为基础科学研究是探索性的，风险大，只有投入，近期无产出，所以任何国家领导机关在确定这样一些研究项目时，自然总会有些犹豫，想把经费转来支持基础应用研究。这是可以理解的。美国、日本、西欧都对高温超导舍得花钱，连对实验结果有争议的常温核聚变各国也都愿意开支研究经费，因为这都是基础应用研究，有可预见的收益。但对基础科学研究，就是在经费比较充裕的美国国家科学基金会（每年约 20 亿美元），一项申请也往往很难得到专家评审委员会的通过。以至美国 Richard A. Muller 教授向美国国会议员们建议[2]，国家要相信有成就的科学家，让他们自己选题，行政当局少插手。他说可以分四个步骤发放研究费：第一，向全美国的科学家发出询问：谁是他认为最优秀的、现在正在作研究的科学家，提出名单；第二，向以上名单中的科学家再发出用于以上目的的询问，要他们提出名单；第三，把第二步的过程再重复一次，得到第三批名单；第四，给第三批名单上得票较多的前 1 000 名科学家，每人每年 100 万美元研究费，不限课题，任其使

* 本文原载 1989 年第 10 期《哲学研究》。

用。Muller 认为，这才能解决基础科学研究的问题，美国国家科学基金会研究经费的一半，即 10 亿美元，应该这么花。

我想类似的问题在我们社会主义中国也不是一点都不存在。支持基础应用研究还容易下决心，要支持基础科学研究就难了。这里面的一个思想就是，搞基础科学研究，没边没缘，谁知道能不能成功？在这篇文字里，我想就这个问题讲一讲个人的看法：近代科学技术经过约 400 年的发展，已经成为一个以马克思主义哲学为最高概括的体系[3]，它的演化是有规律的，因此基础科学研究绝不是像早年那样没有指导思想的摸索，而是在马克思主义哲学指导下的探索，所以途径和路牌是有的。现在我就试着讲出来，向同志们请教。

（一）决定性与非决定性

爱因斯坦有一句名言："我不相信上帝是掷骰子的！"他对量子力学把决定性的牛顿力学以及相对论力学转化为非决定性的，就曾这样表示了他的不满。那么到底客观世界本身的运动规律是决定性的，还是非决定性的？

其实对这个问题的争议并非自爱因斯坦始。早在 20 世纪初，大科学家拉普拉斯写了本《天体力学》，他呈送给拿破仑皇帝，拿破仑接见了他，皇帝说："教授先生，你的书怎么没有提到上帝？"拉普斯回答说："我不需要上帝！"意思是世界上的一切都由数学理论、数学方程式决定了，这是牛顿力学明确了的。但是到 20 世纪末，为了用分子运动论来解释热力学规律，奥地利的玻尔兹曼不得不引入非决定性的统计力学。玻尔兹曼的理论与热力学完全相符，但出现了一个矛盾，决定性的牛顿力学怎么会引出非决定性的分子运动论？这个问题在当时科学界争议甚烈，Boltzmann 非常苦恼，以致最后自杀！他对创立统计力学是立了大功的，但解决不了决定性与非决定性的矛盾。这一矛盾直到 20 世纪 60 年代兴起了混沌理论才得到解决。按照这一理论，在分子数量极多，成亿、成万亿的情况下，只要在相互作用中有一点点非线性关系，就一定出现"混沌"。"混沌"看起来是非决定性的——混乱无章，可是实际它是决定性的，混乱无章正是决定性规律引起的；但可以当作非决定性的统计力学问题来处理。

摄于 1989 年

这一段科学史说明，从决定性的牛顿力学演化为非决定性的统计力学是一次科学进步，而用混沌解释了统计力学的非决定性则又是一次科学进步。那么上帝到底掷不掷骰子呢？从上面这段历史看，应该说：如果这个“上帝”指的是客观世界本身，那么“上帝”是不掷骰子的，客观世界的规律是决定性的。但如果这个“上帝”指的是试图理解客观世界的人、科学家，那他有时不得不掷骰子，而且从自以为是地不掷骰子到承认不得不掷骰子也是一个科学进步。后来科学又发展进步了，科学家能看得更深更全面了，“更上一层楼”了，科学家又不掷骰子了，那又是一个进步，是又一次的科学发展。这样我们就把“上帝不掷骰子”和“上帝掷骰子”辩证地统一起来了。客观世界是决定性的，但由于人认识客观世界的局限性，会有暂时要引入非决定性的必要。这是前进中的驿站，无可厚非，只是决不能满足于非决定性而不求进一步地澄清。

决定性与非决定性的问题也存在于人的思维规律理论之中，这就是逻辑学。早在 17 世纪，德国数学哲学家莱布尼茨就认为，总有一天数学计算能解决一切争议，一旦遇到不同意见就说：让我们来计算计算吧。这个设想到了 20 世纪初，数理逻辑有了很大发展，于是又有一位德国数学家希尔伯特就认为，一切数学问题都在原则上是可以判决的，是完全决定性的，而且他着手建立这样的数学大厦。但在希尔伯特晚年，他的这一美好理想破灭了。20 世纪 30 年代，哥德尔(Kurt Godel)和图贡(Alan M. Turing)先后用不同方式说明根本不存在这样的体系。他们证明：没有一组有很多个公理和推理准则所组成的体系能解决所有正整数提出的问题，现在美国 IBM 公司的 Gregory J. Chaitin 更进一步证明数论中存在着随机性，要用统计，即非决定性的理论[4]来解决，这也是由于近 100 年来数学原理，或称元数学的发展。现在逻辑学家们已跳出经典逻辑，即所谓一阶逻辑的范围，开辟了二阶逻辑等高阶逻辑，称之为模态逻辑[5]。所以思维规律的学问已经大大发展了。现在我们明白：在某些局限性下出现的非决定性问题，在更高层次中又会变为决定性的。这已经是马克思主义的辩证逻辑了。

(二) 渺观、微观、宏观、宇观、胀观

我们怎么解决量子力学的非决定性呢？第一是要树立解决这个问题的决心。世界上是有这样的科学家的[6]，如提出“隐秩序”的玻姆(D. Bohm)[7]，他说世界是决定性的，但在量子力学理论中还有没看到的东西，我们要抓“隐秩序”。玻姆的思想是对的，但他和他的同道都没有成功。我想这个“隐秩序”不能只在微观世界中去找，它藏在比物质世界微观层次更深的一个层次，即渺观层次。什么是渺观呢？

这要从所谓普朗克长度讲起。物理学家们意识到物理学中有三个常量，即万有引力常数 G，光速 c 和普朗克常数 h。它们可以结合成一个长度，即 $\sqrt{\frac{h}{2\pi}\frac{G}{c^3}}$。这个长度极小，大约是 10^{-34} 厘米。过去多少年，这只是个有趣的量，并不知道它有什么具体意义。但近年来理论物理学家为了把四种作用力：引力、弱作用力、电磁力和强作用力纳入统一的理论，即“大统一理论 GUT”，提出一个“超弦理论”(superstring theory)，而这里“超弦”的长度正好是大约 10^{-34} 厘米。超弦的世界比今天中子、质子等“基本粒子”的 10^{-15} 厘米世界还要小 19 个数量级！我们称基本粒子的世界为微观世界，那超弦的世界不应该称为更下一个层次的渺观世界吗？

超弦的世界还有一个特点，它不是四维时空(三维空间加一维时间)，它

是十维时空，四维之外再加六维。多出来的六维在高一层次的微观世界是看不见的，因为它太细小了。这就使我猜想：微观层次的量子力学所表现出来的非决定性，实际是决定性的渺观层次中十维时空运动的混沌所形成的。本来是决定性的运动，但看来是非决定性的运动。这是因为超弦的渺观世界是十维时空，有六维在微观世界看不见，不掌握，因而有六个因素没有考虑，漏掉了，可以说是因为微观世界科学家的“无知”，造成本来是决定性的客观世界，变得好像是非决定性的了。这才是“隐秩序”，藏在渺观的秩序。对不对？可以探讨。

从渺观到微观差 19 个数量级。我们不妨让微观世界到人们所熟悉的宏观世界之间也差 19 个数量级，而微观世界的典型长度是 10^{-15} 厘米，那么宏观世界的典型长度就是 10^{-15} 厘米 $\times 10^{19}=10^{2}$ 米。那是一个篮球场的大小。

从宏观世界再往上呢？我们说是宇观世界，这也是大家知道的天文学家的世界。它是不是与宏观世界也差 19 个数量级？如果是这样，那将是 $10^{2}\times 10^{19}$ 米 $=10^{21}$ 米 $\approx 10^{5}$ 光年，10^{5} 光年是银河星系的大小，正是天文学家的世界！

所以从渺观、微观、宏观，直到宇观，以上构筑方式是成功的。有没有再上面的世界层次？这不能瞎猜，要看有什么事实指向。在大约半个世纪前，天文物理学界的科学家从天文观测发现，我们所在的这个宇宙是在膨胀的，并且倒推到大约 100 多亿年前，整个宇宙从一个微点开始爆炸！因此这个宇宙学理论的别名是“大爆炸理论”(big bang theory)。时空有了起点！世界在这以前不存在！这一发现无疑是现代科学的进步，打破了古老的静止世界的观点；但也带来了问题：时间有了起点！据说当时罗马教皇就非常高兴，说科学家证明有上帝，是上帝创造了世界！不但罗马教皇高兴，中国的方励之也高兴，他抓住了大爆炸理论关于时间有起点的观点，并以此为依据批评恩格斯，因为恩格斯在《反杜林论》中论述时间没有起点，过去无穷尽，将来也无穷尽。其实罗马教皇和方励之都错了，这在查汝强同志和何祚庥同志的文章中[8]已有详细论述，我不在此重复了。我们应该注意：外国宇宙学家们也认为时间有起点是不合常理的，所以近八九年来，提出了“膨胀宇宙论”(inflationary universe theory)代替“大爆炸理论”，而且对我们所在的这个宇宙起始膨胀的机制提出了设想，也指出我们所在的这个宇宙不过是大宇宙中数不清的宇宙中的一个。大宇宙要大得多。

所以我就提出，在宇观世界之上的再一个层次，就称为“胀观”。胀观比宇观再上 19 个数量级，典型尺度是 10^{16} 亿光年，比我们所在宇宙的现在尺度，即大约几百亿光年要大得多了。

综上所述，我建议在大家公认的世界三个层次，即微观、宏观、宇观之外再加两个层次，一是微观下面的渺观，二是宇观之上的胀观，一共五个世界层次。情况见表。这张表是对前些日子吴延涪同志文章[9]的修正：微观与渺观的交界处大约在尺度 3×10^{-25} 厘米；微观与宏观交界处大约在尺度 3×10^{-5} 厘米，即大分子的尺度；宏观与宇观交界处大约在尺度 3 亿公里，即太阳系的大小；宇观与胀观交界处大约在 3×10^{6} 亿光年。现在有物理理论的只是微观的量子力学及其发展、宏观的牛顿力学和宇观的广义相对论，新设的渺观和胀观还没有严格的理论。没有理论就要创立理论，这就是基础科学的研究方向了。更何况随着研究的深入，还会出现渺观以下的新层次和胀观以上的新层次。所以现在基础科学研究是有方向的，不是无边无际的探索。

层次	典型尺度	过渡尺度	例	理论
?				
?				
?				
胀观	10^{40} 米 $=10^{24}$ 光年 $=10^{16}$ 亿光年			
宇观	10^{21} 米 $=10^{5}$ 光年	30×10^{6} 亿光年	银河星系 太阳系	广义相对论
宏观	10^{2} 米	3 亿公里	篮球场	牛顿力学
微观	10^{-17} 米 $=10^{-15}$ 厘米	3×10^{-5} 厘米	大分子 基本粒子	量子力学
渺观	10^{-36} 米 $=10^{-34}$ 厘米	3×10^{-25} 厘米		超弦?
?				
?				
?				

不但如此，现在微观研究差不多都是在 10^{-15} 厘米以上，还有微观世界的下半部，直到与渺观交界处的大约 3×10^{-26} 厘米处，量子力学及其发展还大

有可为。宇观的上部，直到与胀观交界处的大约3×10^6亿光年，广义相对论也还大有可为。这也都是基础科学研究的新领域。

在这里要注意的是，以上所提出的基础科学新领域直接做实验或观察都比较难。在微观世界下半部，物理实验可能要用能量超过现在已有或计划中的高能加速器，即大于几十个 TeV。在宇观世界上半部，天文观测所要的仪器也大大超过现在已有或计划中的天文观测设备。不能做实验或直接观测，怎么做理论核实呢？好在今天我们已有计算能力很大的电子计算机和电子计算机系统，而且在不久的将来这种计算设备的能力还会提高。因此理论可以通过复杂的计算，综合成为可以同实验或观察结果相核对的结果，作间接对比。这个方法，即基础科学研究用电子计算机，今天已经在试用，效果是好的。这一方向也是将来基础科学研究要注意的。

三、开放的复杂巨系统的研究与方法论

上面一节是从整体结构层次看基础科学研究的方向，那么是不是在古老的宏观层次还有基础科学研究的重大课题呢？我以为是有的。这就是系统科学涌现出来的一个大领域：开放的复杂巨系统。

一个系统是由子系统所组成的。开放是指系统与系统外部环境有交流。子系统数量少，这个系统称简单系统；子系统数量达到几十、上百，这个系统称大系统。今天的系统科学对于比较简单的小系统和大系统，是有理论方法直接来处理的。如果子系统数量极大，成万上亿、上百亿、万亿，那是巨系统了。如果巨系统中的子系统种类不太多，几种、几十种，我们称之为开放的简单巨系统，那还好办，现在也有处理的方法，这就是近 20 年来普利高津、哈肯等发展起来的耗散结构理论或协同学理论，都把统计力学发展了，他们的理论处理开放简单巨系统很成功，解决了不少重要问题。

但是如果巨系统里子系统种类太多，子系统的相互作用的花样繁多，各式各样，那这巨系统就成了开放的复杂巨系统。对开放的复杂巨系统现在还没有理论，没有从子系统相互作用出发构筑出来的统计力学理论！那么什么是开放的复杂巨系统？举例说：人体、生物体、人脑、地球环境以至社会。这

就是人体复杂巨系统、生物体复杂巨系统、人脑系统、地理系统和社会系统。社会系统尤其复杂。因为社会中的人是有意识的，他的行为不是什么简单的"条件反射"，不是有输入就有相应的输出；人接收信息后要思考，作出判断再行动，而这个过程又受各种条件影响，是变化多端的。所以社会系统可以称为开放的特殊复杂巨系统。

从开放的复杂巨系统的实例可以看到它的广泛性，它涉及医学、生物学、思维科学、地理科学以及社会科学的理论。但对复杂巨系统目前还没有理论！当然现在也有人很天真，硬要干。这又分两种情况：一是搞耗散结构、协同学一派的人，硬用处理简单巨系统的理论去处理复杂巨系统，包括一批热衷于美国所谓"系统动力学"的中国人，他们当然不成功；二是一下子上升到哲学，空谈系统的运动是由子系统所决定的，因此微观决定宏观，以至提出什么"宇宙全息统一论"[10]。他们没有看到人对子系统也不能说完全认识了，子系统内部也还有更深的、更细的子系统的子系统，以不全知去论不知，于事何补？

现在能用的、唯一处理开放的复杂巨系统（包括社会系统）的方法，是把许多人对系统的点点滴滴的经验认识，即往往是定性的认识，与复杂系统的几十、上百、几百个参数的模型，即定量的计算结合起来，通过研究主持人的反复尝试，并与实际资料数据对比，最后形成理论。在这个过程中，不但模型试算要用大型电子计算机，而且就是在人反复尝试抉择中，也要用计算机帮助判断选择。这就是所谓定性与定量相结合的处理开放的复杂巨系统的方法[11]。对社会经济问题，经过试用，结果良好。

如上所述，开放的复杂巨系统和社会系统是如此广泛的问题，而现在对它的基础理论还不清楚；但也有一个切实有效的实用方法，其特点是把存在于许多人的、对一个客观事物的零星点滴知识一次集中起来，集腋成裘，解决问题。这一项重要基础科学研究就应该从这样一种实践经验出发，认真总结提高，建立一个基础理论。这可以是系统科学的基础学科，即系统学的重要课题；同时也是科学方法论的重要发展。它是真正的综合集成，不是国外说的综合分析 meta-analysis[12]。

在前面几节中，我提出了对基础科学研究的一些看法。而我之所以能提出这些看法，是从马克思主义哲学中得到启发的。这也就是我说的马克思主义哲学是智慧的泉源[13]。所以基础科学研究应该接受马克思主义哲学的指导：基础科学研究也是一条向前不断流去的长河，是有方向的，不是不可知的。我们应该常常想着毛泽东同志的一句话："马克思列宁主义并没有结束真理，而是在实践中不断地开辟认识真理的道路。"[14]

注释

[1] 钱学森：《也谈基础性研究》，《求是》，1989 年第 5 期

[2] 见 *Science* 1989 年 4 月第 21 期，Vol. 244，第 290 页

[3] 钱学森：《关于〈实践与文化——"哲学与文化"研究提纲〉的通信》，《哲学研究》，1989 年第 4 期

[4] Gregory J. Chaitin: *Randomnss in Arithmetic*, Scientific American, 7 (1988) 52 - 57

[5] J. Barwise, S. Feferman ed: *Model Theoretic Logics*, Springer (1985)

[6] P. C. W. Davies, J. R. Brown ed: *The Ghost in the Atom*, Cambridge University Press (1986)

[7] D. Bohm: *Wholeness and rhe implicate Order*, Routledge and Kegan Paul (1980)

[8] 查汝强：《评"宇宙始于无"》，《中国社会科学》，1987 年第 3 期；何祚庥：《物质、运动、时间、空间》，《哲学研究》，1987 年第 11、12 期

[9] 吴延涪：《暴胀宇宙论中的哲学问题》，《哲学研究》，1988 年第 1 期

[10] 王存臻、严春友：《宇宙全息统一论》，山东人民出版社，1988 年

[11] 钱学森：《软科学是新兴的科学技术》，《红旗》，1986 年第 17 期

[12] "综合分析"(meta-analysis)，近年在国外有所探讨及试用；但也不成熟。方法机械，未能实现综合的真正要求。参见：L. Hedges, I. Olkin: *Statistical Methods for Meta-Analysis*, Academic press(1985); F. M. Wolf: *Meta-Analysis: Qualitative Methods for Research Social*, Sage, Beverly Hille, CA (1986); R. Rosenthal: *Metag-Analysis Procedures for Social Synthesis*, Sage, Beverly Hills, CA (1986); R. Rosenthal: *Meta-Analytic Procedures for Social Research* Sage, Beverly Hills, CA(1984); R. Light, D. Pillemer: *Summing UP: The Science of Reviewing Research*, Harvard University Press, Cambridge, MA(1984)

[13] 钱学森：《智慧与马克思主义哲学》，《哲学研究》，1987 年第 2 期

[14] 《毛泽东选集》，第一卷，第 272 页

要从整体上考虑并解决问题[*]

我认为，马克思列宁主义、毛泽东思想要求我们从整体上考虑并解决问题。下面就从这个角度讲四个问题。

第一个问题，关于科学技术是第一生产力。中共中央总书记江泽民同志 1989 年 12 月 19 日在全国科学技术奖励大会上讲了科学技术是第一生产力的问题。我想科学技术不是自然而然地就成为生产力，要有一个促使科学技术成为第一生产力的环境，或者用马克思的话说，就是社会形态，也就是我们现在常说的国内环境。现在我们的社会形态距理想实在太远了。我不是说一项一项的具体事情，一项一项的成绩是很大的，但是从整体上说，浪费太厉害了，效率太低了。这实在令人担忧。我们一定要治理整顿，深化改革，而这里最重要的是要从整体上考虑，而不是就个别的问题而言。

再有，跟这个问题有关的一件事，就是赵红州和蒋国华在《科技导报》1990 年第 1 期上提出的科学帅才。我想我们应该有 200 位左右的科技帅才。科技帅才不但要是一个方面的专家，而且要能看到现代科学技术发展的全貌，并且能够联系到经济、政治和社会来考虑问题。要解决好我下面提到的三个问题，都需要科技帅才。

第二个问题，要研究如何把人造地球卫星技术用于建立 21 世纪的社会

---

* 本文原载 1990 年 12 月 31 日《人民日报》。

摄于 1989 年

主义中国。要发挥我国卫星技术的优势，但是我觉得这个问题应该从高层次来研究，不能只靠行业的专家们来议论、咨询。行业的专家对自己这一行的知识很渊博，知道别的先进国家过去和现在的情况、经验和成就，也知道我们的差距，因此能提出怎样赶上去的措施和计划。但是，我认为这不是全局。资本主义国家的领导人，在全局的问题上也是不行的，也往往是短期行为，在关系到科学技术的重大决策问题上犯过很多错误，其原因就是没有考虑全局。我觉得在这个问题上，我们首先要考虑到 21 世纪的世界，还要看到 21 世纪中叶我们要走好社会主义初级阶段建设。第三步的问题，也要看到 21 世纪后半叶要干的事情。这样，我们才能把问题讲清楚，制订一个最有效的战略和计划。这些事情虽然可能是几十年乃至 100 年以后的事情，但是现在就要考虑了。比如说，从现在到 21 世纪中叶以后，假如我们要在世界有竞争能力的话，我认为每个中国人都应该是硕士文化水平。现在我们说的九年制义务教育是不够的。但是我觉得总结我们过去的经验，完全可以提高教育的效率。4 岁就上学，我看经过 14 年到 18 岁，就可以达到硕士水平。比如说数学，过去若干年中国科学院心理研究所刘静和大姐进行了大约上千个实验班的实验。她在小学就开始教数学，很成功，就是用新的方法。不要看不起小娃娃，小娃娃聪明得很，只要你教得对头，他们的进步是很快的。所以，4 岁上学,18 岁达到硕士水平并不是不可能的事情。当然,还要想到我们的教师队伍等问题怎么办。我想卫星技术可以帮大忙,就是利用电化教育的手段。国家教委副主任朱开轩同志是研究电化教育的。他曾经对我说:“电化教育的潜力大得很。”假设我们用先进的技术,像通信卫星应用技术,有些现在认为做不到的事情就可以做到。

关于人造卫星技术怎样为 21 世纪社会主义中国的建设服务的问题,我觉得要研究。我建议,要用社会系统工程的方法来研究这个问题。专家的意见要吸收,要很好地听,但是不能只靠专家的意见。要用从定性到定量的综合集成的方法,最后要定量,要有一个飞跃,从整体上考虑问题。这也就是我说的总体设计部的概念。这是第二个问题。

第三个问题,我觉得在有了这样的工作经验之后,我们可以研究几个大问题。比如,科学技术面向 21 世纪的问题;中国现代化的战略问题等。我举几个例子。第一个例子,就是综合开发能源、化工、冶金、建材的问题。把这几个方面联合起来综合考虑,研究这几个方面综合生产的科学技术。对这些方面的建议很多,比如,原来冶金工业部的副部长、总工程师陆达同志最近就有一个建议,认为现在用高炉炼铁再用平炉、转炉炼钢的方法效率太低了。所以提出不用焦炭,叫作熔融还原炼铁的新技术。江泽民总书记到太原去看过的,李双良创造的钢渣利用也很了不起,他联系到建筑材料等,发挥了多种效能。我们把这些看到的东西,还有许多外国已经进行的一些实验加以总结。还要站得更高一点,把能源、化工、冶金、建材综合起来统一考虑,我想这是 21 世纪的一个发展方向。

第二个例子,开发地下矿藏,现在多半是人要下矿井。从安全、效率等方面考虑,这恐怕不是最先进的方法。虽然多少世纪以来我们祖先就是这么干的,但是从今天的科学技术考虑,恐怕要另外找出更安全、效率更高的办法。有的同志也许会说,人不下去当然行了,可以让机器人下去。但是我觉得,这恐怕还不是最有效的办法。我在前年到大庆市去学习,给了我很大启发。大庆采油的科学技术是可以推广的。结合过去已经有过的、很简单的方法,像地下食盐,用打井,灌水的方法把盐提上来,这个很简单。美国人也做过地下的取硫磺矿,打井下去,用热水注下,把硫磺化了,提上来。像大庆石油这套开发技术，他们把地下的事情摸得很清楚，然后用物理、化学的方法把石油抽上来，人可以不下去。石油可以这样办，我想其他的矿产也可以这样办。苏联在20世纪50年代做了很多煤在地下气化的工作。这些都是可以考虑的。我们要研究这个技术，现在就要研究。因为刚才说的这些事情都不是一说就能做到的，还要做大量的工作，要一点点摸索，做试验。这个工作一旦做成了，就会使我们整个生产技术大为改观。

我再举一个例子，就是地理科学这个概念。这个问题实际上竺可桢这位老前辈早就提过。地理不完全是自然科学，地理是自然科学和社会科学的结合，要考虑社会建设的环境，这就是地理科学的任务。他当时说是地理学，我这里改成地理科学的任务。我们国家要建设，怎样改进生产和生活的环境，这就是地理科学的任务。我提出以后，曾经请教我国的地理学专家们，中国科学院和国家计委的地理研究所原所长黄秉维同志就很赞成。我觉得21世纪的世界，是整个集体化了的世界，所以从东亚西太平洋到欧洲大陆桥的问题恐怕就提上来了。从东亚到西欧的大陆桥是要经过我国的。我们应该考虑如何建设这个大陆桥，也就是港口、铁路等。这也是地理科学的一个问题，或者说是我们国家的地理建设的问题。

与家人在一起

第四个问题，提到理论的高度去看，就是科学方法问题。这是一个基础性问题。上面讲的这些具体要研究的科学技术问题，可以说都是非常复杂的。我们搞系统学的人，把它称为开放的复杂巨系统。这里有个特点，就是这些系统不能用近代科学都习惯于用的还原论的方法，即培根的科学研究哲学。这个方法是把一个问题进行分解，如果觉得还太大，再分解，一点一点地分解下去，直到问题获得解决。这个方法是可以解决一些问题的。对于认识客观世界的许多深层次的问题，是需要这样解决的。但是像刚才说的那些问题，那么复杂，你把它一分解，要紧的东西都跑了，没有了。现在世界各国也慢慢认识到这个问题。他们也提出所谓复杂性问题，但是我看他们的理论并不高明，因为他们没有马克思主义哲学。他们一说，就说复杂性怎样认识？结果就要人来认识，弄来弄去，就是强调人的主观作用；强调来强调去，就把不以人的意志为转移的客观存在这个物质给丢了。所以，我们现在有一些人叫实践唯物主义，但我看还是坚持辩证唯物主义为好。当然，还有另一个极端，认为复杂也可以分析嘛！用分析的方法也可以把这个系统搞出来嘛！这样认识以后，就向这个方面去努力，结果认为自己已经抓住了整个世界的复杂性，因而有所谓宇宙全息论。这是什么意思呢？是说好像已经抓住了整个世界这么一个复杂结构的道理，因此只需要推论就可以了。这也不对呀！这跟黑格尔的绝对精神一样，成了客观唯心主义了。人认识客观世界是一个无穷无尽的过程。客观世界是不以人的意志为转移的客观存在。人是要通过实践来逐步认识这个客观世界的。复杂性的问题在这一点上就特别突出，任何人通过实践得到的认识是不全面的；要尽量地把许多人的认识综合起来，把它形成一个整体的东西。这一步是毛泽东同志所说的：从感性认识提高到理性认识。但是，即便到了理性认识以后，认识过程并没有完，还要去实践，再来进一步地修改原来的认识。这是一个没完没了的过程。所以我们应该用开放的复杂巨系统的观点，用从定性到定量的综合集成方法来研究整体性的问题。刚才说的地理系统就是这样。地理系统不是现在很时髦的生态系统，比生态系统还要复杂。生态系统只讲了自然环境。其实人在里面已经影响了生态环境，已经把自然环境改造了。人要考虑的是，怎样改造自然环境，使之更适合于人类的生存。所以地理系统就是一个非常复杂的系统。社会也是非常复杂的，社会系统当然是非常复杂的系统。

在科学技术内部，也有一个非常复杂的问题：人本身就复杂得很。为什么会有人体特异功能，说不通呀！但是他有。这就不是一个简单问题，还要研究嘛！还有，最近我跟物理学家陈能宽同志研究过，现在常温核聚变或称“冷聚变”吵得一塌糊涂；对此我们也做了实验，是有的。这也是一件怪事。我说所有这些怪事，只要出现一次，出现第二次，出现几次，就一定要研究。“见怪不怪，其怪自败”，你得研究这个问题。不能因为它怪，就把它否定了，根本不去考虑它了。这些，我觉得从理论上说就是因为它复杂，它超出了我们简单的认识所能理解的范围。

所以复杂性的问题，现在要特别地重视。因为我们讲国家的建设、社会的建设，都是复杂的问题。再说人这个问题不搞清楚，医疗卫生怎么解决？所以我觉得，我们现在要重视复杂性的问题。而且我们要看到解决这些问题，科学技术就将会有一个很大很大的发展。我们要跳出从几个世纪以前开始的一些科学研究方法的局限性。我们既反对唯心主义，也反对机械唯物论。我们是辩证唯物主义者。在这方面，我们是居于优势，千万不要妄自菲薄。实际上，毛泽东思想的核心部分就是从整体上来认识问题，把握住它的要害。我想这也可以说是我们党这么多年来领导中国人民进行革命所积累的经验。也可以说，中国革命所取得的这样一个巨大的成绩确实是了不起的。我们这些经验，经过老一辈革命家的总结，集中成为毛泽东思想，这就是我们最宝贵的财富。而这样一个哲学思想恰恰正是指导我们研究复杂问题所必需的。

第三部分

系统工程的发展与实践

组织管理社会主义建设的技术
——社会工程*

加快实现四个现代化，这是一场根本改变我国经济和技术落后面貌的伟大革命。为此，我们思想上要做好准备，要扫除我们头脑中的障碍，而且要行动起来，首先要从多方面改善生产关系，改善上层建筑，使之适应生产力的发展。与此同时，我们也必须研究具体组织管理社会主义建设的科学技术，以大大提高组织管理国家建设的水平。

在去年 9 月 27 日文汇报发表了《组织管理的技术——系统工程》(以下简称《系统工程》)一文后，我们以为该文所说的还是一个工厂、一个企业、一个机构、一个单位、一个科学技术工程、一所科研单位以及一个部队的事，是“小范围”、“小系统”的系统工程，而这些小系统还受国家这个大系统的制约，大系统的组织管理没搞好，只讲小系统的系统工程，也达不到真正的好、快、省。为了探讨国家范围的组织管理技术问题，我们在此文中写点初步意见，供大家讨论，以促使这个问题的解决。

(一)

让我们先考虑这个问题的背景，看看有无建立国家范围组织管理技术的

* 本文原载 1979 年第 1 期《经济管理》。

迫切需要和现实可能。

第一是现代科学技术的作用。我们经常说，要实现四个现代化，科学技术水平的迅速提高是关键。这是因为现代科学技术已经成为直接的生产力，它能把人的劳动生产率提高到前所未有、前所不敢设想的水平。而这都是有科学依据的，不是什么幻想，因而是一定能实现的。近来我们报刊上刊登了不少国外科技人员预见今后几十年，到了 21 世纪的社会情况，都是以科学技术在今天已经做到或能够做到的为基础的，并不是以科学技术现在还不知道的东西为基础的，所以那些文章中所描述的一切，不是能不能实现的问题，而是根据社会和国家的建设目标，要不要实现的问题。如果我们制订计划要实现，并努力去做，就一定能实现。因此，这是科学的预见，而不是胡乱猜想。

再就是这种可能的发展比之于我们今天已经做到的，在广大人民生活中已经实现的，差得远不远？如果不太远，那么所引起的社会变革也可能不太大。但我们知道不是如此。例如，世界上农业生产水平先进的美国，1976 年从事农业生产的劳动力只占总人口 1.2%，而我国将近 40%，相差 30 多倍。其他方面也有类似情况。这就是说在几十年内，科学技术可能带来的社会变革将比我国过去千百年的变化还大。毛主席讲的技术革命也就是历史上重大技术改革，在 18 世纪是蒸汽机，在 19 世纪是电力，但在 20 世纪，绝不止原子能这一项。方毅副总理在全国科学大会上指出的重大新兴技术领域和带头学科是农业科学技术、能源科学技术、材料科学技术、电子计算机科学技术、激光科学技术、空间科学技术、高能物理和遗传工程。就这八项来看，除了核能技术革命以外，还孕育着计算机技术革命、激光技术革命、航天技术革命和遗传技术革命。面临这样多而又重大的变革，在我们社会主义国家不搞好长远规划怎么行呢？搞不好规划和计划协调对国家和人民所造成的损失将是灾难性的。

在前面说到要明确一个国家的目标。这在我们社会主义国家是完全能解决的。我们的社会制度就是在广泛民主的基础上进行全国的集中统一的。不但如此，我们还有人类最先进的关于社会和国家的理论，即马克思列宁主义、毛泽东思想。这就大不同于资本主义国家。在那里，第一，不能形成统一的国家目标，最多只有资本集团策划的短暂交易；第二，由于他们不可能懂得长期人类社会发展的规律，他们对社会活动的规律只能做到表面的、唯象的分析，而无法作深入本质的分析，达到客观的正确的结论。所以资本家们只会、也只能为他们自己的明天作些打算，不愿、也不能为他们的社会和国家提出真正好的主意。只有我们才有长远规划的理论基础，才能真正搞社会和国家规模的长远规划并付诸实施。

有了长远规划的必要和理论基础，能不能真正去做呢？这个问题在《系统工程》一文已有线索可寻，答案是肯定的。我们有运筹学、控制论和电子计算机这些工具，又有各个领域系统工程的实践，就为解决更大的任务，组织管理社会主义建设，制订社会和国家规模的长远规划以及社会和国家规模的协调、平衡，创造了条件。需要的只是进一步发展这些工具。

不但如此，我们的兄弟社会主义国家如罗马尼亚和南斯拉夫已经在这方面进行了一些工作，而且已经取得成效，我们可以向他们学习，吸取他们的先进经验。

再有就是，多年来资本主义国家也做了一些有关的工作，我们可以去粗取精、去伪存真、利用其一部分合乎科学的东西。例如，他们对未来学和未来研究[1]的工作就值得注意，其中一些素材是可用的。再如他们有些人对科学学进行了研究，即把现代科学技术作为一个方面的社会活动来研究，寻找它的规律，组织方法等。由于科学技术对现代社会的重要性，科学学也可为我所用。此外，一些有关研究单位，如国际应用系统分析研究所（IIASA[2]）等，他们的工作也值得参考。

（二）

搞组织管理社会主义建设的前提是社会和国家的目标，也就是建设社会主义的要求，这是党和国家所规定的一个历史时期的方针和任务，是由党的代表大会和全国人民代表大会及其常设机关决定的。有了目标，还得有更具体的政策、组织原则和法规。这也是由党和国家领导机构集中广大群众的意见来决定的。在这个基础上，我们来考虑组织管理社会主义建设，掌握并运用社会科学，特别是经济学的规律和自然科学技术，一是设计出一个好、快、省的全国长远规划，提供给党和国家领导审查；二是在执行中不断地根据实际情况，在不断出现的不平衡中，积极组织新的相对的平衡；三是总结实践经验，向党和国家领导提出改善生产关系和上层建筑的建议；四是根据计划执行情况和政治以及科学技术的新发展，提出调整计划的意见。这就是我们的任务。

摄于1980年代

我们可以把完成上述组织管理社会主义建设的技术叫作社会工程[3]。它是系统工程范畴的技术，但是范围和复杂程度是一般系统工程所没有的。这不只是大系统，而是“巨系统”，是包括整个社会的系统。

总的来说，社会工程是从系统工程发展起来的，所以在《系统工程》一文中讲的内容和工具以及理论基础也都对社会工程适用。但社会工程的对象既然是整个社会、整个国家，社会科学对社会工程就更加重要，更要依靠政治经济学、部门经济学、专门经济学和技术经济学。社会工程工作者也要很好掌握现代科学发展的规律，促使其高速度发展来创造强大的推动力。

社会工程的一个重要工具是情报，没有准确及时的情报，包括社会生产、人民生活、生产技术和科学发展等各方面，那就没有进行社会工程工作的依据。在现行统计、会计、业务核算的基础上，建立这样一个情报网和情报资料数据库，即一个自动化、计算机化的网和库，是一项工程浩大的项目，而且还要联系到国家和国际通信网的建设。

搞社会工程还需要大大发展它的工具理论，即运筹学和控制论，把它们向巨系统方向推进。巨系统的特点有两个：一是系统的组成是分层次、分区域的，即在一个小局部可以直接制约、协调；在此基础上再到几个小局部形成的上一层相互制约、协调；再在上还有更大的层次组织。这叫作多级结构。另一个特点是系统大了，作用就不可能是瞬时一次的，而要分成多阶段来考虑。因此在长远规划中只用一般规划理论就不行了。要发展动态规划。现在无论在运筹学还是在控制论这两方面的工作都很不够，还有很多研究工作要做。当然为了社会工程的需要，也要相应地解决有关的数学理论问题。

社会工程还需要运算能力很大的计算机。除了巨型计算机站外，还要利用国家的电子计算机网。

（三）

比起旧中国，我们应该说建国以来的 29 年建设，成绩很大。但是，我们的经济还没有做到持久地高速度地发展。特别是由于林彪、“四人帮”的严重干扰破坏，国民经济长期停滞不前，加上我们底子差，按劳动生产率和人口平均收入计算，我国至今仍然是世界上贫穷落后的国家之一。从这样一个出发点，我们设想用大约 30 年时间，到了 21 世纪初，要建成一个什么样的、较高程度的现代化的社会主义强国呢？那时我国人口大约是 10 亿多，因此就业人数将从现在的近 4 亿增加到 5 亿。但是 5 亿就业人数之中的内在分配却要起一个非常大的变化。按世界先进水平来估计，将来直接从事物质生产的劳动力只会占就业人数的 1/4，即 1.25 亿。可是由于生产的高度机械化和自动化，劳动生产率却比现在高得多。如果平均劳动生产率是每人每年 16 万元（人民币），那么工农业总产值就将是 20 万亿元；如果平均劳动生产率是每人每年 20 万元，工农业总产值就将是 25 万亿元。这比起现在是几十倍的增长。按 10 亿人口计，工农业产值每人平均将分别达到 2 万元和 2.5 万元。我们将不再是贫穷落后的国家了。

5 亿就业人数中才四分之一直接搞生产，那四分之三干什么？这可以从几个方面来看。首先要考虑在这样现代化的国家就业，没有高度的科学文化水平是不能胜任的；工人也得有大学文化水平。所以大学教育得全国普及。5亿就业人口要求每年补充大学和其他高等院校毕业生约1 250万人。这就要求全国要办大约1万所大学和高等院校，每个县至少有一所高等院校。全国大学和高等院校的教职员工就将达1千万人以上。加上中学、小学以及幼儿园的教职员工，全部教育工作者将在5千万人以上。

其次，我们应该看到我国在21世纪的社会不可能再因循千百年来一家一户的生活方式，生活也要集体化、社会化。为10亿人口的生活服务，管好吃饭、穿衣、住房、行路、医疗卫生以及水、电、邮递等公用事业，大概也得1亿人。

以上三个方面合计共2.75亿，5亿就业人数还余下2.25亿，这就是自然科学技术和社会科学研究人员以及组织管理和国家机构的人员，这三类要占去2.25亿中的绝大部分。余下的2～3千万是文化、文艺工作者。

这不是一个非常大的变化吗？

我国社会工程的工作者面临的长远规划任务就是以党和国家规定的方针政策为依据，设计出一个宏伟的方案，怎样发挥社会主义制度的优越性，和利用科学技术的最新成就，从目前的国家情况转化到上面大致勾画的21世纪初年的情景，一步一步走的方案。要做这项工作必须搞好确切的情报资料，这在前面已经讲过。在这里我们再具体化一点。要什么情报资料？这要包括各种生产组织经营的典型，生产技术的各种典型以及技术革新、技术改造的典型，群众的建议和来访来信，专业干部的建议，国内国外科学技术情报、经济情报和组织管理技术情报和国际贸易情报等。情报资料库就要把这种复杂、浩瀚的资料组织存贮好，以便随时检索取出利用。

有了情报资料还得加以分析。第一是要分析出一个我国社会主义经济的综合计算模型，也就是每一种产品、每一项活动和其他千百万产品和活动的关系，而且要定量的关系。这是为了上电子计算机运算；第二个分析是要从大量的典型和建议中得出改进我国每一项生产和其他社会活动的措施，列出清单，并明确其投资和效果，如提高劳动生产率多少，降低成本多少等。

这些都是准备工作，是社会工程的一部分，但还不是社会工程的主体部分。主体部分是把综合计算模型和改进措施结合起来，在电子计算机上算出一年一年整个社会和国家的经济和其他方面发展的情况。我们常说社会科学不同于自然科学，是不能做试验的。而在这里我们是在电子计算机上做社会主义建设的“试验”，不是真的拿社会和国家做试验，而是在计算机上模拟试验。如果我们的综合计算模型和改进措施的数据是基本准确的，那么模拟试验的结果也是可信的。因此所用的综合计算模型要力求准确，我们可以用各种方法来检验它。例如可以用它来“往回算”。算前一年、前两年、前三年的情况，看与实际统计资料是否相符。既然综合计算模型包括千百万项产品和活动，这种模拟试验只是在有了运算速度和运算能力极大的电子计算机之后，才有可能；因为下一年的情况要很快（比如用几小时）就得到，才有用处，如果是算一年多或更长时间，才算出来，那这件事就失去意义。不但是算一次，我们还可以变换准备采用的改进措施，再在电子计算机算一次，看看结果比前一个方案好还是差，包括各种方案的 30 年长远规划也许算上六个月就都出来了，那我们可以从中选取一个或几个能使我国国民经济持久地高速度发展的最优方案，供党和国家的最高领导抉择。

自然我们分析得出的综合计算模型和改进措施的数据不可能百分之百的准确，而且事物也总是不断发展的，模型要变，数据也会变。还会有各种创新，有新产品、新设备出现。科学也会有新的发现，从而开拓前所未有的途径。这都是我们制订长远规划时未认识到的情况。这就要求我们在执行中对规划作新的调整。甚至在年度计划的执行中，逐月逐日都会出现不平衡，要求社会工程工作者能及时采取措施，以达到新的平衡。这种调整工作也是用电子计算机做的，先用电子计算机做模拟试验，得出结果，再定措施。

我们说的改进措施包含生产关系的和上层建筑的改善，使之更适应于生产力和经济基础，所以用电子计算机做模拟试验，还可以导致社会工程工作者提出关于调整生产关系和上层建筑的建议。

（四）

因为社会工程毕竟深深依靠社会科学，社会工程专业人员（他们的组成参见注释[2]）的培养似可放在综合性社会科学高等院校，像中国人民大学。

那里可以设置一个系。此外社会工程还要吸收大量系统工程专业人员参加，他们的培养已在《系统工程》一文中讲到，不在这里重复了。

当然，社会工程是综合了近100多年来马克思主义的社会科学发展成果，综合了近半个世纪自然科学技术发展成果，并吸取了20多年电子计算机发展成果才成立的。

以前，资产阶级科学家也好心地想建立这门技术：1845年著名物理学和数学家安培提议建立国家管理学，到20世纪1954年美国数学家维纳也倡议搞国家规模的控制论。现在更有许多人在搞未来学和未来研究。但如果不以科学共产主义理论和马克思列宁主义、毛泽东思想理论为基础，又能取得什么样的结果呢？让我们社会科学工作者、自然科学工作者和工程技术人员携起手来，共同努力，吸取一切可以利用的东西，勇于创造，来完成这项光荣而艰巨的任务。我们要时刻想到恩格斯所讲的一段话：千百万无产者为之奋斗的理想，是建立这样一个社会："社会生产内部的无政府状态将为有计划的自觉的组织所代替"，"人们自己的社会行动的规律，这些直到现在都如同异己的、统治着人们的自然规律一样而与人们相对立的规律，那时就将被人们熟练地运用起来，因而将服从他们的统治。人们自己的社会结合一直是作为自然界和历史强加于他们的东西而同他们相对立的，现在则变成他们自己的自由行动了。一直统治着历史的客观的异己力量，现在处于人们自己的控制之下了。只是从这时起，人们才完全自觉地自己创造自己的历史；只是从这时起，由人们使之起作用的社会原因才在主要的方面和日益增长的程度上达到他们所预期的结果。这是人类从必然王国进入自由王国的飞跃。"[4]我们搞社会工程正是向这个方向前进！

注释

[1] 沈恒炎：《一门新兴的综合性学科——未来学和未来研究》，《光明日报》，1978年7月21日、22日、23日，三版

[2] International Institute for Applied Systems Analysis 是一个以美、苏为主，有捷克斯洛伐克、联邦德国、民主德国、波兰、加拿大、法国、日本、保加利亚、英国、意大利、奥地利、匈牙

利、瑞典、芬兰和荷兰(到 1977 年底的情况)参加的国际学术性研究所,研究国家、国际和地区性未来发展问题。所址在维也纳郊区 Laxenburg。在 1977 年有研究人员 146 人,其中有:系统分析员 13 人,工程师 15 人,自然科学家 14 人,数学家 16 人,计算机科学家 15 人,运筹学 11 人,经济学家 31 人,其他社会科学家 12 人,环境生态专家 14 人,生物和医学家 5 人

[3] 在资本主义国家有人使用过"社会工程学"一词,想通过局部的改良来巩固资本主义制度,这同我们这里所讲的社会工程根本不一样

[4] 《反杜林论》,《马克思恩格斯选集》,第 3 卷,第 323 页

(本文第二作者为乌家培)

用科学方法绘制国民经济现代化的蓝图*

（一）社会工程的对象和任务

我国进行四个现代化建设，应当运用现代化的科学方法。社会工程就是组织和管理社会主义建设的技术，是当代经济工作的一种新的科学方法。社会工程的对象不是一个工厂、一个企业、一个机构，不是指“小范围”、“小系统”这些微观经济运动，而是整个社会，整个国家范围的经济，即宏观经济运动。社会工程的任务是：

（1）设计出一个好、快、省的全国长远规划和短期计划，提供党和国家领导审查；

（2）在规划执行中根据实际情况，在不断出现的不平衡中，积极组织新的相对的平衡；

（3）根据计划执行情况和政治、经济、科学技术的新发展，提出调整计划的意见；

（4）总结实践经验，向党和国家领导提出改善生产关系、上层建筑和各种制度的建议。

总之，社会工程的任务在当前就是为我国实现四个现代化，用科学的方

---

* 原载国家计委经济研究所 1980 年 6 月第 11 期《计划经济研究》，由薛吉涛、齐琦整理。

法设计社会主义建设的蓝图。

(二) 社会工程是从系统工程发展起来的,是社会系统工程

什么是系统？系统的概念,在国外有些人把它说得很神奇,好像是 20 世纪 40 年代以后才出现的一个概念。辩证唯物主义认为,客观世界都是系统。一个企业是一个系统,一个部门如工业、农业也是一个系统,一个新产品、一个电力网等也是一种系统。辩证唯物主义所阐明的物质世界的普遍联系及其整体思想,也就是系统思想。系统,即由相互依赖的若干组成部分结合成的具有特定功能的有机整体,而且这个系统本身又是它所从属的一个更大系统的组成部分。工程,就是实干,就是用我们掌握了的客观规律去改造客观世界。系统工程是组织管理“系统”的规划、研究、设计、制造、试验和使用的科学方法,是一种对所有“系统”都具有普遍意义的科学方法。不论是复杂工程,还是大企业以及国家的各部门,都可以看作一个体系。如国家机关的行政办公叫行政系统工程,科学技术研究工作的组织管理叫科学研究系统工程,一种新产品的总体设计叫工程系统工程,打仗的组织指挥叫军事系统工程等。系统工程在办事过程中要运用运筹学,运筹学是系统工程的理论、数学方法。此外,还要运用“系统”自身的学科,如企业的系统工程要运用生产力经济学,农业的系统工程要运用有关农业的科学技术和农事学。所以,运筹学和系统自身的规律性学问,是系统工程的两个理论基础。

系统工程的产生不是偶然的。正如列宁所说,管理的艺术并不是人们生来就有,而是从经验中得来的。系统工程来源于千百年来人们的生产实践,是点滴经验的总结,是逐步形成的。特别是 20 世纪以来,现代科学技术活动的规模有了很大扩展,工程技术装置的复杂程度不断提高。例如,美国“阿波罗载人登月计划”,参加的人有 42 万,要指挥规模如此巨大的社会劳动,靠一个总工程师或总设计师是不可能的。现代化建设的复杂性,迫切需要用最短的时间,最少的人力、物力和投资,最有效地利用最新科学技术成就,来完成大型的科研、建设任务。完成这样的任务,绝不能靠主观“拍脑瓜”,“拍脑瓜”

既不可能又太危险，一定要科学地、定量地来处理。而且这样的任务，必然有非常大而又很复杂的计算工作量。电子计算机的出现，把客观需要变成了可能，使系统工程既有了理论又有了工具。系统工程需要有强有力的运算手段，没有电子计算机，搞系统工程就是一句空话。

在我们这样的社会主义国家，把系统工程运用到整个社会主义建设，就是社会系统工程，简称社会工程。它是系统工程范畴的技术，但不只是大系统，而可以称作是“巨系统”，是包括整个社会的宏观经济系统，它不是一个均匀的组织，而是分成内部关系比较紧密的、相对独立的部门，也有隶属分层的结构，所以是一个复杂而又高级的系统。社会工程也因此是比较艰深的一门系统工程，它要用科学方法改造客观世界，组织、计划、规划、管理整个社会主义建设。它综合了100多年来马克思主义社会科学发展的成果，综合了近半个世纪自然科学技术发展的成果，并吸取了近20多年电子计算机发展成果才成立的。社会工程除了需要它的工具理论，即运筹学和控制论以外，更需要依靠社会学、政治经济学、部门经济学和技术经济学等，以及一些有关的新学科，如科学学、未来学。另外，准确及时的情报，大运算能力的计算机是社会工程必不可少的依据和工具。搞社会工程不容易，是真的，但现代科学技术也为社会工程提供了必要的基础，完全可以搞起来。

（三）社会工程的准备工作和主体部分

我国社会工程工作者面临的长远规划任务是，根据党和国家规定的方针政策，利用科学技术的最新成就，设计出一个包括工业、农业、交通运输、通讯、能源、教育、科学技术、文化、人口、国防以及人民生活的宏伟方案，发挥社会主义制度的优越性。要完成这项艰巨任务，先要经过准备工作。

准备工作中，首先要获取确切的情报资料。准确及时的情报资料是社会工程的重要依据，并且直接关系着规划方案的科学性。社会生产、人民生活、生产技术、科学发展等各方面情报，必须力求准确。要建立一个情报资料库，以便随时检索取出利用。同时，统计和通讯工作必须跟上。我国当前的统计工作很不完备，通讯工作也很落后，这种状况不能再继续下去了。没有科学

摄于 1974 年

的统计和现代化的通讯工具，不可能求得准确及时的情报。这方面的建设任务十分繁重，而且需要一定的投资，也可以说是准备工作中的物质建设。

准备工作的另一个方面是资料的分析。第一，要分析出一个我国社会主义经济的综合计算模型，也就是每一种产品，每一项经济活动和其他千百万产品和活动的定量关系；第二，从大量典型和建议中得出改进每一项生产和其他社会活动措施，明确其投资和经济效果。改进措施也包含生产关系和上层建筑的改善。用现代科学技术的习惯术语，这一方面的工作就叫作为宏观经济建立正确的数学模型，它是一个理论问题，要用控制论的成果。例如在微观经济方面为了充分调动劳动者的主观能动性，而扩大企业的自主权，那在宏观经济方面会不会失去控制？这实际上是控制论中的能控性问题，是可以有理论的。而与这个问题有关的能观测性理论会告诉我们要获取什么样的经济统计数据才能恰当地掌握国家的经济情况。所以准备工作的这一方面是理论建设。

准备工作的又一个方面是思想建设，也就是要宣传社会工程的意义，把人们从习惯但陈旧的思想方法中解放出来，认识到使用新的科学方法的必要性和迫切性。这项工作也颇不容易，不可低估它的艰巨性。

社会工程的主体部分是把综合计算模型和改进措施结合起来，在电子计算机上算出一年一年整个社会的经济和其他方面发展情况。这是在电子计算机上进行社会主义建设的模拟试验。只要综合计算模型和改进措施的数据是基本准确,那么模拟试验的结果也是可信的。还可以变换准备采用的改进措施,算出多种规划方案,以便从中选出一个或几个使国民经济持久地、稳定地高速度发展的最优方案。由于统计数据会有误差,计算模型也可能不太准确,计算的各种数据也不可能是百分之百的准确;同时事物在不断发展变化,政治、经济的各种因素在不断变化,也经常出现新的科学成就;所以在规划执行中,还必须通过计算机进行调整,以求得新的平衡。按照这样程序制订的最优方案,可以更好地把国家、集体、个人的利益结合起来,把长远利益和眼前利益结合起来,也可以避免没有科学根据,用“拍脑瓜”定指标的办法制订经济计划所带来的危害。

(四)关于社会科学工作者与自然科学工作者、工程技术人员的结合,国民经济的总体设计部

自然科学工作者和工程技术工作者进入社会科学领域,和社会科学工作者一道共同解决国民经济中的一些重大问题,是当代经济工作发展的新趋向。例如,有一个联合国支持的,在奥地利维也纳附近的国际应用系统分析研究所(“IIASA”这个名字显出国外有关系统工程名称的混乱,系统分析本身就是应用科学,还冠以“应用”干什么!),是以美、苏为主,有 17 个国家参加的国际学术性研究所,研究国家、国际和地区性未来发展问题。在 146 名研究人员当中,除了自然科学家、工程技术专家以外,有经济学家 31 人,其他社会科学家 12 人,环境生态专家 14 人(1977 年年底的情况)。

从以上这个研究机构的组成可以看出,我们搞社会工程,不能只靠工程技术人员,而是要我们的社会科学工作者和自然科学工作者、工程技术人员携起手来,共同发展和从事这项工作,共同为现代化事业做出贡献。这也说明不能把社会科学排除在现代科学技术这个概念之外。社会科学同自然科学、工程技术一样,是科学技术的一个不可缺少的组成部分。马克思主义哲学,就是社会科学和自然科学的高度概括。社会科学家、自然科学家、工程技

术专家要结合起来，互学所长，互补所短，开展大协作，建立和开展系统工程的各方面工作，创立和发展系统工程的各方面理论。要造就一大批系统工程师、系统设计师、社会工程师、社会设计师。现在，有的大专院校已经设置了系统工程系科和研究所，中国科学院最近成立了系统科学研究所，人的培养工作已经初步开始，要认真搞下去。今后，有必要调整对社会科学人才的教育工作。社会科学工作者应该具备一定的自然科学和工程技术知识，以便在他们的工作中更好地运用现代科学技术的新成果。

在经济建设中运用社会工程，必须有运用它的机构，必须成立国民经济总体设计部。国家计委可以把经济研究所扩大成这样的部门，这是比较适当的。最近，已经有少数同志用系统工程的方法研究和计算社会经济问题。如七机部宋健等同志研究和计算了我国人口问题，深受从事人口工作同志的欢迎。国家计委也有人用系统工程方法研究国民经济问题。这是一个良好的开端，也说明系统工程方法是有用的。现在需要把力量组织起来，让社会工程在社会主义建设中起更大的作用。

我国是社会主义国家，社会主义制度的优越性使我们能够有计划、按比例发展国民经济。为实现我们共同的远大目标——国民经济现代化，有必要，而且经过一定努力，也有可能比资本主义国家更好地运用现代化方法——社会工程的方法，解决国民经济中的一些重大问题，使我们的经济工作能够更好地按照经济规律办事，按照自然规律办事。这本身就是社会主义建设中一个重大项目；重大，因为它不是一件容易办的事；重大，更因为它能大大提高我国社会主义建设的经济效果，在长期计划中，搞好搞坏，差额不是十几亿、几十亿，而是几百亿、几千亿元。我们应该不畏艰难险阻，而为发展社会工程做出努力。

从社会科学到社会技术*

第五届全国人民代表大会第三次会议是一次非常重要的会议，会议对我国国家领导体制的改革迈出了重要的一步，这将对我国社会主义制度和实现四个现代化产生深远的影响。现在我们认识到这样一个事实：我们创立社会主义的新中国虽然已经30年，除了头几年恢复和过渡时期外，我们经历的是一条曲折的道路，有成功的经验，但也有不少失败的教训，回过头来看，我们毕竟对在中国这样一个人口众多、生产十分落后、又有两千年封建传统的国家，如何建设社会主义，还没有一套完整的理论和办法。搞了30年，最后要承认这一事实，是使人难堪的。但是终于认识了这一事实，也就是一大进步，它又使人鼓舞。

本文想就有关的学术问题说点个人意见，以求教于我国科学技术工作者，请大家来讨论，批评指正。

（一）

如何建设社会主义，如何建立社会主义国家中党和国家的领导体制，当然必须对我们的社会有一个正确的理论，用理论来指导实践。这是个什么理论呢？是什么学问呢？这当然是马克思主义社会科学，也就是用马克思列宁

---

* 本文原载1980年9月29日《文汇报》。

主义、毛泽东思想的立场、观点和方法来研究我们社会的科学；或说在马克思主义哲学指导下，研究我们社会活动的科学。不幸的是，我国没有把社会科学的研究放到应有的位置上来。建国以来我们培养了700～800万大、专毕业生，但他们中的绝大多数是理、工科的。也就是自然科学和工程技术方面的，社会科学方面的是少数。

不但研究社会科学的人数少，而且在30年的时间里，除了最近粉碎“四人帮”后的这几年以外，社会科学工作者常常在“左”的压力下工作。人们说，那时自然科学工作中犯点学术错误只是个工作错误，而社会科学工作中犯点错误就是政治错误，影响一辈子！在这种气氛下，要社会科学工作者解放思想、大胆探索，又怎么可能呢？谁还敢吸取资本主义社会研究中的可以利用的东西？无非闭关自守，抱住几本死书不放，背诵“经”文。至于在林彪、“四人帮”横行的日子里，那昏暗的岁月，更不用说了。这样，我国的社会科学又怎么能发展前进呢？又怎么能研究我国实际问题，为建设我国社会主义的实践提供理论性指导呢？当然，现在情况大变，我国社会科学家是思想解放的，敢于探索的。但这只能说是在党的十一届三中全会以后，才两年时间，时间还短。

在另一方面，我也不赞成一味地“吸取”外国的东西，跟着外国人跑，或“恢复”一些本来在旧中国使用过的不妥当的字眼。现在有没有人在赶时髦？我看好像有！我举一件小事：现在有人从外国“引进”了“人文科学”这个词，说在我国也要培养人文科学的人才等。我认为人文科学这个词是陈旧的。因为马克思主义哲学认为人的知识来源于社会实践，而知识或学问可以分为两大门类，一类是对自然界的知识，一类是对社会的知识。而这后一类包括了一切社会活动；历史只不过是对过去社会活动的知识，文学作为学问，也只是对社会文艺活动规律的学问。所以国外称为人文科学的实际不过是马克思主义社会科学的一部分。没有必要引进这个词。

从以上的论点来看，我们研究社会科学的目的是为建设我国社会主义提供理论依据。所以研究对象必须侧重于中国社会历史的和当前的中国社会；国外的社会现象也要研究，为了帮助我们更深刻地理解我国目前的社会问题。换句话说，我们搞社会科学是为了改造我们的社会，使它更符合人民的需要和愿望，能更加为人民谋利益。因此，从这个立场和观点，研究社会科学的目的与研究自然科学和技术的目的没有不同，社会科学同样是提高人民物质生活和精神生活水平的工具，而且是不可缺少的工具。那为什么不能说社会科学是生产力呢？如果说科学技术是生产力，这里说的科学技术要包括社会科学。

与基地食堂炊事员在一起(1974 年)

那么科学技术现代化包括不包括社会科学现代化？社会科学需要不需要现代化？从我一开头讲的和上面讲的，我以为社会科学现代化也是我国的一项迫切任务。马克思、恩格斯这两位导师都没有见到社会主义国家；列宁领导创立了苏联，有许多建立社会主义国家的具体论述，但可惜经历不长；毛主席领导全党全国人民经过艰苦的斗争创立了社会主义中国，但由于没有现成的经验可借鉴，到底没有留给我们一套建设社会主义的完整的理论。伟大的导师们留给我们的是一个今后发展科学的社会科学的理论基础，一些社会科学这所大厦的部分构筑和构件，新时代的社会科学要我们来发展。因此，当然要把我国社会科学现代化作为我国实现四个现代化总任务中的一项十分重大的工作。

(二)

社会科学现代化的内容到底是些什么呢？我感到既然目的是为了中国的社会主义建设，谈社会科学现代化要从我国的四个现代化说起。我们可以先考虑经济建设。

为了搞好经济建设，我们要首先明确什么叫社会主义。这是因为社会主义这一概念被林彪、江青这些家伙搞得混乱极了。他们把我国搞社会主义建设斥为“修正主义”，又把他们的封建法西斯主义叫做社会主义。要澄清这个问题就必须研究并发展政治经济学，特别要研究在我们这样一个生产十分落后，农村人口占人口总数约80%的国家，如何高速度地发展生产力，而又巩固和发扬社会主义制度的优越性，例如，我们要研究在什么范围内允许个体经济作为一个集体经济和国家所有制经济的辅助手段而发展？能不能允许个人长途贩卖？这就要求政治经济学不但在重大原则问题上作出解答，而且在具体实际问题上提供答案。

为了搞好经济建设，必须按经济活动本身的规律、需要、作用管理经济，这就要深入研究一系列经济科学，如技术经济学和于光远同志提倡的生产力经济学[1]。而要充分发扬我们国家资源、人力的优势，避开我们的短处，我们又必须开展又一门于光远同志倡导的经济学分支：国土经济学[2]。

科学技术现代化是四个现代化的关键，而发展我国科学技术（包括社会科学）就要求我们掌握现代科学技术作为一个方面的社会活动的规律。研究这些规律的是一门新兴的社会科学，叫作科学学[3]。科学学又包括三个分支：研究现代科学学科体系结构的科学技术体系学，研究现代科学人力、物力组织的科学能力学和研究现代科学技术与国民经济建设和国防建设关系的政治科学学。

此外，人口问题是目前全国人民普遍关心的问题，人口规划必须列入长远规划。长期以来，作为一门社会科学的人口学没有受到重视。直到最近才有一些科学家如宋健等同志用数学方法进行人口预测的精密计算[4]。这就是人口学现代化的一项努力。

从社会主义建设的整体来看，所需要发展的社会科学部门还很多，远不止上面谈到的几个学科。但即使学科都发展了，都有了实际的成果，也还要具体应用到国民经济的长远规划上来，才能对建设社会主义起到实际效用。这是一门综合性的学问，长远规划的学问。乌家培同志和我认为这是一门直接改造客观世界的学问，因而是一门工程技术，一门系统工程，或说是一门改造社会这个大系统的系统工程。我们称之为社会工程[5]。社会工程要用所有上面说到的和没有直接说到的社会科学,也要用系统工程的理论,运筹学,更必须靠大型电子计算机来进行具体的规划计算。没有大型电子计算机是不行的,因为这是一个包括工业、农业、交通运输、通讯、能源、教育、人才、科学技术、文化、人口、人民生活和国防建设的总体方案。

要实现社会工程这一设想还要做好下列三个方面的准备工作。一是要获取确切的情报资料,这是社会工程的重要依据,并且直接关系着规划方案的科学性。社会生产、人民生活、生产技术、科学发展等各方面的情报,必须力求准确及时。要建立一个情报资料库,以便随时检索取用。同时,统计和通讯工作必须跟上。我国当前的统计工作很不健全,通讯工作也很落后,这种状况不能再继续下去了。这方面的建设任务十分繁重,而且需要一定的投资,所以这一准备工作也可以说是准备工作中的物质建设。二是要对经济活动的材料进行分析。第一,要分析出一个我国社会主义经济的综合计算模型,也就是每一种产品,每一项经济活动和其他千百万产品和活动的定量关系;第二,从大量实践典型和群众、专家的建议中得出改进每一项生产和其他社会活动的措施,明确其经济效果。改进措施也包含生产关系和上层建筑的改善。这一方面的工作是为宏观经济建立正确的数学模型,它是一个理论问题,要用控制论的成果。例如在微观经济方面,即一个企业单位的经济方面,为了充分调动劳动者的积极性,而扩大企业的自主权,那在宏观经济方面会不会失去控制?这实际上是控制论中能控性问题,是有理论的。而与这个问题有关的能观测性理论,又告诉我们要获取什么样的经济统计数据才能恰当地掌握国家经济的情况。所以准备工作的这一方面是理论建设;第三是准备工作中的思想建设,也就是宣传社会工程的意义,把人们从习惯的但又陈旧的思想方法中解放出来,认识到使用新的方法的必要性和迫切性。这项工作也颇不容易,不可低估它的艰巨性。

以上,我们通过社会工程这个例子,可以看到要实现社会科学现代化,并把现代化的马克思主义社会科学用于改造客观世界,其实际规模和工作量决不下于现代工程技术,如大型水利工程或发射人造卫星的航天技术。社会科学要走出研究室到实践第一线,投入到改造社会的战斗中去。社会科学家要和组织管理专业人员一起，要和自然科学家和工程技术人员协作，搞大规模的工程。这就不只是研究科学了，而是一门技术，可以称为“社会技术”。所以社会科学现代化包括社会科学走向社会技术，要实现从科学到技术的这一重大发展。

（三）

社会技术决不只有社会工程这门系统工程，还有许多对建设社会主义非常重要的其他方面。

我以前曾经认为环境保护为一项系统工程，叫作环境系统工程[6]。我当时只认识到这是一项既有自然科学又有社会科学的工程技术，因为它要涉及植物、动物、物理、化学以及气象学、海洋学，也要引用经济学，但我是偏重于自然科学的。现在看来，这样认识环境保护不完全合乎实际。我国早已成立了国务院的环境保护办公室，不可谓国家不重视；而且去年全国人大常委会还制定颁布了环境保护法，也有法可依了。但现在环境污染仍然没有得到治理，而且还在发展。其中道理可能在于忽视了环境保护工作中的经济因素和社会因素。所以我以前的认识要修正：应该把环境保护作为一项社会技术来看，环境保护是一门改造社会的系统工程。

我以前也提出教育工作，一所高等院校或一个城市的小学、中学的组织管理和运行，是教育系统工程。我仍然认为这是可以的。但现在以为，这样考虑问题还太窄，从国家的角度来看，从社会的角度来看，教育不只是学校教育，更不只是小学、中学、中技校、大学的教育，还有短训班，还有通过广播、电视、科学知识普及、展览馆、博物馆的社会教育。而且智力开发也不能只说培养，还有结合培养人才的提拔人才，教育和选拔相结合，才真正是出人才的好途径。在我们国家，现在教育和选拔是分开管的：一个是国务院教育部管学校，一个是广播事业局管广播和电视，一个是中国科协管科学普及，这都分管教育；另一方面是国务院科技干部局管选拔使用。这个情况应该改变，要统一成为全国智力开发的机构，推进智力开发这一改进我们社会的重要工作。智力开发也是社会技术。

在说到发展系统工程的时候，我曾提出搞行政系统工程[7]。现在可以认为这是与改进我国党和国家领导制度密切相关的又一项社会技术。要克服官僚主义改进政府工作，就要用行政立法来明确建立各个行政机构和各机构内各单位各个人的职责制度，这将是一项庞大的工程，一是不但国务院和各级人民政府要建立这样的制度，而且全国人民代表大会和各级人民代表大会以及各级法院、检察院也要建立这样的制度；二是这样的政体又必须在党的领导下有效工作。这样一个复杂体系要既严密又灵活，能有效地适应社会的不断发展。另外，整个国家机构又必须充分使用专业科学技术人员，才能对各种重大问题进行反复调查、测算、研究、论证、争辩、对比，然后领导再讨论决定。为此就要认真考虑在国家和各级机构中设置研究性单位，由专业专职人员和专业咨询人员组成，作为领导的参谋。将来行政性机关要精简，但要设置行政研究的单位，也是干部知识化、专业化的一项重要措施。

当前又一项国家建设工作是在进一步发展社会主义民主的同时，健全社会主义法制。我们建国以后的 17 年，国家制定的法律、法令和行政法规，据大略的统计，有 1 500 多件。其中许多法规现在仍然是适用的或者基本适用的。五届全国人大二次会议以来，我们又颁布了地方各级人民代表大会和地方各级人民政府组织法、全国人民代表大会和地方各级人民代表大会选举法、人民法院组织法、人民检察院组织法、刑法、刑事诉讼法、国籍法、婚姻法等十几个法令。这样看来，将来社会主义法制健全了，全部法律、法令和法规恐不下万件。我们的法制要健全，那就是说不能有漏洞，有矛盾，而且要能适应国际法规。要在包括上万件法的庞大体系中做到这一点是一项不简单的事。我想可能要引用现代科学技术中的数理逻辑和计算技术。而这还不是全部社会主义法治的工作，因为上面说的还只是健全法制，还有执法的侦察、检举、审判以及拘留、律师制度，全部才构成法治。建设全部社会主义法治的工作也是改造我们社会的极为重大的任务，我以前称之为法治系统工程。其实这也是一门社会技术。

（四）

以上两节中提到的社会技术还是就以前讨论过的几门系统工程而言的，

我认为社会技术这一概念还可以发展，还可以设想其他方面。

在社会主义建设中的一项非常重要工作是对广大群众和干部做政治思想工作。这是因为我们并不生存于真空中，我们的群众和干部受我国两千年封建主义思想残余的影响，又受资产阶级思想的影响。尤其在现在，我国同各国交往日增，接触所谓西方文明产物的机会很多，潜移默化，影响不可忽视，这些非无产阶级思想的存在必然对我国社会主义建设起干扰，甚至破坏作用，我们一定要对其抵制，对错误思想进行认真的批判，并肃清它们。这是一件长期而又艰巨的任务。

几年来，我们曾以为党和国家的着重点转移到实现四个现代化方面来，主要是做经济建设工作了，从而放松了思想政治工作，甚至有些政工人员想转业了。去年社会风气和社会思潮经历了三个风浪，使大家重新认识到思想政治工作的重要性。阶级斗争还确实存在，风浪常常会有。不但如此，而且我们的工作对象和斗争环境和过去革命战争、解放战争时期大不一样了，对象是学生或有知识的人，也不是相对封锁的解放区而是门户开着的和国际交往的新世界。所以同志们痛感过去行之有效的一套政治思想工作方法，不大适应新的情况：高等院校的政治课学生不爱听；广大人民对报纸说的不那么相信。大家对此看得清楚，尤其对青少年中流行的不健康思想风气，感到焦急。是的，情况变了，这就迫使我们开动脑筋，去研究问题症结所在。

其实正和任何事物一样，群众、干部的思想活动也是社会活动的一个方面，也是一种社会现象，也必然有它自己的规律。只要我们努力去认识思想政治活动的规律，掌握它，我们就能做好政治思想工作。这也就是说要把思想政治工作作为一门科学，科学地做思想政治工作。第一机械工业部和全国机械工会带了一个头，在今年 5 月底 6 月初联合召开了一次思想政治工作座谈会，研究了思想政治工作科学化的问题。在这之后《光明日报》又组织了一系列文章讨论思想政治工作科学化问题。严求实同志强调思想政治工作不能离开人们的物质利益去分析各种思想问题，也不能离开人们的物质利益去解决各种思想问题。这从基本上说当然是对的，人自盘古开天以来，一切作为都是为了能活得更好些。但也要区别个人与集体，个人利益与集体利益。

一般情况下，我们要兼顾个人、集体和国家三者的利益。但经验告诉我们，有时个人利益与集体利益有矛盾，这时为了集体利益要牺牲个人利益，最后多数人的集体才真能得到利益；如果只顾个人，多数人的集体要受损失。一个英雄战士能付出自己的生命，去保卫祖国；一个革命烈士能牺牲自己，去保护同志和完成党的使命；一个优秀共产党员能吃苦在前，享乐在后。这都是人之高于一个动物，人之为什么成为高尚的人。当然不是无故牺牲个人，而是为了个人所属的集体的利益，而牺牲个人，这是无产阶级的道德，是合乎社会主义伦理学的。

这样说来，思想政治的科学可以称为马克思主义德育学。它是以马克思主义哲学、辩证唯物主义和历史唯物主义为指导的。其基础是政治经济学、心理学、伦理学、社会学和教育学等。我们也要吸取历史上的可以为我们所用的东西。我们一定要早日建立这门德育学，一门社会科学。德育学属于现代化社会科学，也当然是社会科学现代化内容之一。

有了德育学这门科学，我们就可以把社会主义宣传工作用现代科学技术组织起来：在宣传工作的统帅指挥部，要有通信网与各地方联络，及时反映人民群众中的思想动态；这些情报要一方面贮入情报库，以便随时提取使用，一方面反映在指挥显示屏幕上；宣传参谋人员用德育学理论分析情况，也可能要利用像电子计算机这类工具和分析模型，估计不同宣传行动对人民群众思想的影响和作用；参谋方案在宣传指挥员决策后，就下达到基层单位，同时下达到报纸、期刊、广播台、电视台以及文化艺术单位去实施；实施情况通过通信网报告宣传统帅指挥部。指挥部就真如同军事作战部门一样，统帅思想政治工作的作战；而整个宣传部门工作人员就是作战的部队。这不是又一项改造社会的工程吗？所以思想政治工作也可以成为一项社会技术。

通过建设这项社会技术，我们一定能使思想政治工作组织得更加坚强，再复杂的斗争也能适应了。这难道不是社会主义建设所必要的吗？

以上我讲了社会科学的现代化，从此引出了社会技术，即改造社会的工程技术，讲了些社会科学现代化的内容，也讲了些社会技术的项目。我没有阐述实现社会技术的具体的现代科学技术条件和这些条件的发展情况，诸如情况情报的收集，技术分析的组织以及决策的理论等。对此，王寿云同志有专文论述。当然还有非常重要的培养人才问题，这我也不多说了；但看到建国以来已经培养了 300 多万理、工科高等院校毕业生，那我们为什么不要在今后 20 年内培养出几百万社会科学和社会技术的大专学生呢？

注释

[1] 于光远：《关于建立和发展马克思主义"生产力经济学"的建议》，草稿

[2] 于光远：《建立和发展国土经济学研究工作问题》，《技术经济和管理现代化通信》，1980 年第 9 期，一版

[3] 钱学森：《关于建立和发展马克思主义的科学学的问题》，《科研管理》，创刊号

[4] 宋健、于景元、李广元：《人口发展过程的预测》，《中国科学》，1980 年第 9 期

[5] 钱学森、乌家培：《组织管理社会主义建设的技术——社会工程》，《经济管理》，1979 年第 1 期，第 5 页

[6] 钱学森：《科学学、科学技术体系学、马克思主义哲学》，《哲学研究》，1979 年第 1 期，第 20 页

[7] 钱学森：《大力发展系统工程，尽早建立系统科学的体系》，《光明日报》，1979 年 11 月 10 日，三版

研究社会主义建设的大战略、创立社会主义现代化建设的科学*

（一）什么叫“大战略”

我的理解是：所谓大战略就是国家整体的规划、计划的一个总的设想，特别是研究我们应该重点抓什么。现在，党中央已经明确今后直到21世纪中叶的路线、方针、政策，即：对内搞活，对外开放，独立自主，和平共处，还有一国两制；第一阶段到2000年工农业总产值要比1980年翻两番；第二阶段到21世纪再用20年的时间，到2021年建党100周年，把我国建成为社会主义的具有中等发达水平的国家；第三阶段再用30年时间，或说2049年，到我们建国100周年的时候，达到世界的先进水平。这就是中央已经明确的，一直到21世纪中叶的路线、方针，政策。所以，所谓社会主义建设的大战略，就是实现中央这个决策的战略，是总的而不是局部的、部门的战略。所以这里讲的就是要强调整体性、全局性和系统性。

（二）社会形态与社会革命

首先当然要强调用马克思列宁主义的观点，用马克思主义哲学的观点考

---

* 本文选自《论系统工程》（增订版），湖南科学技术出版社，1988年。

虑大战略的问题。所以第一个要讲的问题就是社会形态与社会革命。社会形态的学说是马克思主义的一个创造。在黑龙江出版的《求是学刊》去年第六期上，张奎良同志有一篇文章[1]里面谈到，社会形态是对一定历史时期的经济制度、政治制度和思想文化体系的总称，它是一定的生产力水平的生产力和生产关系与经济基础和上层建筑的具体的、历史的统一。既然如此，我把人认识客观世界的飞跃叫作科学革命，人改造客观世界技术的飞跃叫技术革命，那么，科学革命和技术革命相对于社会形态而言，还属于基础性质的东西，而不是社会形态本身的问题。因为，认识客观世界和改造客观世界的技术还都属于生产力这个范畴。那么，社会形态和社会革命的关系是：社会形态的飞跃才是社会革命。

社会形态这个概念，又可分为三个方面来看。

第一，从经济的方面来看就是经济的社会形态。关于这个问题党校出版的《理论月刊》1984 年第八期上有一篇卢俊忠同志的文章[2]讲这个问题。在马克思《资本论》第一卷原序中，德文是明明白白地讲了"经济的社会形态"。"社会形态"的德语是 gesellschaftsformation，"经济的"是"ökonomische"马克思用的是"ökonomische gesellschaftsformation"，所以就是"经济的社会形态"。但是后来译成俄文时就出了乱子了，变成了"社会经济的形态"。这样，在译成中文时就产生了分歧，现在的《马克思恩格斯全集》第 23 卷里译成了六个字，很含糊，叫"社会经济形态"。老版的《资本论》，原来郭大力同志、王亚南同志的译本，倒是基本正确的，用的是"经济社会形态"。现在，这个概念应恢复马克思本来的意思，是从经济的方面来看社会形态；不是什么社会的经济形态。经济的社会形态可以出现飞跃，也就是急剧的变化，这就产生革命。经济的社会形态的飞跃就是产业革命。

刚才引了张奎良同志对社会形态的定义，他说有经济和经济制度这方面的社会形态，即经济的社会形态，还有政治制度方面的，那么，那就是政治的社会形态，政治的社会形态的飞跃就是政治革命。社会形态的另外一个组成部分是思想文化体系，我想可以把它们叫作意识的社会形态。意识的社会形态的飞跃我觉得可以叫作文化革命，这当然不是我们以前说的"文化大革命"了。产业革命、政治革命和文化革命都是社会形态的飞跃，都是社会革命。

我觉得这样来看问题现在有一些概念就可以澄清了。譬如,邓小平同志多次讲我们现在进行的这场改革是一场革命,去年12月31日《世界经济导报》有一个报道,中间引了胡耀邦同志一句话,他说“改革是一场深刻的社会革命”。如果不用刚才所说的概念,小平同志、耀邦同志的这些话就不好理解。还有,我们现在也称苏联为社会主义国家,这是因为苏联的政治的社会形态是社会主义的,也就是国体是社会主义的,但是苏联还侵略阿富汗,它的社会形态又不完全是社会主义的。这也说明我们把社会形态从三个侧面来考察是有必要的,我们需要区别整个社会的飞跃的变化。

用这样的观点来看产业革命,来考察革命和我们现在社会主义建设的关系,就要问,在人类历史上有过多少次产业革命呢?我认为第一次产业革命是人摆脱了从自然界搜集食品,或者采集,或是打猎,而转入到农牧业生产。这大概是1万年以前的事了。第二次产业革命是商品生产的出现,即人不光为自己个人的消费而生产,还为交换而生产。这大概出现在3000年以前,还处于奴隶社会。我认为经典著作中讲的,也是我们大家习惯讲的产业革命是第三次产业革命,那是18世纪末在英国开始的由大工业生产引起。在19世纪末20世纪初,也就是列宁的《帝国主义是资本主义的最高阶段》书中描述的情况,生产变成国际规模了,这是第四次产业革命。当前,20世纪80年代的信息社会确实在引起一场新的产业革命,那就是第五次产业革命。我预计到21世纪还会有一次产业革命,那就是把农业、林业,包括牧业这些利用日光来生产的行业,变成高度知识密集型的产业。这将引起很大的变化,可以作为第六次产业革命。这样,我从“经济的社会形态的飞跃是产业革命”这个概念出发,得出产业革命在人类历史上已经出现和将要可能出现的次数也许就是这六次。当然也不会限于六次产业革命,发展是没有止境的。

以上讲的是世界的情况,那么,我们中国又是怎样一个情况呢?对中国来说,第一次产业革命和第二次产业革命在我们历史上也是那样的,但是后来由于我们有长期的封建社会,然后又是100多年的半封建半殖民地的社会,所以,第三次产业革命在我们国家推迟了,我们国家真正的第三产业革命,工业化大生产,恐怕是建国初年才开始的。英国在18世纪末就开始搞的产业革命,我们搞晚了,而且中间还有曲折。所以,现在到了20世纪80年代，我们要把第四次产业革命、第五次产业革命一起来抓，还要为第六次产业革命做准备。如果说是从现在到21世纪，那就是第四、第五、第六次产业革命一起抓了，就要通盘地考察。所以，大约一直到建国100周年，21世纪中叶，我国社会主义建设的任务就是贯彻执行党中央的方针、路线和政策，继续改革完善我们的社会主义政治制度；进行第四、第五、第六次产业革命。也就是说在这段时间中，我们要完成的第一个任务是改革完善我们的社会主义政治制度，第二个任务就是要进行第四、第五、第六次产业革命，第三个任务就是要极大地提高我们社会主义的物质文明和精神文明。假如我们完成了这三项任务，那时我们才能说我们真正进入了高水平的社会主义社会形态了。

（三）展望21世纪的世界

我们建设社会主义的大战略要考虑到建党100周年和建国100周年，所以要展望21世纪的世界。这就首先要知道，世界的今天。

今天的世界是个什么样子？在这个问题上，我以为可以从战争与和平的问题讲起。大家可以参看《解放军报》今年8月6日一版彭迪同志的文章[3]。彭迪同志讲的一个重要观点是：核武器的发展在改变着人们关于战争问题的许多传统概念。在人类自原始公社进步到阶级社会以来，战争就没有断过。著名的德国军事理论家克劳塞维茨指出，“战争是政治通过另一种手段的继续”。这是很委婉的说法，说白了，一切统治阶级发动的战争都是为了打胜了可以取得他用和平手段不能取得的物质财富或创造物质财富的人力、物力，这种战争就是掠夺，是占有。但自从40年前科学技术的进步创造出核弹（原子弹、氢弹），破坏力成亿倍地增长。现在两个对峙着的超级大国，苏联和美国，各自都拥有1万到两万个核弹头和核弹，每一方都可以不但摧毁对方的一切物质财富和大部分创造物质财富的人力物力，而且可以摧毁几遍，不止一遍；也能摧毁他们俩之外的一切世界！这就是说，发动核大战的任何一方所能得到的不是什么物质财富或创造物质财富的人力物力，而是一无所获，连自己的一切也摧毁了。这不是从根本上否定了传统概念的战争了吗？

不打核大战，另一种战争，帝国主义者向不发达国家发动的侵略战争呢？

这类战争有出路吗？试看历史，从过去可以知道现在，从现在可以知道将来嘛。中国20世纪40年代在中国共产党领导发动的人民战争取得了抗日战争的胜利；又在50年代初抗美援朝，同英雄的朝鲜人民一起，打败了美帝国主义；60年代越南人民打败了美帝国主义的侵越战争。这都是人民战争和反侵略战争的辉煌战果。现在还在进行的柬埔寨三方爱国力量的反越侵略战争和阿富汗人民反苏侵略战争也必将以侵略者的彻底失败而告终。所以20世纪以来的历史已宣告了发动侵略战争者必然要在被侵略国家发动的人民战争面前失败。所以侵略不发达国家的战争也不是出路。

至于第三世界国家，他们要建设自己的国家，当然要和平，不要战争。

这不是事实迫使人们改变战争的传统概念吗？

再就武器装备与军事设施费用的增长速度来看，两个超级大国也有难以为继的忧虑。美国每年的军费已将突破3000亿美元，苏联也不相上下，两国军费开支已在国民生产总值的10%至20%。我曾估算，由于现代化装备的技术要求很高，其单价比起第二次世界大战结束时同类装备的单价往往上长了100多倍；其中当然有通货膨胀的因素，但国民生产总值要40年长100倍，年增长率就得是12.2%，而实际不论苏联还是美国都远未达到这样的增长率。因此军备竞赛对两国国家财政的压力已越来越难以承受，也都想把步调放慢一些。所以苏联和美国的控制军备的谈判，虽然矛盾很大，难有突破性的成果，但还是断断续续地谈判下去，谈比不谈更有利。

另一方面，世界各国人民反对战争的呼声越来越高。第三世界各国急需建设自己的国家，需要和平环境，当然反对战争。这就占了世界人口的3/4。第二世界国家也不希望战争，争取和平。就是两个超级大国的人民也是不要打仗的。因此总起来看，世界上虽仍然有战争的因素，决不能忽视，但和平的因素的增长超过了战争的因素的增长。在国际竞争中，战争这一古老手段究竟还能用多久，已是一个需要认真研究的问题了。

正是在这种情况下，各先进国家都在想新的出路，在研究如何才能在21世纪的世界上立于不败之地。第一个在此做出明确表示的是日本。在1981年10月的一次在日本开的国际性电子计算机会议上，日本宣布要搞所谓第五代计算机，“新一代计算机”，具有人脑智能的电子仪器。实际上是把电子

与国防科工委主任丁衡高在办公室(1987 年)

计算机从计算机上升到智能机,从计算到智能。如果实现了,的确是科学技术发展中的一次飞跃,就如 18 世纪末到 19 世纪初的机械化,20 世纪初出现的自动化飞跃一样。从机械化到自动化,对生产力发展的作用大家很清楚。而现在计算机对生产力发展的作用大家也是清楚的,那么智能机的出现将使生产力的发展在今天先进水平的基础上再跨一大步,达到一个全新的水平。日本是说了就做的,从 1982 年 4 月就组成研制第五代计算机的力量,1987 年 10 月在东京又开了一次国际性计算机会议,宣布了三年来的工作成果和进一步工作的计划。日本的这一创新,不在于智能机的技术基础,即所谓人工智能的先进,实际上日本并不先进,而在于指出技术发展的新方向——智能机。所以尽管在四年前世界对此反应并不强烈,而到去年的会议上,已成为世界所瞩目的科技界大事了。这还不是日本突出“高技术”的全部,还有其他项目,如生物工程等。这就是日本提出的口号“科技立国”。

1983 年 3 月 23 日美国总统里根向美国全国宣布了所谓“战略防御倡议”,美国的新闻记者们同里根开玩笑,把它庸俗化了,用了一部电影影片的名字,“星球大战”,称之为里根的星球大战计划。这个倡议是要花近 20 年时间研制,搞出一套武器系统,能把苏联在一次核大战向美国发射的近万枚核弹头,全部打掉,战斗只有几分钟到半小时。用什么手段呢?用人造卫星、地面激光发射站、天上的反射镜、天上的X激光发射站、天上的粒子束发射站，打进入大气层的核弹头、由地面发射的撞击式弹，和电子化侦察指挥系统等。这是军备竞赛的又一次升级，只研制阶段就要花几百亿美元，更不要说部署这个庞大的全球性武器系统。美国国内也有不少人反对，说苏联有那么多核弹头，就是你里根的战略防御体系能99%有效，但漏进1%，美国也就完了。但里根和美国政府美国议会还是在执行这个计划，似乎不顾一切地在干下去。所以国际上许多评论家都认为美国的这个计划，是"一箭多雕"的策略，既可以用来与苏联争夺军事优势，又能刺激国内高技术的发展，而高技术的发展又为美国在21世纪争霸世界奠定基础。而这后一点又是"科技立国论"。

美国是善于利用外国科技力量为他自己服务的。在40年代初搞原子弹的时候就用了英国的科学家，但这些"客卿"也知道，核心的东西他们是不能过问的。有了这个教训，这次美国又动员西欧各国科技界来参加他的"星球大战计划"，反应就不那么积极。法国总统密特朗抓住这个情况，在1988年4月19日由法国大使向英国外交大臣提出：西欧各国联合起来，自己搞高技术的和平利用，开发新的材料、微电子技术、超大规模集成电路、激光技术、粒子束技术、人工智能、巨型计算机和生物工程等；并名之为"尤里卡"(与希腊语"有办法了"谐音)计划。现在西欧各国已同意搞"尤里卡"计划，今后要制订具体工作计划。其实西欧国家前几年已发现科学技术落后的危险，也知道限于国力，每个国家单独搞技术困难很多，所以已经开始了国际合作搞科研，如在英国建了西欧联合热核聚变反应器等。这次是受了日本和美国的冲击，扩大和加强这种高技术开发的国际合作。

至于苏联，国际观察家们也指出：在与美争霸中，过去更多地放在地区争夺，抢地盘上；现在则把重点放在经济、科技和军事的实力较量上。当然，经济和军事的实力基础在于科学技术，所以苏联也走到以科技争霸于世界这条道路上来了。

从以上谈到的情况可以看出，当今世界发展的趋势是：打热战，特别是打核大战作为国际争夺的手段越来越受限制，和平的力量在增长，而科学技术的重要性越来越突出，因此在下个世纪是"科技立国"的世纪。不是动武的热战，是动"文"的"科技战"。科技发展要靠人，人的智力，所以21世纪又是"智力战”的世纪。这个思想应该是我们研究如何完成我国社会主义现代化建设,也就是研究社会主义建设大战略的一个出发点。

(四)认识客观世界 改造客观世界

为什么说“科技战”、“智力战”只是研究大战略问题的出发点,而不是问题的核心和归宿呢?原因是这种提法还没有概括到马克思列宁主义的高度,没有用马克思主义哲学来看问题。所谓科学技术的能力,所谓智力,其实就是按照我们的主观能动性去改造客观世界。但能否成功,又依赖于我们是否正确地认识了客观世界自身的规律性。认识了,才能利用客观世界的规律去按我们的愿望改造它。不认识,认识得不正确,就不能成功;认识得不全面,只部分正确,也不能完全成功;这都是教训。要总结经验,提高我们的认识。所以说 21 世纪立国之本是“科技战”和“智力战”是不够明确的,也不够全面,应该说在下一个世纪,由于人类历史已经发展到国际竞赛空前尖锐的阶段,一个国家要能在世界上站得住,就必须使它的人民、全民的集体,对客观世界有高度的正确认识,从而具有高度的、以自己的主观能动性去改造客观世界的能力。换句话说,要在 21 世纪的世界上建设社会主义的强大国家,只靠正确的主观愿望,充沛的工作力量和不懈的努力和劳动是不够了;这些优良品质都是必要的,但还要有最重要的一项:认识客观世界、改造客观世界的学问。

科学技术是不是认识客观世界改造客观世界的学问?当然是,但认识客观世界、改造客观世界的学问远不止于科学技术。恩格斯在 100 多年前写过这样一段话描述共产党人的理想:“人们自己的社会行动的规律,这些直到现在都如同异己的、统治着人们的自然规律一样而与人们相对立的规律,那时就将被人们熟练地运用起来,因而将服从他们的统治。人们自己的社会结合一直是作为自然界和历史强加于他们的东西而同他们相对立的,现在则变成他们自己的自由行动了。一直统治着历史的客观的异己力量,现在处于人们自己的控制之下了。只是从这时起,人们才完全自觉地自己创造自己的历史;只是从这时起,由人们使之起作用的社会原因才在主要方面和日益增长的程度上达到他们所预期的结果。这是人类从必然王国进入自由王国的飞跃。”[4]我们现在已经有可能走向这个自由王国，因为我们有马克思列宁主义的正确指导，有了100多年全部科学技术（不只是自然科学和工程技术，不只多少项新的技术革命）高速发展的丰硕成果。如果现在我们想的还局限于十几项新技术，那我们就要犯目光短浅的错误。

（五）建立一类建设和管理国家的科学

现在我再把问题深入地讲下去。我要讲的第一点是，我们在解决社会主义现代化建设中的问题的时候，能不能、要不要用自然科学方法，特别是定量的数学方法？我以前曾经建议过：社会科学要从社会科学走到社会技术，就是像自然科学走到工程技术一样。应用社会科学，要像工程师设计一个新的建筑一样，科学地设计和改造我们的客观世界。

所谓自然科学的方法，一个很重要的部分，就是数学的方法。在自然科学中，在工程技术中，运用数学的方法，是一件很平常的事情。尽管这些数学方法中，常常语言很深奥，公式也是怪吓人的，似乎有点神奇，其实这只是它的面貌而已。数学，归根结底也无非是高级的掰手指头，数一、二、三、四，当然它是经过了多年的发展，有一套很巧妙的方法。数学用来解决问题，只是一种工具。换句话说，假使你认识某个问题认识错了，它不能把错误的变成正确的；假使你认识某个问题是认识对的，它也同样不会把正确的变成错误的。它无非是一个方法，一种帮助我们分析问题思考问题的工具。在运用数学工具的时候，这一点一定要弄清楚。

但数学又是一个很强有力的工具，非常有用的工具。强有力、非常有用是什么意思呢？意思就是能够帮助你很快地有效地解决非常复杂的问题。人光凭脑子去想，问题搞得很复杂以后，就不太好办了。但数学不怕复杂，非常复杂的问题一样能有办法处理。这是第二点。

第三点，数学方法可以提高效率。掰手指头能不能算呢？简单的问题当然可以算。大家知道微积分吧？积分就等于把一条曲线画出来，求曲线和坐标轴之间的面积。就这件事，我给大家讲一个故事。在国外，有一位很出名的科学家，得过诺贝尔奖奖金。有的时候，他碰到一个积分的问题。大概他的数学不是太高明,所以把他给憋住了,他积不出来。怎么办呢?他倒是想通了,所谓积分,无非就是求面积。所以,他干脆把这曲线在方格纸上画出来,然后用数数的办法(就是数方格),看有多少方格。就这样,硬是把这个积分算了出来。这个故事说明,高深的数学无非是一个工具。把你憋急了,你没有这个工具,或者没用上,掰手指头算也可以。但另一方面,也说明数学确实是很有效的。像刚才那个笨办法,既要画曲线,又要数方格,不知要数几个钟头。假使知道这个积分,一积就出来了,一分钟就可以解决问题。所以,这就说明:① 数学是一种工具,并不神秘。② 确实是一个有效的工具。我想既然如此,那么,在我们的社会科学中,运用数学的方法有什么神秘呢?社会科学所要解决的问题,有些是非常复杂的,完全凭脑子想,就很困难。我们需要一个工具,这就是数学,一种科学定量分析问题的方法。

我常常听同志们说这样一句话,就是自然科学可以在实验室里做实验,在控制的条件下做实验,我们社会科学则不能。社会科学是整个社会的现象,是不能做实验的。好像这一点自然科学和社会科学有所不同。确是有所不同,但这仅仅是一部分。比如说,自然科学里的天文学,也不好做实验。太阳离我们万万公里,你怎么做实验?只有靠观测。天文学是这样,地学怎么样呢?地球恐怕也没办法做实验。那么大的地球怎样做?所以,也并不是说,所有的自然科学技术里面的问题都可以做实验。

在早期的科学研究中,实验就是在严格的控制条件下进行的测量。比如研究气体定律,测定气体定律中的温度、压力、体积三个参数间的关系。在十八九世纪的时候,往往是要把一个量定住,不让它变。比如温度不变,然后来研究压力和体积的关系。等这个关系摸到了,再用另外一个温度值,去重复这样的实验,又得到一个压力和体积的关系。三个量中,固定其中的一个,这就称实验室的控制。当然也可以固定压力或体积(容积),来找温度和体积或压力的关系。今天来研究气体定律就不同了。我们可以选择一定量的气体,变化其中的两个参数,测量第三个参数,并不需要把一个固定住。测定一系列的数据,经过数学的分析处理,就可以得出很精确的规律来。同样,在社会的现象中,也有表征社会现象的许许多多参数,当然是很复杂的。你要把每一个参数测出来,然后再分析它们相互间的效果。你得到的当然是很复杂的一堆数据，但也是可以用数学方法来处理的数据。当然处理的方法要复杂一些，甚至于要用电子计算机。但总还是有办法的，并不是没有办法。这说明了什么呢？这说明，虽然社会科学不能像自然科学那样，做各种各样的实验，但也没有把现代人难住。我们可以像在自然科学中那样，用现代科学的方法来处理、研究社会科学的问题，其中包括定量的数学分析的方法。

在这里，我讲一点历史。

我们现在的电流强度单位叫安培，是为纪念19世纪法国科学家安培(A. M. Ampère)的，他对自然科学做过很大的贡献。1845年，他发表了一篇长文，叫《关于科学的哲学的论述》。文章建议，可以建立一系列政府管理方面的科学或学问：外交可以建立外交事务管理的科学，法治可以建立法治管理的科学，行政可以建立行政管理的科学……这是140多年前他的一个设想。20世纪50年代初，我还没有回到祖国的时候，发现了这篇东西，我和我在学校工作的同事笑话他。他说，政府管理的学问，恐怕不能建立像自然科学那样严密的科学。我那时想，像你们美国政府，你们那些政客们，官僚们，都是不说真话的，讲的是一套，干的又是一套。你们那些政客们都是骗人的。骗人的东西，怎么能建立科学呢？科学是老老实实的学问，骗人的科学是没有的！所以，当时我笑他，安培的设想是很高尚的，可惜是空的。但安培的理想，在社会主义国家，尤其在我们社会主义的中国是可以实现的。这是因为我们是讲科学的，是不搞鬼的。那么，这就是我开头说的今天我要讲的研究和创立社会主义现代化建设的科学。我认为有了社会主义现代化建设的科学，我们就可以避免犯错误，或者用我从前在这里说过的话，要逐步从必然王国走向自由王国。特别我觉得，我们在实现十二大提出的全面开创社会主义建设新局面这个任务时更应该考虑这一严肃的现实的问题。我们应当努力向这个方向去做工作，逐步建立起社会主义现代化建设所必需的科学。

(六) 建设和管理国家的科学是社会系统工程的理论

实现社会主义现代化，需要一门新的系统工程，我们把它叫作社会系统工程或社会工程[5]，是改造社会、建设社会和管理社会的科学。它的一个目的，就是把社会科学和其他科学结合起来。这是一门实际的技术。采用这门技术，就可以设计出社会主义现代化的蓝图，如同现在的工程师们设计一个产品，一项工程一样。指导这门工程技术的科学理论呢，里面有许多像技术科学类型的学问。所谓技术科学，是借用自然科学技术里通用的术语：在自然科学技术里，一个是直接改造客观世界的工程技术，一个是为工程技术提供理论基础的技术科学。技术科学，或者叫应用科学，是有别于基础科学的。它们的层次是从基础科学到技术科学，再到工程技术。我想，进行社会主义现代化建设的各种学问，也应该有一个层次。比如，直接改造客观世界的，叫社会系统工程，这是第一层。为社会工程提供理论依据、理论基础的属于技术科学的性质，是第二层。像我说的社会主义现代化建设的科学，就是技术科学的性质。它为直接绘制我们社会主义现代化建设的蓝图提供科学根据。再上去，就是基础科学的类型了，就是人们熟悉的社会科学方面的学问；这是最高的一层。

为了说清楚这个问题，我把社会主义现代化建设要办的事，暂时划分八个大方面。每一个方面又可以说是一个国家生活中的一种功能。功能这个词，是借自生物科学的。在生物科学里，所谓生物功能协调，那就是发育正常，欣欣向荣。功能不正常，不协调，那就异常，陷入病态。我们常说，经济发展要良性循环，不要恶性循环。这个良性循环就是功能正常，恶性循环就是功能失常。所以我把国家生活的八个方面又叫八个方面的功能。

第一功能：物质财富的生产事业

物质财富的生产是国家功能的根本。没有物质财富的生产，人民无法生活，其他一切也都谈不上。因此，它因而也是国家的基础。所以，党的三中全会以来，我们党和国家一直在抓这个问题。随后党的十二大报告，党的十二大文件进一步讲了这个问题。赵紫阳同志在五届人大四次会议作的政府工作报告中，又讲了这个问题。他阐述了国家经济建设的十条方针，总结了建国 30 多年来正反两方面的经验和教训。胡耀邦同志在十二大报告中，概括地讲了这项功能四个方面的工作。我想，这些得到我们全党、全国各族人民一致拥护的原则，应该成为我们今后相当长的一个时期内物质财富生产事业的方针政策。我们遵循这些方针政策，就能建设起物质财富生产的良好的国家功能结构。当然，我们随着事物的发展和经验的积累，可能还会在具体问题上作一些调整、补充。但总的说来，大局已定，建立物质财富生产的国家功能结构的这个原则是很明确了。

我在这里想提出一个问题，即我们在研究物质财富生产事业这个问题时，要不要研究和解决通过什么样的途径，把全体人民建设社会主义的积极性充分发挥出来？现在常常听到这样的议论：这个没钱干不了了；那个好是好，没钱也干不了，好像没有钱什么也干不了。我们国家的财政收入有限，一年才大约2 000亿元，但又想办很多的事情，是有困难。但是不是这2 000亿就把人限制死了，就没有办法了呢？看一看农村发展的形势，就好像没有限制死。最近看到首都钢铁公司的情况。首钢的年产值翻两番，可以不要国家投资，不增加能源的消耗。这好像也打破了刚才说的钱，即投资的限制。我看根本的问题是发挥人的智慧，人创造物质财富和精神财富的积极性。在我们社会主义国家，我们的政府，我们的党就是要把大家的聪明才智和能力都发挥出来；钱，毕竟是一个人为的因素。人为的因素，就可以人为地打破它。这是不是我们的经济学家当前要研究的大问题？我看是一个大问题，一个实际的问题。

第二个功能：社会主义精神财富创造事业

如果说，物质财富的生产是对应于社会主义的物质文明。那么社会主义精神文明对应的就是精神财富的创造。在这里，精神财富这个词，恐怕也要加上一个限制词，是社会主义的精神财富。精神财富是属于上层建筑的；所以，它的内容有的是有阶级性的。

那么，什么是社会主义精神财富的创造事业呢？既然我们把它看成国家的一个功能，那就有必要研究清楚。比如说，自然科学技术，或者我们常常说的科学技术的研究，应是属于精神财富创造事业的。社会科学要照我现在的说法，还要说社会科学技术的研究，也是属于社会主义精神财富创造事业的。文学艺术的创作、书刊、报纸、编辑、出版、印刷业、电影业、广播电视业、教育事业、体育事业，以至于资料情报事业，还有图书馆、展览馆，这些都应该是社会主义精神财富的创造事业[6]。

社会主义精神文明和社会主义物质文明一定要同时建立，这是我党十二大报告当中明确的一个非常重要的问题。过去，我们把刚才说的这些内容，统统归在“科教文”这个口袋里。而且认为这个“科教文”，好像就是一个消费的，不创造什么财富。像我这样的人，从事科学研究工作的，大概也是消费的吧！否则，你干什么了？创造什么财富了？现在我们明确了。不是这样的。这是非常重要的一个方面。社会主义精神财富的创造事业，有它的特殊地位和重要性，这在党的十二大报告中已经讲得很明确了。我们为什么把它放到这样高的位置？我看是不是有这样一个原因：我们这个国家不是靠命令、靠强制去要求人民遵循社会主义道德，而是靠人民自觉地按照社会主义的道德指导自己的行动。这首先是可能的。因为我们是社会主义国家，社会主义是人民的自觉需要。其次是必要的。因为我们的制度是各种社会制度中最民主的。大家是自觉的，不是强制的。

要做到高度的社会主义精神文明，首要条件是要有高度的自觉性。这就要求我们的人民有高度的教养。什么是教养？那不外乎是有知识。比如说，要有历史方面的知识。我们不是有的时候一些青年的信仰出了问题吗？说资本主义怎么怎么好……后来，我们在大学里教了近代史，问题解决了。我曾到清华大学去问学生，我说，你们现在怎样？他们说，现在我们解决了。我说，怎么解决的？他们说，“我们学了近代史。从前不知道，还嚷嚷要试试资本主义；学了近代史，知道我们试过了，不行”。这不解决问题了吗！所以要想有高度的社会主义精神文明，非要有知识，即有教养不可。还有我们责怪青年中间有时候欣赏文艺的倾向不太正常，其实，根本问题是他们不知道什么是好的文艺，什么是坏的文艺。所以，要通过教育来提高他们的欣赏能力。

这里无非是举了几个简单例子，就说明了要建设高度的社会主义精神文明，确实要有两个方面。一个是思想建设，一个是文化建设。不能仅注重思想建设，忽视文化建设。文化建设也是很重要的。这个认识需要我们做很多的宣传工作，使大家认识到建设社会主义精神文明的重要性，认识社会主义精神财富创造事业的重要性。

解决了认识，我还觉得要是真正地深入到这个问题里面去，还有许多问题要研究。比如，在我们国家，党是领导一切的，党怎样正确地来领导这个事业？再说一点我的本行。在自然科学研究工作中，我们就存在一个问题，即究竟是基础研究重要，还是应用研究重要？基础研究和应用研究相应的比例究竟是什么？我们在这个问题上已经摇摆过多次了。我觉得这个问题，要下决心搞清楚。第一，开宗明义，明确我们国家的自然科学技术是一定要为社会主义建设服务的。这是因为，我们国家的一切都是为现阶段的任务——社会主义建设服务的。所以，自然科学技术也当然是这样；第二，同时也要尊重自然科学技术本身发展的规律，也就是尊重科学，不能蛮干。我们以前干过蠢事。大炼钢铁，把锅都打碎了。我认为，科学技术就像文学艺术一样，文学艺术一定要为社会主义建设服务，但社会主义文学艺术不直接等于政治。那么，自然科学技术也一定要为社会主义建设服务，但自然科学技术也不直接就等于建设。这个意思就是科学技术的发展有它自己一定的规律。前年赵紫阳同志在科学技术奖励大会上的讲话也指出来，我们虽然要我们的科技工作更多地去参与攻关，建设我们的社会主义；但对于基础研究，我们还是要重视。这就说出了一个很重要的道理，就是基础研究如果完全没有，那么将来科学技术的发展必定要受到影响。因此，我的说法就是，一是要明确自然科学技术是为社会主义建设服务的；二是要尊重科学技术本身的发展规律。科学技术的发展，它本身还有一个应用和基础的关系，这是我们研究整个社会主义精神财富创造事业时要很好搞清楚的。

明确了以上两个问题，紧接着还有一个问题。我们是社会主义国家，我们的一切是党领导的。因此，我们的科学技术发展必须要用马克思主义的哲学来指导。这一点不能动摇，而且我们还要加强宣传。我个人有个体验：过去，我曾经给科技人员宣传这一点，劝他们一定要学一点马克思主义的哲学。但对我的反应常常是很客气地点点头，实际上是没有说服他。还有一个同志，他做了很多工作，也很有成绩，我对他也很尊敬。我劝他学一点哲学，他反应很冷淡。意思大概就是：你看，我没有学哲学，我也干得不错嘛！我看了他的反应，我就说，你没有学哲学，你干得不错，但你没想到，你要再学一点哲学，你干得更好！我想这一点我们还是要做宣传。因为这是一个真理。

道理是很简单的。既然马克思主义哲学是所有人类认识客观世界的最高的概括，最高的学问，最一般的规律，因而它当然可以指导科学研究，包括自然科学的研究。我可以举很多例子来说明，也可以引经据典。比如，恩格斯就讲过："伟大的科学家，渺小的哲学家"，等等。但说这个，不免有点挖苦了！

科学技术必须要有马克思主义哲学的指导，这是问题的一方面。另一方面，我们又要看到科学技术的发展，反过来又为马克思主义哲学的深入和发展提供素材，这同样也很重要。因为马克思主义哲学不是教条，不是一成不变的。而是发展的，有生命的。怎样发展的呢？就是靠后来人的社会实践来发展。自然科学技术是人的社会实践的一个重要方面。自然科学技术的发展，必然也会为发展马克思主义的哲学提供素材。这一点是很重要，也是很有教训的。我们强调这一点，是因为我们曾经办过一些不太好的事，就是我们喜欢把科学技术新的发展拿来套经典（如某些哲学工作者）。他套了以后，认为套不上，就批，就反对一气，批这个科学技术新的发展方向。比如大家所熟悉的，我们国家就批过摩尔根的遗传学，批得很厉害！还有，我是 1955 年回到祖国的，那个时候，我什么也不懂，根本不知道 1955 年苏联在批控制论，所以我还在讲我的控制论。幸好这次没有批多久，记得 1956 年我到苏联去，好像这阵风已经过去了，所以我没挨上。实践证明，这又是批错了的。我们还批过量子化学里的共振论，这个就更有意思了。因为量子化学里这个共振论的提倡者是美国科学家鲍林（L. Pauling）。鲍林是有开明进步思想的。20 世纪 50 年代初的美国，出了一个参议员麦卡锡，是专门打人，抓共产党的。他抓来抓去，抓到鲍林教授那里去了。鲍林教授倒有个挡箭牌。他说，"你抓我，说我是共产党，你看，共产党还在批我的理论呢！我怎么是共产党呀？"

所以，这些问题都说明我们对于自然科学的新的发展，它到底是对？还是不对？应该采取很慎重的态度。

我们一定要强调、要宣传马克思主义哲学对科学技术的指导作用。这个工作要做得好一点，就会使得我们有更多的科学技术人员学马克思主义哲学，运用马克思主义哲学。这对于我们国家的科学技术发展将会有很大的促进。而且这个是强有力的，是我们国家之所长。另一方面，我们也要注意从自然科学新的发展和工程技术新的发展中间吸取素材，深化和发展马克思主义哲学本身。这是我讲的第二个大部分，即精神财富的创造。

第三个功能：社会主义的服务事业

为物质财富的生产和精神财富的创造做后勤保障工作的是服务事业。这个大致相当于国外的所谓"第三产业"；但是也不相同。我们的服务事业不包括归入到社会主义精神财富创造事业中的那些方面。包括什么呢？是商业，公共事业，像供水、供电、供气、供热；交通事业，像铁路、公路、水路、民用航空、邮电、通信；人民生活方面，像城市建设、卫生、医疗、住房、饮食业、修理业和其他的服务行业。现在我们对于服务事业的重要性的认识正在提高，逐步地认识到它是我们整个国家功能结构体系里面的后勤部门。没有它，其他的功能就无法发挥。比如说能源问题，交通问题。

我们开始重视服务事业，随后就可能提出一个问题，根据国外的统计资料，在发达的国家里，服务行业就业的人数达就业总人数的一半以上，像美国这些国家甚至达60%以上。同志们会感到怎么会那么多？不好理解。是不是这些人都不生产，都在那儿服务？当然在资本主义国家所谓的服务事业里，有一些在我们社会主义国家是不提倡的。但是我觉得这里也有一个认识的问题。一方面我们要看到在现代社会当中，交通运输、能源供应、邮电、通信等的重要性。这是我们100年前所不能想象的；另一方面我们也要看到，本来我们的生活劳动，像家务操作，是不计算到国家的劳动就业里面的。虽然没有把这一项算到国家的劳动就业里面，可是人家在家里干呐！我想大概有三分之一以上的人口是在干这件事。随着社会的发展，家务劳动会逐步地更有效的被组织起来，走向社会化，这样就列入了国家的就业劳动。社会化了以后，效率提高了，从前要用三分之一以上的人干，现在可能只要一半，那也要占到人口的六分之一，再加上其他的服务行业，按整个就业人口的比例算，那整个服务行业就占整个就业人数的三分之二，这就完全可以理解了。很可能将来的服务事业是就业人数最多的一个功能，是国家功能结构体系里面的一个大头。这是一个趋势，是社会发展必然带来的一个趋势，我们要注意到这样一个趋势，否则会措手不及的。

我曾经在几次讨论当中提出过注意重视通信事业的重要性。在现代化社会功能当中，信息、情报的交换是很重要的，它的重要性首先是表示在量大，其次是要求快速准确。这在我自己的工作实践中，在国防尖端技术的试验中，已经体会到了。大型试验的组织指挥、调度和信息交换是今后现代化通信的一个缩影，将来恐怕各个方面都该是这样。正因为这样，现代化的通信才不断地向大容量、远距离、高可靠的直接传递技术发展：从多路载波电缆到微波中继发展到同步通信卫星，现在更先进的激光通讯已进入了实用阶段。对这些我们要倍加注意，否则将来跟不上，就要拖其他方面的后腿。

我们社会主义国家的服务事业，其根本任务就是要对我们国家的每一个公民的生、老、病、死负全责。这一点特别重要，它是不同于资本主义国家的。而且要研究处理的问题是更复杂，我们国家现在还比较穷，我们的社会生产还比较落后。所以，陈云同志讲，第一要吃饭，不能吃得太差，但是也不能吃得太好；第二要建设。这个话讲得很精辟很透彻。但是就因为这样，我们就要在可能的范围内精打细算，用科学的方法把服务事业组织好，少花钱多办事，还要提高我们的工作效率。提高效率就要打破“铁饭碗”，人才的“单位所有制”，这方面可以做的工作还很多很多。这就是第三个方面的国家功能，我们要真正下功夫来研究它。

第四个功能：国家和各级行政管理机构

我们建国已经30多年了，有很丰富的经验，也有沉痛的教训。目前我们国家的体制还是有弊病的，这些弊病已经充分地暴露出来了。对于这些弊病大家也是认识得比较清楚的。现在我们党和国家正在着手进行改革、整顿，到20世纪末，我们都要进行这项工作。现在我们已经重视，已经下了决心；但是在进行这项工作的时候，也要考虑到：

国家机构，一方面要不断地改进，即随着国家事业的发展，是要调整、要演变的，但是也要有一定的稳定性。倘若我们的机构年年变，你的工作就很难适应，就使得我们无所适从了。老在变，怎么做工作？但是也不能够一成不变。我们现在讨论体制的时候，也常常听有的同志说，多少年前或者是建国初年那个时候怎么不错。这似乎是一种怀旧思想。是有一个时期我们挺好，大家也觉得好，我们向往那个时期，这是可以理解的。但是毕竟80年代跟50年代是不一样了，我们80年代的中国怎么能和50年代的中国一样呢？所以行政机构的体制也应该随着社会主义建设的进展而做相应的调整，也要随着经验的积累和改进工作的效率而调整。是不是几年搞一次小的调整，更长一点时间搞一次大的调整？这样，在国家的功能机构中，是不是要有一个常设的国家体制的研究设计单位，像总体设计部似的，经常研究这个问题，并且及时的提出建议和方案？

第五个功能：社会主义的法制体系

这个体系包括法律、立法机构和执法机构，各级公安部门、检察院、法院。它的重要性不必多说了。但是我觉得在我们这样一个国家，对于法治的重要性好像还需要做大量的宣传，要引起全体人民的重视和提高认识，我们不要忘了我们有2 000多年的封建社会，100多年的半封建半殖民地社会这么一个情况。在奴隶社会里，什么叫法？法完全是奴隶主个人的意志，生、杀大权都在他那里；到了封建社会，情况有些变化，有了法典。但是那时候皇帝老子还是“金口玉言”，他说了算。有一句话：王子犯法，庶民同罪。恐怕那也是骗人的。封建体制当中，各级官僚也有一定的生、杀权力，也就是说他们“批示”就算数。后来资产阶级出来了，他们推翻了封建制，他们宣扬民主，号召法治，说大家都要依法守法，以法律为准绳。这么说，那当然是大大地向前走了一步。但是我们也知道，在资本主义国家法制是不完善的，它首先是为资产阶级政治服务的。比如说：他们公开称道德和法律是两回事，互不相干，可以互相背离。比如说道德，他们也认为投机取巧是不道德的，但是法律并不取缔这些行为，投机取巧，买空卖空都是合法的。资本主义国家的法律为资本家干坏事留了很多空子，有许多漏洞，好让资本家雇佣的律师们利用它来为剥削行为辩护。

所以，我同意张友渔同志的意见。他在《法学研究》1981年第5期上表示了这么个意见。他说：我们要在马克思主义哲学的指导下，用历史唯物主义这个锐利武器,认真开展法制史的研究,区别哪些法制遗产可以继承,哪些法制遗产要批判,为建立社会主义的法制打下基础,这完全是对的。既然作为一门科学,我觉得就有这么一个问题:就是我们社会主义的法,应该是老老实实的,是为建设我们社会主义服务的。我们不能像资本主义国家那样,法律故意留了许多漏洞让资本家去钻。我们的法要有一个完整的体系,这个系统最高的层次,首先可能是国家的宪法。其次,我们党是一个执政党,党章自然也是一个根本大法,是第二个大法。由此而下,下面一个层次,是全国各部门通用的刑法、民法、经济法、婚姻法等;再下一个层次是一个部门的法规,像专利法等;再下一个层次,是部门的法令以及其他更下层次的法令、条例、命令等。这样一个体系,就是要完备,不能够有漏洞,不允许任何人钻空子,而且最好没有交叉。有了交叉,到底依靠什么来执行,就有矛盾了。交叉就是有矛盾。怎么样来检查我们法制系统的完备性呢?将来在我们的法逐渐地完备起来以后,就是一个问题。现在就有一些不同部门的法令、条例或者命令有交叉,有的同志说:按照严的办,哪个厉害就按哪个办!这也不一定。怎么避免这种情况?在执法的实践当中来考验,固然很重要,但是这样考验的时间可能会嫌长一些。我考虑是否还有另外一个办法,这就是设想出各种各样人的行为或者叫典型事例或者叫典型案件,看一看用我们法的系统能不能够得到合乎社会主义法学原则的处理。如果不能,这个法的系统就不够完备,就发现问题了。要检查整个法的系统,用这个办法,用典型事例,典型案件,也许要成千上万件或者上百万件,你才可能搞全了。我们要是人工的一件一件的对照检查,这个工作量大极了,而且太慢。这样我们很自然地想到电子计算机。因为这完全是一个逻辑的处理,这个逻辑处理完全可以编成程序(即软件)输入到电子计算机里去,计算机按程序高速度地来完成这项检查工作,这不是把现代科学技术用到法制上去了吗?这个全过程,是否就是法制的系统工程[7]。这就是说,这第五个方面的功能完全可以科学地来处理,而且要运用现代的科学技术。比如用电子计算机,用信息库等。

第六个功能:国际交往事务

这个问题的原则在十二大的报告中有一大章详尽的阐述。对外交往,有多方面的。除了政治方面的，还有经济的、贸易的、科学技术的、文化的；有友好访问、旅游，等等。这些国际事务的各方面是互相联系，交织在一起的。我国的国际交往总的是由党和国家直接掌握的，是通盘考虑的，这是我们社会主义制度优越性的又一个体现。但是实际上，我们各个部门中间还有一个协同的问题。我们在这方面还应该大大地加强组织管理，提高工作效率避免互相脱节。比如引进技术，我们就有协同不好的问题。常常外交是外交，科学技术是科学技术，引进是引进，互相不协调，相互脱节。我们社会主义国家要全面地考虑国际交往。我觉得我们现在实际上好像还没有完全做到，部门与部门之间还不是一个协同的体系。怎么样把这些复杂的事务协同起来呢？这要有一个专门的机构，负责搞好各方面的协同，而且要引用系统工程和系统分析的方法[8]。

第七个功能：国防事业

它包括军队，即陆军、海军、空军、其他兵种，国防科学技术的研究机构，国防工业和军队院校。这些都是由中央军事委员会直接领导的。建国以来，我国的人民军队在保卫祖国和社会主义建设中建立了不朽的功勋，这些都将继续发扬光大。在国防现代化中，正规化的、革命化的人民军队是要发挥更大作用的。

第八个功能：国家的环境管理

它包括生态平衡、环境保护、地质、气象、地震、海洋以及废旧物资的回收利用。资本主义工业发达国家的教训和我们自己 30 年来的经验，使大家对环境问题开始重视了。国家颁布了环境保护法，成立了城市建设环境保护部。许多同志还进一步提出了要把国家的生态系统引入到良性的平衡，大大增加森林覆盖面积，制止水土流失，从而保证农业生产的基本条件。不少同志还强调：必须严格控制工业的废水、废气、废渣对环境的污染，不然人民的健康要受到威胁。我国有 960 万平方公里的陆地和附近的海域，还有下面几公里的地壳，上至几十公里的大气层，对它们应该有一个充分的了解和认识。有了对环境的了解和有关知识，还要用它来调整我们改造客观世界的指导思想。这方面我们一定要吸取世界各国的经验教训，结合我们自己的实践，用马克思列宁主义、毛泽东思想来制定我国的环境政策。我觉得这里还有这样一个问题，怎么看待废旧物资，或者叫废水、废气、废渣？据统计，我国在1981年全国供销系统一共回收了废旧物资1 130万吨，价值19亿元。而且这也仅是占工农业总产值的2.8%。具体资源按品种的回收率还没有统计。但是我们粗略做一比较就可以看出远远不如国外一些国家所达到的数字。比如联邦德国，锡回收率就达到46%、铅达到45%、纸达到45%、铜达到40%、钢达到35%到40%、铝达到25%至30%、锌达到20%至25%，玻璃达到15%。我们对于回收废旧物资和三废处理，要提高认识。你不要只把眼睛盯在“废”字上，你要把它看成是资源，而且这个资源是不要去开采，是送上门来的。已经到了手的东西不要扔！这个问题从前我们也多次说过要重视，但是我们恐怕是消极的方面想得多了一点，积极的方面想得少了一点。老是这样，把废的东西都扔掉，实际上是浪费了国家的资源。此外，扔了以后，它还造成祸害，污染环境。类似这些方面还有很多很多工作要做。比如：城市垃圾，想办法搞成城市沼气，不就成了能源了吗？总之，环境管理非常重要，工作也很复杂、艰巨，是一项复杂的系统工程技术——环境系统工程技术[9]。

上面我讲了国家功能的八个方面，也就是我们要研究和创立社会主义现代化建设的科学，这门学问中所要研究的八个方面的主要内容。

国家功能的八个方面，每一个方面都是一个复杂的多级系统，都要建立各自的系统工程；同时，也要创立相应的理论科学作为他们的基础。下面就讲讲这方面的问题。

（七）社会主义国家科学的体系

物质财富的生产事业要联系到工农业生产的系统工程，企业的系统工程。它的理论科学是经济学，或叫技术经济学。精神财富的创造事业，就是管理文化的系统工程，它的理论基础，我提了一个名词，叫文化学。服务事业是生产服务的系统工程，我们要创立一门专门研究服务事业的学问。行政管理有行政的系统工程，包括刚才讲的，有许多咨询机构，这里的学问是不是也可以创造一门理论科学叫行政学呢？法制事业是非常重要的，刚才讲了怎么样检查整个法制的严密性，这叫法制系统工程，当然它的理论就是法学。国际事务的交往是不是也要作为一项系统工程来看，也要建立一门综合的科学，不光是外交，是多方面的，国际事务方面的学问。至于国防事业，现在我们也在考虑，叫军事系统工程[10]，它的理论科学就是军事科学。国家环境管理叫环境的系统工程，它的理论科学叫环境科学。其实我讲的这八个方面，也不见得把事情都讲全了，比如非常重要的计划生育的问题，到底属于我刚才讲的八个方面的哪个方面？再有我们的思想建设，思想政治工作，也是一门科学。既然是一门科学那就要作为一门科学来研究。这也是一个大的学问，也是社会主义现代化建设中的科学。所以刚才我讲了八个方面，恐怕没有讲全，像人口问题、政治思想工作问题，这些都非常重要的。

社会主义国家科学的体系

<table>
<tr><th>国家</th><th>国家功能部门</th><th colspan="2">组织管理的技术科学</th><th>组织管理的工程技术</th></tr>
<tr><td rowspan="2">社会主义国家学</td><td>1. 物质财富生产</td><td colspan="2">技术经济学
数量经济学
工业经济
农业经济、农事学</td><td>工程系统工程
企业系统工程
农业系统工程
……
计量系统工程
标准系统工程</td></tr>
<tr><td>2. 精神财富创造</td><td>教育学
科学学
文艺学
体育学
情报学
新闻学
科普学
美育学</td><td>文化学</td><td>教育系统工程
科研系统工程
文艺系统工程
体育系统工程
情报系统工程
……</td></tr>
</table>

（续表）

国家	国家功能部门	组织管理的技术科学	组织管理的工程技术
社会主义国家学	3. 服务事业	商学、运输科学等	各有关系统工程
	4. 行政	行政学	行政系统工程
	5. 法制	法学	法制系统工程
	6. 国际交往	外交学 国际经济	……
	7. 国防	军事学术	军事技术、军事系统工程
	8. 环境保护	环境科学 ……	环境保护系统工程 ……
	9. 其他	……	……

（表还不完备，还有许多空白待填补）

每个方面不能孤立地开展工作，而且要协调起来。组织协调得好，国家功能所发挥的总的效率才会高。不然的话，会有矛盾。这样一门组织协调国家功能各个方面的总学问，是不是叫社会主义国家学？我们社会主义国家要科学地来管理，这就是一个很大的科学体系，是把社会科学、自然科学综合起来，应用到建设社会主义现代化的国家中去。这是要大家努力去干的一件很大的事情。

每一个方面的功能都要建立像系统工程技术那样改造客观世界的一套技术，然后又有这一套技术背后的，为它提供理论根据的技术科学，这些技术科学再总起来作为社会主义的国家学。这个体系就是我们社会主义现代化建设的科学（见表）。这样的提法，总的意见就是说我们面临了这么一个重大任务，我们一定要用马克思列宁主义、毛泽东思想作指导，采用科学的方法，努力从必然王国走到自由王国。我们相信这是可以做到的。因为世界上只有没有被人所认识的事物，而没有不可以被认识的事物。我们认识到一定的程度，就可以总结上升为理性认识，成为学问，成为用定量的数学方法所建立起来的科学的学问。那么建立社会主义现代化国家这个问题也必然是这样，也可以建立科学的学问。

（八）参谋科学技术与领导的科学和艺术

前面这张表，尽管还不完备，还有许多空白等着填补，但已经包括了几十门学科。是不是每一个从事国家管理的领导干部都要精通这几十门学问呢？当然不是的，这不但由于一个人的精力、时间有限，不大可能办到，我只是想向同志们提供这样一个信息：今后五六十年我们国家将经历一个史无前例的高速发展时期，作为国家的各级负责领导，将面临一个极为复杂而又关键的决策任务。决策任务完成得好与不那么好，是事关重大的。而在这一点上，唯一的途径是领导决策的科学化，力避走弯路。

怎样做到决策科学化？有不少同志喜欢用"领导科学"这个词，好像已经有了一门叫领导科学的学问，只要学了领导科学，按领导科学去决策，就能如同"三加五必然等于八"那样，保证正确。我不同意这种看法。我觉得要明确领导干部是专门人才，但又是通才，领导干部要有丰富的学识，但要有学问又不能是死学问，领导干部还要有领导工作经验。这都是因为领导决策毕竟不是"三加五等于八"之类的事情，有许多不那么清楚而定量的因素要在决策中考虑。所以我认为领导干部真正运用的不完全是领导科学而是领导科学和艺术。是的，要加"艺术"，不可能那么死，要活一点。

所以要培养领导干部实际上是培养通才。通才怎样培养？前面几节已经说到这个问题，我再在这里就培养领导干部讲得具体些，讲六个方面的学习：

第一方面是最根本的，也就是马克思列宁主义毛泽东思想的基本理论，按习惯的提法就是辩证唯物主义、历史唯物主义、科学社会主义和政治经济学。

第二是实际情况的学问。这是介绍我们国家今天的情况和世界今天的情况以及这些情况的历史由来。也就是中国和世界的地理、资源、人口、生产、贸易、军事、文化等各个方面以及中国历史、世界历史。

第三是现代科学技术概况。当然，这里只讲讲一般情况是科普知识。本《讲座》的后面各讲就是介绍这方面情况的。

第四是文学艺术。提出文学艺术作为培养领导干部的课目是必要的吗？

我认为是必要的：毛泽东同志不是一位文学艺术家吗？周恩来同志不也是一位文学艺术家吗？我们党的许多杰出领导人都有很高的文学艺术修养，为什么不想想文学艺术的高度修养对他们的领导才能所起的作用呢？而且我们已经从根本上认为领导才能不只是科学，而且也是艺术，没有文学艺术素养的领导干部，其发展是要受影响的。

第五是军事。我们老一辈的革命家都是在革命战争中打出来的，对军事当然十分熟悉。但是现在我们是在和平环境中培养领导干部，而战争的因素还不能排除，要“居安思危”，要学习军事知识，培养军事素养。

第六是体育。领导干部工作繁重，身体条件好是非常重要的，所以培养领导干部要参加一定的体育训练。

古今中外有许多杰出领导人才成长的记录，从中可以概括出培养领导干部的方法。我上面讲的这六个方面是想包括这些经验，但不知做到了没有？

一位领导干部做出决策，他是主要负责人，但在今天决策的全部工作不应该是他一个人做的。这个做法最早是从军事决策开始的，在军事行动中，辅助指挥员作决策的人称参谋。在我国据说始于汉代，叫“参军”，在西欧则始于 18 世纪的普鲁士王国，就是参谋部。军事参谋业务后来有了很大发展，成为作战指挥的重要组成部分。到了 20 世纪，这样为领导决策咨询服务的工作已大大扩展，普遍进入了垄断资本主义的大型企业。20 世纪 30 年代美国总统设置了所谓“智囊团”是政府的咨询集体；到了 20 世纪 50 年代美国的咨询服务公司大量涌现，如著名的兰德公司（Rand Co.）就是[11]。这些事实说明要对复杂的事务做出科学的决策，只靠一个领导人是办不到了，他需要一个咨询参谋集体，一个班子。这是个包括多种专业人才的集体，用集体的智慧为领导决策提供咨询服务。这是领导决策科学化所必需的。

近几年来，我们国家的领导机关也已采用了咨询集体的做法，已经建立起一批这种机构。如国务院就有国务院经济技术社会发展中心，国务院国际问题研究中心、国务院经济法规研究中心，国家计委就有经济预测中心、国家科委就有科学技术促进发展研究中心、国防科工委设科学技术委员会等。我所熟悉的一所“民间”咨询集体是航天工业部信息控制研究所，所谓“民间”，是因为他们接受各方委托咨询业务。这一趋势将会发展下去，领导决策的咨询机构将会更多，其业务所需要的科学技术也会进一步深化。

什么是决策咨询机构所要的科学技术？为回答这个问题，我要介绍一下决策咨询机构的工作，这是大不同于一般所谓在领导人主持下的专家研究讨论座谈会。专家座谈会上，专家们各就自己的专业知识和工作经验，对决策的题目讲一通自己的看法，各有一得之见，也都十分重要，但往往无法形成一个决策。在这种情况下，领导下决心也就不免拍脑瓜，一板定案，搞错了的危险是存在的。这是专家的话形不成科学的答案。而上面讲的咨询机构则不然，他们也要请有经验有专长的专家来发表各自的看法，但咨询机构要把专家的意见进行分析，理出条条，纳入一个数学计算模型，也就是明确参数之间的定量关系。模型还要引用各种调查所得数据，尽量核实的数据，如数据有不确定的幅度，也得标明。然后把模型放到电子计算机里去计算。得出结果后，再把结果告诉原来提供看法的专家们，再次征求专家们的意见。如此反复，直至大家满意；这最后结果就是正式的咨询机构对决策问题的答案。显然，这种咨询机构的工作需要三个方面的协作：一是各位有经验有专长的专家们；二是调查数据的提供单位；三是建立数学模型，进行电子计算机运算分析的人，即系统工程、系统科学的专家集体，包括计算机专家。调查数据大概取自情报信息系统。有经验有专长的专家可能在咨询机构内部，但也常常要求教于咨询机构之外的专家们。所以科学的咨询业务是靠专业协同来完成的，但必须有个实体，以系统工程、系统科学、计算技术为主体的实体，这个实体就是咨询机构本身。

明白了咨询机构的工作内容，我们也就可以知道咨询业务所需要的科学技术，即社会主义国家学、社会系统工程和电子计算机技术。用它来帮助领导干部制定社会主义建设的国家大战略和部门战略。

从以上说明的情况看，现代化的咨询工作是引用了现代科学技术的最新成果的，现代化的咨询工作是集体智慧所创造的，因而现代化的咨询工作是领导的可靠助手。一位有素养的领导者使用了这种咨询机构所提供的参谋方案，加上自己的领导科学和艺术才能，一定能使他的决策科学化；领导决策的科学化是完全可以做到的。有了领导决策的科学化，我们就能在复杂的高速发展变化的环境中减少失误，从而使我们国家顺利地从第一个阶段走向第二阶段，从第二阶段走向第三阶段，完成到建国 100 周年的建设社会主义强国的大业！

注释

［1］ 张奎良：《马克思的社会形态学说的形成》，《求是学刊》，1984 年第 6 期

［2］ 卢俊忠：《社会经济形态不是经济形态》，《理论月刊》，1984 年第 8 期

［3］ 彭迪：《试论当今的战争与和平问题》，《解放军报》，1985 年 8 月 6 日，一版

［4］ 恩格斯：《反杜林论》，《马克思恩格斯选集》，第三卷，第 323 页

［5］ 钱学森、乌家培：《组织管理社会主义建设的技术——社会工程》，《论系统工程》，湖南科学技术出版社，1982 年，第 28 页

［6］ 钱学森：《研究社会主义精神财富创造事业的学问——文化学》，《中国社会科学》，1982 年第 6 期

［7］ 钱学森、吴世宦：《社会主义法制和法治与现代科学技术》，《法制建设》，1984 年第 3 期

［8］ 钱学森：《把系统工程运用到我国对外贸易领域》，《对外经贸研究》（对外经济贸易部政策研究室），1985 年 3 月 20 日第 10 期

［9］ 钱学森：《保护环境的工程技术——环境系统工程》，《环境保护》，1983 年第 6 期

［10］ 钱学森、王寿云、柴本良：《军事系统工程》，《论系统工程》，湖南科学技术出版社，1982 年，第 40 页

［11］ 张静怡：《世界著名思想库》，军事科学出版社，1985 年

社会主义建设的总体设计部*

同志们要我来讲“吴玉章学术讲座”的第一讲，我感到很光荣，但又感到自己能力有限，困难不少；可是我也想借这个机会来表示我对吴玉章同志的敬意。至于我实际做得如何，请同志们评价；有不妥当或错误的地方，请同志们指正。

我的讲题是“社会主义建设的总体设计部”。我定了这个题目以后，心里想，我这么说会不会引起误会呀？人们会不会问：还要不要党的领导、国家的领导了？所以我就赶快加了一个副标题，这个副标题就是“党和国家的咨询服务工作单位”。意思是叫总体设计部也没什么了不起的，因为这本身就是一项咨询服务工作。

关于总体设计部是领导的咨询服务工作单位这一点，在我们国家，早就在一个比较小的范围内实践过。什么小的范围呢？就是在研究制造原子弹、氢弹和导弹这项事业中，一开始我们就认清了它的复杂性，必须是在党和国家领导下进行，所以这两项工作，每一项任务都有一个总体设计部，由总设计师、副总设计师领导，总设计师、副总设计师的工作要依靠总体设计部。总设计师最后定下来的方案，总设计师要签字，但仅仅是作为总设计师经过科学的论证和大量的实验提出来的自己的建议，最后，还是由部门的领导拍板定

---

* 本文是钱学森同志在 1987 年“吴玉章学术讲座”上的发言，刊登于 1988 年 2 月《中国人民大学学报》。

案。同志们可能知道，在那个时候，领导这项工作的是周恩来总理，日常事务由聂荣臻同志负责。他们是领导，我们这些人呢，只是技术咨询服务工作者。但是那个时候，这样一个部门是明确的，称为总体设计部，就是总设计师、副总设计师这么一个体系。这几句话也就是说，我们今天讲社会主义建设的总体设计部不是没有依据的，不是没有实践经验作为基础的。对这个题目，我在过去十多年里，大概也写过30多篇文章，今天叫我来讲，我就把这几年来写的、想的一些问题总起来讲一讲。

在镜泊湖(1988年)

今天的中国和世界以及我们看得到的21世纪的发展

首先我向同志们汇报一下：从1987年3月中下旬到4月初，我去英国和联邦德国作一次短期访问，留给我一个很深的印象，就是我们中国还穷。比起他们来，我们穷。可以拿数据说明：我们的广东省跟联邦德国在面积和人口上都差不多，广东省的面积是21.2万平方公里，联邦德国面积是24.9万平方公里；人口呢？广东省(前几年吧，因为我没有今年的数字)近年的人口数是6075万，联邦德国人口是6143万。所以，就面积和人口讲，广东省和联邦德国差不多，区别在哪儿？区别就是国民生产总值。按国民生产总值这个口径来算，那么广东省前几年大概是300亿人民币，折合成美元大概是80亿美元；而联邦德国是14 000亿西德马克，折合美元大概是7 600亿美元。按照这个比例，如果广东省是1的话，联邦德国就是93，也就是说大概联邦德国要比广东省阔100倍。再有就是国家来比了，按照世界银行在1987年4月6日公布的1985年国民生产总值的数字，你也可算出人均国民生产总值。这样算下来，如果中国是1的话，那么意大利是20；英国是27；法国是30；联邦德国是35；日本是36；美国是53(1985年)。这一点，大家应该记住：中国穷，认识到这个穷是很重要的。因为我们是唯物主义者，物质基础还是基本的问题。当然，不仅仅是物质，还有精神，还有社会制度。所以我在英国的时候，就跟英国皇家学会会长Potter爵士(他是得"诺贝尔奖奖金"的化学家)说："我们中国有一点比起你们英国来我们是不能忘记的，那就是我们还穷。"他也说得很好："你们中国我也去过，印度我也去过，你们人民还能生活嘛，不是满街满巷的要饭的。可是在印度，却不得了，到处都是乞丐。"他的话是实事求是的。当时我也想了，我不好作为一个中国人向他这位英国爵士宣传共产主义，不大礼貌吧！所以我仅仅说了："您说的这话是对的。"我心里想，大家恐怕也清楚，中国跟印度为什么有这么大的区别？一句话：印度是资本主义，我们是社会主义。所以我想我们千万不要忘记我们是走社会主义道路的，这一点是绝对不能忘记的。所以，我觉得党中央的政策、方针：一要坚持四项基本原则，二要改革、开放、搞活，非常正确，这是真理。我们考虑问题必须从这样一个观点出发，应该用马克思主义哲学，用辩证唯物主义、历史唯物主义来看今天和今天的世界，用历史唯物主义来看社会的变化。

同志们当然知道，社会的变化可以是缓慢的变化，有时前进，有时有错误还倒退一点，而总的是前进的。但是这个前进也不是平稳的，有时候发现变化是飞跃性的、急剧的，用我们的语言叫作革命。社会上的一切事物都有革命的变化。譬如说：在科学方面，从地心说转变到日心说，这是一个科学革命；牛顿力学的出现也是科学革命；到了20世纪初，又出现了相对论，出现了量子力学，这都是科学革命。科学革命就是人认识客观世界的飞跃。那么人认识了客观世界，还要改造世界，这就有一个技术问题。技术也是有飞跃的、急剧的变化，这就叫技术革命。在人的社会历史发展中，也有多次的技术革命。在远古的时候，甚至在还没有科学的时候，也有技术革命。譬如说：人学会了用火，那就是技术革命，现代原子能技术就是一个技术革命。所以说有过多次的技术革命。科学革命和技术革命，这是人认识客观世界和改造客观世界的飞跃，而它必然地影响生产力的发展。我们知道，生产力的发展又引起了社会结构的多方面的变化。要是用马克思的话来讲，这种社会变化叫作社会形态的变化，而社会形态的急剧变化或飞跃就是社会革命。这个变化又可分为三个方面来讲：经济的社会形态的飞跃，这是产业革命；政治的社会形态的飞跃，这是政治革命；意识的社会形态的飞跃，这是文化革命（这是真正的文化革命）。从这样一个观点来看，产业革命也有过多次了，不像从前书本上讲的好像只有在西欧 18 世纪末，19 世纪初的那一次叫产业革命。那一次的产业革命，实际上是大工厂的出现，大工业的出现。但是在人类社会历史上，是有过多次产业革命的。譬如说，人从采集果实、打猎，到人种地、种庄稼、搞畜牧业，人从完全依靠自然变成部分靠自己搞生产，这就应该说是一次产业革命。后来在奴隶社会的后期，又出现了商品生产——就是人不光为自己的消费而生产，还会交换生产了，这也应该说是经济的社会形态的一次飞跃发展，这又是一次产业革命。刚才说的农牧业的出现，大概说的是人类历史上 1 万年前的事情，而商品的出现大概是 3000 年以前吧。这样说来，西欧 18 世纪末的那一次，实际上是第三次产业革命了。到了 19 世纪末，20 世纪初，出现了垄断资本主义，实际上按我们现在的话讲，就是横向联合，工厂不是作为独立的单位来生产，而是工厂的集体、企业的集体组织起来进行生产，甚至生产的体系是跨国的。这个现象在资本主义世界当然引起政治方面很多很反动的东西，列宁著名的论断“帝国主义是资本主义的最高阶段”主要是抨击了这一点。列宁在那时恐怕还没有时间顾得上研究经济的社会形态的变化对生产力发展所起的作用。如果我们注意到这一点，20 世纪初的那一次就是第四次产业革命，现在所谓的信息社会等，实际上是第五次产业革命。这样讲，我觉得有一个好处，就是看看我们中国，因为长期在封建制度的控制下，又有 100 多年的半封建、半殖民地的历史，生产没有发展起来，我认为其重要原因就是生产、社会管理上的问题，也就是经济体制和政治体制的问题。从前习惯了的一套管理叫微观管理,计划经济已经管到每一个厂里去了。实际上,这是一种很落后的管理方法,完全的微观管理。而今天,这么复杂的经济体制,再用微观管理的办法,是不行的。领导人再聪明也管不了。所以,一定要从微观管理转到宏观管理,微观上要搞活,宏观上来控制、调节。

这样的变化必然涉及政治方面的变化,当然,这个变化是社会主义制度自我完善的过程,不是一个阶级推翻一个阶级的变化。这样来认识现在的政治体制改革,就是政治革命了。有了这些变化,我们就会发现人的思想意识跟不上了。今年年底出现了一些事情,其根本原因就是人的思想认识跟不上时代的发展。在我们国家,许多封建的影响还很显著。像温州,万元户有了钱,怎么花呀?修坟去了。把祖孙三代的坟都修好了,这叫寿坟。坟里面空的,但外面修得很好看。这样干,你说他怎么想的!所以,确实需要在思想认识上来一个大的飞跃,这就是观念的转变。当然一说观念要转变是不是说的有点像"全盘西化"了?我要申明,我所讲的转变是从非马克思、列宁主义的观念转变到马克思、列宁主义的观念。所以简单地讲一下,就可使我们清楚地认识到我们面临的任务是多么艰巨。

上面还是说历史,假如要说当今世界和今后的发展,就请大家想一想,我们今天的世界跟过去的世界有什么不一样?有没有不一样的地方?当然不一样的地方很多,有没有在关键问题上不一样的?在这个问题上,我想提供一些看法:我认为大家要注意战争问题。关于战争的问题,从前我们国家总是说战争不可避免,所以我们总是准备快打、大打、打核战争,你老念叨着:"战争是政治手段的继续。"(德国战略理论家 Karl von Clausewitz 语)这句话,说透了,就是和平手段不能解决的问题用战争来解决。当然我们也看到了战争好像从长矛、大刀到枪炮、炸弹,到飞机、军舰、潜艇,最后到核武器、战略核武器,好像愈来愈厉害,好像战争就是越打越厉害。这对不对呢?这也对的,是越打越厉害。到了今天,我们就应该看到另一个特点,就是战争武器发展得越来越厉害,破坏力愈来愈大,大到一个临界点了,什么临界点呢?就是核武器的破坏力,核武器作用的距离都是全球性的,就是打大的核战争的破坏是全球性的,就是没有一个胜利的国家,胜利的国家自己也全部破坏了。在过去几年,在国外也提出一个所谓"核冬天"的概念,就是说要打起大的核战争，所产生的烟雾能把太阳遮起来，全球气候的温度就要下降，下降到冬天，就是你没死，也没有吃的了。当然这是不是“核冬天”，是不是气温真的降到那样低，国外还有争论，因为这不容易计算，全球的气象模型要建立起来也不是很容易的。有的说不是“核冬天”，是“核秋天”，那核秋天也不行啊，老是秋天，也不长庄稼啊。这是说核大战，但科学技术还会引出新的更厉害的武器。美国在宣扬他搞的所谓“战略防御倡议”(叫 SDI)，最近美国有人讲：“你说的是战略防御倡议，光是防御吗？你搞的那些也是可以进攻的，比如说那些强激光炮，要在天上转，还要对准某个城市，光烧就烧坏了，都放火了。”所以美国搞的“战略防御倡议”，就不光是防御，还有进攻。就是说，把战争搬到天上了，整个空间都是战场，那么这样的战场，请问，还有什么安宁之处？恐怕全球谁要打，谁也被破坏，这是事实。

所以，要打核战争，打大战，也只有美苏两国有资格打了，他们也是用打大战、打核战争来威慑对方的，他们自己真正准备打的仗变了，是打局部战争。这就是美苏战争思想的变迁。美国从第二次世界大战结束到 1952 年，就是核武器全部研制出来以前这段时期，美国战争的思想是想打常规的世界大战。而从 1945～1953 年，苏联也是准备打常规的世界大战。这以后，核武器研制出来了，两家都变了，美国在 1953～1960 年准备打全面的核战争；苏联也差不多，稍微晚一点，1954～1964 年，他的战争思想也是核战争，但是慢慢就变了。美国从 1961～1968 年就变成了打各种类型的战争了，就是核战争、常规战争、大仗、小仗，各种类型；苏联也是从 1965～1970 年中期准备打各种类型战争。从 1968～1980 年，美国变成了准备打战区目标和局部的战争，大仗它不准备打了，大仗是做样子，吓唬人的威慑力量，真正准备打的是战区的和局部的战争；苏联在 20 世纪 70 年代中期到现在，准备打以核战争为后盾的局部战争，所谓核战争为后盾就是以核战争为威慑的局部战争。美国到 20 世纪 80 年代又更明确了一步，它准备打中、低强度战争，特别是低强度战争。以上是从美国和苏联在他们公开发表的文章中看到的战争思想变迁。

从这里我们可以看到：真正打大的核战争，谁也不敢打。我觉得从这个高度来研究战争就很有意思了。原来照马克思主义的原理，任何事物都有发生、发展，然后到衰亡，直至消灭。以前看战争好像不是这样，愈打愈厉害，愈打愈大，现在来看，就看出苗头了，Karl von Clausewitz 那句话也可变成历史了。非战争不能解决的问题也不一定用战争来解决，我觉得这样一个认识是我们应该考虑的。当然这样说并不等于我们不要国防力量了，我们还要国防力量，因为小仗还是要打的，天天在打，我们南方战场不是还在打吗？我们不能解除武装。我们还要建设一支国防力量，防止中等规模的战争，我们也要加强不要让大仗打起来的力量——世界和平力量。

在这样一个情况下，我们来看一看 21 世纪。我们要看到 20 世纪战争趋势还要继续下去，当然除核武器外，还会出现其他问题。譬如说，美国的所谓 SDI 武器，将来科学技术发展，还会有更厉害的武器，但是你要看到越来越厉害的武器反而使世界规模的大战难以打起来，因为破坏力太大，没有战胜国了，这就是我们党中央讲的："我们看到下世纪，中国还要和全世界爱好和平的力量在一起，我们有可能防止大规模的战争打起来。"这样一个情况是人类历史以前从来没有的。战争没有消灭，还有战争，我们还要建设一定的、足够的、强大的国防力量，这个国防力量不是为了打，而是为了不打，但是得有这个国防力量，不然和平还维持不了。但是世界很可能不发生大的战争，如果照这样发展，世界的一体化就更表现出来了。最近看到一条消息[1]，说现在的世界贸易越来越重要了，世界经济对出口的依赖程度越来越大，世界贸易占世界国民生产的比例在 1962 年是 12%，到 1984 年增加到 22%，这是国与国之间相互依赖的程度在增加。

刚才说过，我们现在还很穷，人家是我们的几十倍，要是我们看将来的 60 年，如果将来 60 年人家还用 1%的年递增速度，60 年后就是现在的 1.83 倍，现在如果差 40 倍，60 年后 40×1.83 就变成 73 倍了。1%的年平均递增率很小了，若年平均递增率为 1.5%，60 年就是 2.44 倍，现在的 40 倍，就变成 97.6 倍，那么说到建国 100 周年的 60 年后，我们希望人均国民生产总值 4 000 美元，是现在的十几倍，我们增加了十几倍，人家又上去，比起人家来我们还是穷的。所以，我们说我们到中等发达国家水平，而不敢说到发达国家水平，我们这 60 年要赶的距离是很大的，而我们在怎样一个环境去赶，如果我们搞得很好，可能世界大战打不起来，在这样一个条件下，我们就要看看一些重要问题。

第一个问题，就是人才与智力问题。现在各国都很注意这个问题，都说21世纪是智力战的世纪，我只是说，在这一点上我们中国人并不怕，我们中国人民是聪明的。假如今天一个对一个，我们中国人是可以打胜的，问题不在中国人本身，而在其他，这个问题很重要。刚才讲的温州，有了钱不去发展生产，而去盖坟，这太愚蠢了。但是我们中国人又不是生来就笨的，这类问题一定要解决，而且解决是有希望的。

第二个问题，就是还要强调科学技术的重要性。举个例讲，电子计算机将会影响我们整个经济和社会的活动，对这点我们在20世纪50年代是估计不足的，但是30多年的发展给我们明确地指出来了。电子计算机是今天生产力里面一个非常重要的组成部分。科学技术的发展，生产的发展，没有电子计算机是难以设想的。但现在请注意，还有一个问题，就是智能机——有智能的电子计算机。现在的计算机已很了不起，但是也没啥。因为现在的电子计算机是最笨的机器了。它只会干你告诉它干的事，你没告诉它的事它不会干。现在讲的智能机，你可以告诉它一个题目，不完全告诉它这个题应该怎么去解决，它自己会解决，这就叫具有一定智力的计算机了。现在各国花很大力气搞的就是这件事情，若造出来那不得了，那对生产力的发展，整个社会组织的变化将是一个很大的推动。还有其他方面的发展，如超导体的工作，原来是液氦的温度，现提高为液氮的温度，用液氮问题要简单得多，现在还在努力，将来用干冰的温度就行了，那就更方便了。再往后干冰也不要了，在常温下它就是超导，那更了不起了。

以上这些科学技术的发展要千万注意，我也说过，这些发展恐怕会引起再次的技术革命。我以前说了，现在的这一次叫第五次，再一次叫第六次。在第六次产业革命最重要的一个方面就是关于利用太阳能来生产的农业类型的知识密集型企业。现在我国真正注意到这方面问题的还只是种庄稼、种棉花。地地道道的农业我们抓得很紧，至于说其他类型的利用太阳能，通过生物的生产，我们重视得还很不够。前几天大兴安岭森林着火，这是很糟糕的事了，损失很大，不过最后也引起我们重视林业。再有一个，是草原与草地的利用，我们也很差。其实中国有60亿亩草原、草地，北方的草原有43亿亩，南方的草地有13亿亩，这些数字要比农田的数字(不到20亿亩)多得多。假如光是南方的这些草地利用好的话，我们的畜牧业就可以赶上新西兰。再有一个方面，就是沿海地带发展渔业、海草这些生产，我管它叫“海业”。最后还有就是沙漠也可利用，因为沙漠也不是什么也不长的，我管它叫“沙业”。所以绝不只是农业，而是农业、林业、草业、海业和沙业，是五业；而且是知识密集型的企业，现代化的、充分使用了现代科学技术的企业。第六次产业革命就联系到21世纪这些方面的可能发展，这个和生物技术结合起来，它的前途是很远大的。最近看到一条消息：中国科学院水生生物研究所一位副研究员所领导的鱼类基因工程小组，就很成功地改造了鱼类，可大大提高鱼类的生产，这方面的发展前途也是远大的。

另外，我觉得要看到一些由于生产发展了而产生的整个社会的反应，整个社会的文明问题。前不久我们国家曾经公布[2]到2000年对农业方面的要求，一个是总产量要提高到5 000亿公斤，这个我觉得是重要的，引起我注意的是到2000年我国还有一个要求，就是使得农村人均收入和城市人均收入一样。这一条很引起我的震动。我想，原来我们共产主义的理想就是消灭三大差别，三大差别中的一个差别就是城乡差别。如果我们到2000年在中华人民共和国消灭了城乡差别，那恐怕应该是大书特书了，在人类历史上是了不起的事情。所以不但整个科学技术引起的变化我们都要注意，我们还要想想，我们这个国家到21世纪到底怎么样？刚才说我们才是中等发达国家的水平，人均国民生产总值是4 000美元，但4 000美元也很多，有很多问题我们应该考虑一下。不久以前我去旁听一个讨论，是关于汽车工业发展战略问题的，我就讲了，我们这个10亿人口的国家将来小汽车怎么样啊？美国在四五十年代，小汽车已经多得不得了，当时欧洲国家还骂美国人：“你们是傻瓜，小汽车到处跑，建那么多的高速公路，污染。”现在，英国、联邦德国他们也到处是小汽车、高速公路。这是他们。我们怎么样呢？假设我们也那样干起来的话，这可得早做准备，这要多少小汽车，多少高速公路？这样的问题实际上就联系到21世纪我们的文明建设到底将会怎样的问题。

上面讲了这么多，是想用我所想到的给大家提一提。今天我们国家所处的世界是怎样一个世界，到21世纪世界又是怎样的一个世界，我们要建设有中国特色的社会主义，这是必须考虑的问题，这将是一个高速发展变化的世界，真是“四海翻腾云水怒，五洲震荡风雷激！”

国家的整体功能以及改革的整体性

从前我提过一个看法，就是国家的功能是一个整体，要全面地讲，大概也可把它分为八个方面：

第一方面：物质财富的生产。即我们所说的第一、第二产业。

第二方面：精神财富的创造。包括科技、文教、文艺这些方面，或者叫文化建设。

第三方面：为第一、第二做后盾的后勤服务方面，包括所有的商业、服务业、通信、交通等，在国外叫第三产业。

第四方面：政府行政组织管理。最主要的就是在微观搞活的基础上，政府的行政组织管理是宏观的控制和调节。

第五方面：法制。这方面我们要做的工作很多，建立社会主义法制这是一件很大很大的事情。

第六方面：国际交往。包括国际事务、外交、友好往来、人民团体的往来，也包括国际贸易。国际交往应该是全盘的考虑，不能分散地考虑。

第七方面：国防。刚才已讲，不再说了。

第八方面：我们生活的环境。这个非常重要，这件事现在重视得还很不够（环境保护、三废利用等）。我曾经提出过，我们说环境保护太保守了，现在的科学技术完全有可能为我们创造一个前所未有的好的生活环境，只不过我们没有注意罢了，我们自己给自己搞了一个很糟糕的环境。

总的讲，有以上八个方面，而八个方面又是相互关联的，是一个整体，我们必须认识到，一个国家是一个整体，不可分割。

再就是怎么来管我们这个国家。我刚才也说了，就是要用宏观的方法，不能用微观的方法。对此我曾经在体改委的一次发言中讲了一个科学上的故事，我说：在牛顿力学出来以后，科学家认为宏观无非是物质运动，物质运动的规律现在都已掌握了。牛顿定律好像可以预见所有将来的事情。有这么一件很有趣的事：法国物理学家拉普拉斯写了一本书《天体力学》，写好后，当时拿破仑是皇帝，他就送了一本给拿破仑。拿破仑也不懂力学，但他召见了拉普拉斯，拿破仑问拉普拉斯："你写的这本书里怎么没有上帝？"拉普拉斯回答说："我不需要上帝。"意思是说，力学已经可以预见所有物体的运动，所以我就可以预见世界的发展，用不着什么上帝。那么拉普拉斯的这段话有没有道理？有一点道理，但也不完全。问题在哪里？问题在于拉普拉斯不可能知道所有世界的物质的每一部分的现在位置和现在的速度，比如说，我们这个屋里的空气主要是氧分子和氮分子，那么你在预见今后这个空气整个将来的历史，你必须知道这屋子里空气的每一个氧分子、氮分子的位置和速度，这可能吗？不可能。因为在这个屋子里空气的每一个氧分子、氮分子有亿亿万万个，数不清。这就像要给国家的每个企业都下指令似的。你们能知道任何一个时间里所有的企业的运转情况吗？等他报告上来已经过时了。所以拉普拉斯的话也不可能实现。后来在物理学中就出来另外一个方面了，就是统计物理学。这是20世纪奥地利物理学家玻耳兹曼提出的。而玻耳兹曼当时搞统计物理学，他的同事责难他：你玻耳兹曼怎么搞的，本来客观世界的因果关系是明确的，你怎么搞了一个统计物理学，把这个因果关系给模糊起来了？玻耳兹曼无言回答，后来他精神失常，自杀了。这个故事，实际上就是说，不是说我不能够知道，而是我实际上做不到。我觉得在社会主义国家里，由于我们的目的是一致的，因此我们可以用微观管理的办法将指令下达到每一个企业，但是问题在于企业的状态不可能每一个瞬间都知道，实际上最后下的指令是糊涂指令。在这样的情况下，与其去微观地下指令，还不如让自己干，但要在法律规定的范围内去干，这样可以用调节方法来控制市场，现在讲发展计划指导下的商品经济，即微观要放活，宏观要管理。在这样一个指导思想下，我们国家的宏观管理方法就需要改革，过去我们采用的方法有以下几种。

一是经济法。譬如说，我见到什么问题就抓什么，也叫分散处理办法；还有一个，就是抓重点法，认为哪个是重点就抓哪个；还有一个常说的办法叫"摸着石头过河"。我觉得这几个方法面对整个国家这样一个复杂问题，而且又是在急剧变化、发展的社会，要真解决问题恐怕是困难的。我最近讲过，放卫星这是一个很复杂的问题，我们可不能摸着石头过河，就是说，火箭上去了，再测它的位置、速度，等位置、速度测下来，知道它要往哪去了，再看看去的地方对不对，若不对，就再纠正一下，这不就叫摸着石头过河嘛！要是这样干，那卫星不知要放到哪里去了。我们是把轨道的可能性都算好了，然后预先设计了控制系统，然后还设计好了万一出现一些不正常的干扰将如何处理的系统。这些都由电子计算机控制，这时才能放卫星。所以我看刚才这几个经验方法恐怕都困难。要说理论方法，现在关于社会主义建设的理论很多，这些理论我认为也都有道理。但我想假设问一下写理论文章的人："你敢不敢签字，我按你说的理论方法去下决心干，出了问题我可是要问你的。"恐怕他不敢签字。若有一个重大国家建设问题，请了专家来讨论，专家们都会说得很有道理的，并且都有一套方案。但很可能专家们最后几句话是："这是我的见解，我可不敢保证你按我这个办法去做一定行，不出问题。"另外还有一种常见到的情况，就是介绍某国在某个历史时期是如何办的，好像很成功，那么我们是不是就可以照他的办呢？这恐怕就说不准了。别国在他的具体条件下，在一定的时期内是一个成功的措施，拿到我国行不行？恐怕借鉴外国的办法也没把握。现在我们国家在发展、改革中所出现的问题，而且正如前面所讲的，是高速发展和变化中所出现的问题，使我们感到确实复杂，老办法是不够用了，除了上述的几个方法外还有另外一个方法应该考虑，这是我要介绍的系统工程。

首先要讲一点历史。在第二次世界大战中，开始某一国的统帅部都感到战争的复杂性，当时就找了一些完全不懂战争的人（搞数学、搞理论的人），请他们想一想有没有科学的办法来处理战争，这就是在第二次世界大战中发展起来的"军事运筹学"。这个方法后来很灵，很解决问题。所以在战后就用到公司、企业的经营管理中，就把以前的"科学管理"换成了"管理科学"。管理科学就是将军事运用上的一些数学方法应用到企业的组织管理中，但这也是不容易的。人要认识一个问题是很不容易的，外国人也是这样。举一个例子，就是鼎鼎大名的福特汽车公司的例子。老亨利·福特原来出身于农民家庭，他 16 岁跑到底特律当工人。他很聪明，开始搞汽车成功了，之后他看到社会的需要，就开汽车公司。他只是一个很好的技工，他不懂管理，所以他开的汽车公司倒闭了，破产了。但老福特也很倔强，他不承认失败，第二次组织汽车公司，但他还是不会管理，结果又倒闭了。第三次又组织汽车公司，这次他吸取了前两次的教训，找了一位组织管理专家来当经理，这位专家用了三项措施，第一要进行市场预测；第二要采取流水作业法；第三要建立销售网。这次办起的汽车公司就成了著名的福特汽车公司了。在这个时候，亨利·福特被胜利冲昏了头脑，他以为他不需要这个总经理了，他以为他自己行了，又用他的老的管理办法，结果，在第一次世界大战以后，福特汽车公司又走向下坡路。到了1930年左右，公司又不行了。亨利·福特这才承认自己那一套方法不行了。到了1945年，他让位给他的孙子，他的孙子跟他爷爷不一样了。他是在美国哈佛大学学企业管理的，他接管以后，又请了他的同学帮忙，这样福特汽车公司又上升了，可以和通用汽车公司平起平坐了。但是有意思的是这位后代也被胜利冲昏了头脑，又把他的班子解散了，结果又垮台了。经过这一系列的经验和教训，他们才真正明白，不用现代的管理方法是不行的。大家想想，前后几十年的时间，几次破产、再建、又危机，最后才认识到用科学的管理方法，用系统工程是必要的。所以说利用系统工程的方法来管理，是人类的经验、教训总结出来的。

今天外国大的公司都是用系统工程的方法来管理，没有不用这个办法的，并且可以说得很形象，大公司的董事会总在大楼的最高层，而它的咨询机构就紧接在下面一层，大老板靠的就是下面的这一层，关系密切啊。但是我们要问，在资本主义制度下的系统工程方法能不能用到国家管理上呢？可以告诉大家，这不可能，也做不到。因为资本主义国家内各种利益集团在竞争，没有一个共同的目标，所以国家规模的管理不能用科学方法，他们对这个问题的评论，都讲不成功。有的说："专家胡说八道。"有的说："总统所讲的根据某某预测而提出的某某计划都靠不住，那是为了下一次竞选用的，数字都是假的。"这很清楚地说明了一个问题，这些科学方法在资本主义国家是没有法子应用的，它只有在大企业中，在企业内部才可以用；到了国家规模它就不能用了。去年在软科学会上我讲了这个问题，我说，我们相信系统工程、软科学这些方法在我们国家的管理上是可以用的，因为它是科学的方法，它与马克思列宁主义、毛泽东思想完全可以结合起来。同志们要看到外国资本主义国家利用这些方法在管理国家上的失败是必然的，因为他的社会制度是资本主义。这段话是说明在我国完全可以用系统工程这个科学的方法，而且这些科学方法在近半个世纪以来，在更小的范围内如军事作战计划中，企业经营方针的计划中，是成功的。现在我们只是把这些成功的经验用到国家规模，而且这个运用是我们国家——社会主义中国得天独厚的，资本主义国家是不可能用这个方法的，显然是在外国发展起来的一个科学方法，但是我们可以搬来用，与我们的社会主义制度结合起来，与我们的马克思列宁主义、毛泽东思想的理论结合起来。

前年，中央领导同志在全国党的代表会议上就讲过："改革是一项伟大的系统工程。"我觉得这个结论是非常对的。下面我讲一讲具体应该怎么办。

我举一个用系统工程的成功的方法：航天工业部的系统工程中心，在过去几年中，他们给国家做过一些咨询工作，如关于粮油倒挂这个问题，他们做出了一个很具体的分析，给国家提出了建议，这个建议得到国务院的赞赏，下面我说说他们是怎么做这个工作的。

第一条，系统工程的这些科学方法、模型都是定量的方法，但是在国家这些复杂的经济问题面前，怎么才算是建立了正确代表客观实际的模型？在系统工程中，电子计算机里要建立一个模型，就是事物之间的模型，这个模型怎么建才能反映事物之间深深固有的关系？这要靠经验和学问，这叫定性的分析，所以这个中心的成功就在于他们认识到了这个问题，就是光靠电子计算机专家、系统工程理论专家是不行的，还要有真正的有经验的经济学家来参加，他们把这一条叫定性、定量相结合。我觉得这样一个看法是符合辩证唯物主义的。

第二条，就是三个方面的力量要协同。哪三个方面呢？定量的方面就是系统计算、系统科学、电子计算机这方面的专家，这是一方面；然后就是要有经验、有知识的经济学方面的专家；第三个方面，数据、资料、情报。他们工作做得有成绩，就在于他们把这三个方面的力量结合起来了。他们利用这些经验对国务院所给的一些咨询课题已经做出了成绩，今天是不是可以考虑把他们这些经验更进一步地扩大、推广到国家的整体设计中？我看可以。

我国在系统科学基础理论上所达到的水平在世界上还是领先的，有了这个理论，有没有计算的工具，这也很重要。我国计算机是在发展两弹工作中搞起来的。今天我国容量最大的运转速度最高的电子计算机，就是所谓的“银河计算机”。该机连同它外围设备的水平也是世界上先进的。所以，技术科学的基础我们是具备的，我们做计算机的人还是很有成绩的。另外计算机科学的理论我们也是具备的。

第二个方面就是有经验、有学问的专家，这个我们当然有，在座的就是，还有不在座的。我们多年来搞经济工作和政府工作的专家很多，也包括刚才讲的理论专家，刚才说了让理论专家签字、画押他觉得不好办，但是现在不要签名画押，就请你提意见，提了意见我按你的意思设计出一个模型，算出结果，然后再请你来看看行不行，你若还有意见，我还可以改，改了以后再算，算出结果再报告给你，你还有什么意见，这样不断改，改得你说不出意见来了，所有的专家都说不出意见来了，那就是我们中国最高智慧的结晶了。上面讲的航天工业部系统工程中心这几年工作中所谓三个方面的结合就是这样：他们老是摆出他们的计算结果，向经济各方面的专家征求意见，有了意见就改，改了再征求，这样就可以把全部经验理论知识综合汇总起来。单项的理论成果，单条的经验是很难概括全貌的。但是一点一滴的东西，汇总成一个整体，而这个整体又有因果定量的计算，这个东西就是完整的了。

第三个方面，数据资料问题，这个问题据我所知，不是没有资料、数据，而是资料、数据太分散。航天工业部系统工程中心却走了一条捷径，即：他们的任务是国家体改委给的，拿着体改委的“令箭”能到处打开门，他们成功了；别人要是没有这个“令箭”，恐怕不行。所以说，不是资料、数据没有，而是怎样让它起作用，我觉得这是一个很大的问题。我们要明确“信息产业”这个概念，因为资料、数据应该是独立出来的，不能锁在哪个部门，受到部门的限制。今天是迎接信息社会的时代，我们应认识到信息也是商品，信息的要求一是准确，二是及时，这就是信息商品的质量，提供这些高质量商品的当然要取得补偿，这样就可建立信息产业。从国际上看，也是如此。原来这些数据、资料也是束缚在哪个部门或公司的，后来的发展，这些部门都独立出来，成为单独的公司，它就是信息资料公司，它提供的就是信息的、数据的、资料的商品。这是说信息资料的收集、整理是一个信息产业。我们国家却是分散的，虽然资料非常丰富，但还没有组织起来。

另外，我也想到每次人民代表大会、全国政协会议，代表们提了很多意见。我在政协会议简报上看到政协委员的意见，比如说："我提的提案得到重视，正式文件都到了国务院有关部门了，有关部门也研究了，而且给了回音，回音也转到了原提案人。但原提案人表示，看了回答，它是不解决问题的。"我觉得这个问题也不怪谁，因为往往一个提案，意见要落实不仅仅涉及一个部门，它要涉及很多部门，其影响也是很多方面。要求一个部门作出回答，很难，更不要说人大代表、政协代表所提的意见，是一得之见。他的意见要是放到整个国家来看，怎么样，就很难说了。去年我在政协说："我们政协委员提的意见都很好，但是恐怕只能作为零金碎玉，不是一个完整的大器。"那怎么办呢？就要把他提的意见、提案作为一种信息储存起来，当考虑到某个问题时与这个信息有关系，就可从信息库中提取出来，这样我们就真正建立了一个意见信息体系。我想我们社会主义民主是真正的民主，将来我们还不光是人民代表、政协委员提的意见，任何一条人民提的意见我们都要重视。现在往往是有反映，但没法办，等过些日子就忘了。没有集中信息的体系将来在更大范围内考虑，报纸上文章提的意见也都是信息，也要储存到信息库中。我想，这样一个信息体系，那可真是我们社会主义国家的信息产业了。建立这样一个体系，我们刚才说的第三方面的信息资料体系就可搞起来了，这也就是信息产业。

搞这样一个三大方面的体系的技术我们国家是具备的，这又说明了我们要做的事情是完全有可能做到的。要做的事就是报告题目——社会主义建设的总体设计部。由于这个总体设计部是国家的或者国务院的，下面的国家部门还可设分设计部。但是，总体设计部与分设计部的关系是密切的。分设计部不能独当一面，不管其他，也不可能独当一面，它必须在社会主义总体设计部总的规划、计划之下来搞它的一部分工作。我想这样一个社会主义建设总体设计部的体系，无非是给党和国家提出咨询的意见，或者它自己认为哪一个问题要研究，经过研究提出报告，或者接受国家的要求，为解决某个问题提出一个咨询报告，这都可以。它的报告经过刚才说的既定性又定量的全面的科学的分析的结果，当然我们不能保证它绝对不错，但是我想这样一种做法是尽现代科学的可能做的最准确的、最全面的分析。当然，如果国家领导人接受这种咨询的意见，定下来这么办了，实践的结果也只能大部分对，还有小部分不对，因为总体设计部的工作也不可能做到十全十美，但是误差的这部分要比现在的做法小得多，小得多得多。而且有了那样一个分析研究，有这套办法，出现了一些跟预见的不完全一样的，这个改变也可以返回来调整这个模型，做必要的控制和调节，即使有一点差别也是可以解决的。这样的方法是我们现代科学所能做到的最准确的答案。万一实践中有点不一样，也不怕，也比较容易调节过来。这样的做法我们中国还是有经验的。老的经验，远的就是搞原子弹、氢弹的经验；近的就是我刚才举的航天工业部系统工程中心的经验。我们国家还有其他的部门也做了工作，也有成功的经验，许多关于发展战略的研究就属于这个类型。所以我今天讲的就是把这些成功的经验综合起来，把它应用到整个国家规模，而应用到国家规模的可能性，这也是有理论依据的，就是我们社会主义嘛！

社会主义建设理论的发展和人才的培养

最后，我想，在这样的基础上，有了这样的实践，我们对于社会科学，整个科学的发展将是一个很大的促进。譬如说，许多新的学科就可由这种实践逐步地发展起来，像经济学中除政治经济学外的生产力经济学、金融经济学。像行政方面，现在有许多论述叫行政管理学；我想不用“管理”两字也行，就叫行政学。行政，到底它的规律是什么，有没有规律，应该说在我们刚才所设想的体系中它应当是有规律的。行政学，它还是行政日常事务的学问，即办公室自动化。行政学还有它的理论基础，那就是社会主义的行政理论，它应该是政治学。至于说精神财富的创造这个领域(刚才我说叫第四产业)，新的学说也很多。以前我提过，比如说整个文化工作有文化学，科学有科学学；整个文艺工作作为一种社会活动，它的规律就应该是文艺学的规律。联系到人民行为的就是行为学。国家影响人民的行为，我想有两条：一条是做思想政治工作。做思想教育工作，有一个怎么做的问题，现在成了个大问题。不是说给大学生做思想工作，他就听不进去吗？怎么做思想工作这是一门学问。再一条就是做了还不听，那只能法治了，用法律来管。这些都是行为科学。所有上面讲这些学问都要用系统科学的理论，即系统学，我们要建立并发展系统学。

我想，这样一个社会主义建设总体设计部的体系也不光是一个工作单位，它还可以附设研究生院，培养人才。总的来讲就是科学技术的大繁荣了。

在结束这一讲的时候，我要说说建设社会主义总体设计部这个概念，不但是我们现在建设具有中国特色的社会主义所必要的，我认为不这样搞是很困难的，而且我们看到这个途径有办法可以组织各方面力量来搞。这使我又想起恩格斯在 110 年前(1877 年)讲的一段话："人们自己的社会行动的规律，这些直到现在都如同异己的、统治着人们的自然规律一样而与人们相对立的规律，那时就将被人们熟练地运用起来，因而将服从他们的统治。人们自己的社会结合一直是作为自然界和历史强加于他们的东西而同他们是相对立的，现在则变成他们自己的自由行动了。一直统治着历史的客观的异己的力量，现在处于人们自己的控制之下了。只是从这时起，人们才完全自觉地自己创造自己的历史；只是从这时起，由人们使之起作用的社会原因才在主要的方面和日益增长的程度上达到它们所预期的结果。这是人类从必然王国进入自由王国的飞跃。"[3]再读这段话，我认为这是一个科学的预见。在马列主义、毛泽东思想的指引下，又结合现代科学技术，我们现在已经清楚地看到了实现这个预见的途径了。所以我觉得我们应该有信心，我们看到现在的世界，看 2000 年的世界，看到 21 世纪的世界。我们有一条路，我们有办法，我们一定会胜利！

注释

[1] 《世界经济五大变化》，《参考消息》，1987 年 4 月 27 日，一版

[2] 《保障农业持续稳步地增长》，《人民日报》，1987 年 3 月 2 日，一版

[3] 恩格斯：《反杜林论》、《马克思恩格斯选集》，第三卷，第 323 页

创建农业型的知识密集产业
——农业、林业、草业、海业和沙业*

党的十一届三中全会以来，由于政策对头，解放了中国农村中长期受压制的生产力，我国农业大发展，形势日新月异，新生事物层出不穷，从而启示了全国人民，大家都受到鼓舞。我国科学技术工作者也因此受到教育，进而研究发展农业的新概念、新途径，提出农、工、商综合的所谓“十字型”农业，或“飞鸟型”农业，也就是变单一种植业的农业为综合生产的产业体系。在不久前发表的一篇文章[1]中，我把这一概念加以发展，提出要看到21世纪，看到在我国大地上将要出现的知识密集型农业，从而导致整个国家生产体系和生产组织的变革。这当然是一个重大研究课题，所以在这里我想再谈谈这个设想，以求教于同志们。

（一）农业型的知识密集产业

我在这里提出这样一个词，叫农业型的产业。这是什么意思？农业型的产业是指像传统农业那样，以太阳光为直接能源，靠地面上的植物的光合作用来进行产品生产的体系。太阳光是一个强大的能源，在我国的地面上，每平方厘米每年就有120～200大卡的能量，也就是每亩地上每年接受的太阳

---

* 本文原载1984年第5期《农业现代化研究》。

光能量相当于 114～190 吨标准煤。农业型的产业就有这个得天独厚的优势。

当然,这里并不是说这些太阳能都能全部为植物所利用而合成产品。限于水和肥料的供应,限于光合作用所必需的二氧化碳在大气中的浓度,限于植物本身的能力,上述巨大太阳光能只有很小一部分转变为植物产品。这个比例不到 1%,常常只有 1‰。那 99%以上的太阳光能到哪里去了呢?还没有立即离开地球,只是释放在空气里,用来升高气温,用来蒸发水汽。风和雨就是这样产生的。所以太阳光能在地球上还转化为风力和水力资源,这当然重要。因为我们在这里讲的农业型产业也要利用风力和水力来发电,用于生产。

就是变成植物产品了,人也不能全部直接利用。就以粮食作物来说,籽实在干产品中还占不到一半,其他 60%是秸秆。现在农村缺燃料,往往把作物秸秆当柴烧,肥料和有机质不能还田,是个大损失。

要提高农业的效益,就在于如何充分利用植物光合作用的产品,尽量插入中间环节,利用中间环节的有用产品。例如利用秸秆、树叶、草加工配合成饲料,有了饲料就可以养牛、养羊、养兔,还可以养鸡、养鸭、养鹅;牛粪可以种蘑菇,又可以养蚯蚓。养的东西都是产品,供人食用;蚯蚓是饲料的高蛋白添加剂。它们排出的废物也还可以再利用,加工成鱼塘饲料,或送到沼气池生产燃料用气。鱼塘泥和沼气池渣才最后用来肥田。这就是于光远同志讲的"现代科学的'穷办法'"[2]和邓宏海、曹美真同志说的"多次利用循环模式"[3]。

这样,我们一方面充分利用生物资源,包括植物、动物和微生物,另一方面又利用工业生产技术,也就是把全部现代科学技术,包括新的技术革命,都用上了。不但技术现代化,而且生产过程组织得很严密,一道一道工序配合得很紧密,是流水线式的生产。这就是农业型的知识密集产业。上面讲的只是简单的示意介绍,要深入研究下去,还有许多工作要做。但它是一个值得重视的方向,它已经不是传统的农业了;其特点是以太阳光为直接能源,利用生物来进行高效益的综合生产,是生产体系,是一种产业。我们也要注意到,只有直接用太阳光能的植物生产过程才需要占用地面,其他生产过程,利用动物和细菌的生产过程，以及工厂加工，是在厂房中进行的，可以在楼房，也可以在地下，因此可以少占地面积或不占地面积，使我们国土面积能够最有效地使用，这也是所谓“庭院经济”概念[4]的进一步发展。

当然，从天文学的观点来说，站在遥远的星球上看我们，好像没有什么变化，地球接受的太阳光能量还是通过生物，通过人，最后通过大气以低温热辐射的形式返回星际空间。但在地球上的中国，变化可大咧，这将使中国人民生活得好得多！

（二）农 业 产 业

要再进一步讨论农业型的知识密集产业，就得把这种产业分分类。第一个是农田类的农业，以种植粮食作物和经济作物为基础，在我国约占 16 亿亩面积。这个产业是目前最受注意的，因为它在我国是劳动力最多的、也是产值最高的农业型产业。它包括的不只是种植业的农，也是绿化的林、养畜的牧、养家禽的禽，还有渔，也有养蜜蜂、蚯蚓等的虫业，还有菌业，微生物（沼气、单细胞蛋白）业；当然也必须有副业和工厂生产的工业，所以是十业并举的农业产业体系。为了深入研究和发展这类产业体系，我想有必要考虑在不同地区、不同自然条件，设置试验点，调集科学技术力量，创造经验，开辟道路。

试验点该有多大？关于这个问题。我们要看得远一点：历史上，资本主义社会形成中是破坏农村、建设城市，人口涌向大城市。我们今天要走城市同农村同时建设，城市同集镇协调发展的道路。上述农业产业的据点是集镇，大约万人左右；其中直接搞种植业的只是少数，也住在集镇，早出晚归；其他生产、粮食的深度加工、食品工业都在集镇。集镇是生产和文化教育中心，盖楼房少占地。将来甚至可以发展到地下，冬暖夏凉，又完全不占地面；地上是园林，供人民游园休息。

（三）林 业 产 业

林业是又一类农业型的知识密集产业。如果包括宜林荒山，我国林业面积可达 45 亿多亩，是农业的三倍。现在林业的形势落后于农业，尚在探索最适当的生产关系。只是不久前才听到[5]贵州省有了联产承包大面积跨区山林的形式，这可能是个苗头。

纪念钱学森创建沙、草产业理论 20 周年研讨会现场(2004 年)

生产关系和生产体制问题解决了之后，就要解决林业产业的生产组织和生产技术。这方面要发展木本食用油和工业用油的生产，可以参考农业产业的一些做法。林业产业当然也有牧、禽、虫、菌、微生物、副业和工业的生产，也会有些农田种植和鱼池养殖业。

但作为林业产业特点的，是林木的加工和森林枝叶的利用。现在把原木运出林区到城市加工的做法值得考虑。能不能把木材在林区加工到半成品、成品？能不能从林区直接运出纸张？如能做到这一点，再加枝叶的利用，那么林业产业就可以大搞饲料，发展牲畜；牲畜粪又可以养蚯蚓等，获取饲料的蛋白质添加剂。而大量排放的有机废液又可以用来生产沼气，作为林业产业的燃料产品。这样我国林业产业在 45 亿亩面积上，不但提供食用油、工业用油、竹木制品、纸张、肉食、乳制品等，而且能每年提供相当于上亿吨标准煤能量的沼气。

创建知识密集的林业产业也要通过试点，取得经验。例如，县和县以下的生产组织和分工究竟如何构筑为好，就需要从实践中摸索，逐步弄清楚。

（四）草 业 产 业

再一类农业型产业是草原经营的生产，这可以称为草业。我国草原面积，如果包括一部分可以复原的沙化了的面积，一共有43亿亩，也差不多是农田面积的三倍。但我国目前草原的经营利用十分粗放，效益很低；据周惠同志的文章[6]，从1947～1983年这37年中，内蒙古自治区的约13亿亩草原，畜牧累计产值才100多亿元，折合年亩产值只0.2元多，比每亩农田的年产值的确小得多。但利用科学技术把草业变成知识密集的产业以后，这种状况是可以改变的。

怎样利用现代科学技术发展草业？还得从利用太阳光这一能源做起，搞好光合作用，也就是要精心种草，让草原生长出大量优质、高营养的牧草。这里有引种和培育优良草种的工作，还有防止自然界的敌害工作，如灭鼠：灭鼠最好少用药剂，以免牲畜受害，用鼠的天敌，如猫头鹰、黄鼠狼等。一亩草原经过这种科学改造，亩产干草多少？总可以比现在大大提高，年亩产干草几百斤总是可以的吧？这是草业的起始。

不用放牧，这草就要及时收割下来，运送到饲料加工小厂。这里有个一年能收几次和何时收割最好的问题。但以牧草为基底的饲料加工技术是比较成熟的，前面已几次提到，不必细说。

既然集中在工厂生产饲料，饲养牲畜也当然是集中的，工厂化了的。

畜产品的乳和出栏供屠宰的牲畜，这都要运到集中的加工工厂进一步加工，综合利用。而这里有些产品，如血粉、骨粉又要返回到分散的饲料厂作为添加剂。

根据前面讲的多层次利用的设想，饲料加工的废料和饲养点的牲畜粪便也要充分利用，种菌、养蚯蚓、养鱼、造沼气等。沼气多了还可以用来开汽车、开拖拉机、发电。这种生产和定居点大约有几百人的居民，构成草业的生产基地，它经营的草原范围有十几公里到二十公里。既是几百人的居民点了，就可以有小学和初级中学。有用沼气和风力的上千千瓦的电站，有生产及生活用水的供应等，从通信广播卫星可以直接收电视广播节目，这就是现代化的草业新村。

畜产品的综合加工厂设在县级小城市。那里也是政治文化中心了，应该有草业的中等技术学校和师范专科学校。

创建这种知识密集的草业产业，在我国43亿亩草原上每年可能获取几千万吨的牛、羊肉食和大量的乳品，我国人民的食品构成也将改观。当然，要做到这一点，也要选适当地区建立试点以取得经验。

（五）海 业 产 业

又一个农业型的知识密集产业是利用海洋滩涂的产业——“海业”。我国近海有70亿亩，其中浅海滩涂为22亿亩，的确是一个巨大的资源。在这里，我们主要靠海洋中天然生长着的生物光合作用的产物，以此为饲料来经营鱼、虾、贝等的养殖和捕捞，所以类似于草原放牧：草是天生的，放牲畜去吃草生长育肥。然而长期以来我们连放牧式的海洋渔业也远没有做到，只捕捞而不养殖，就如人类原始社会早期畜牧业出现以前，以打猎为生！我们从此也就可悟到创建知识密集型海涂产业的道路，就是“转‘猎’为‘牧’”！

我们以前总好像不认为海业是一门自成体系的产业，而是所谓渔业或农业的一部分，认为海洋渔业是渔村的事，最多是依附于沿海集镇的生产活动，没有得到足够的重视。最近才开始有了转变的兆头，如山东省荣成县认识到他们有300多公里的海岸线、50万亩浅滩、水产量占山东省1/3，应该承认海洋生产的重要性，要建设一批以水产品加工和养殖为主的港口小城镇。在这批城镇中有水产品加工厂、副食品厂、塑料厂、阀门厂、渔船修造厂和对虾养殖场等，构成产业体系了。这是认识上的一个飞跃！

有了正确的认识就可以探讨建设海业的措施。这里，一个方面的问题就是改进近海渔业。我国近海面积，像上面说的有22亿亩，是日本的5.6倍，而1982年我国全部海洋渔业的产量才是日本近海渔业产量的46%。改变这种落后状况的一个技术措施是投放人工鱼礁，造成在近海鱼类栖息的好环境[7]。只此一项就有可能把我国近海渔业产量提高十几倍，达到每年5 000万吨。

再进一步，我们还应该把海洋渔业变成“海洋放牧”。这就是利用有些鱼类回游到淡水产卵孵化的习性，创造河港中鱼苗生长的条件，让幼鱼自己进入海洋，成鱼自己会回来，正好捕获[8]。中国的高级食用鱼如大马哈鱼和鲥鱼都属此类。

海业产业的范围当然比上面讲的这两项技术大得多，还有海带、海藻的养殖业，虾、贝的养殖业。海产品多了，加工和深度加工以充分综合利用，就是必须发展的了。

当然海业产业集镇的建设和发展也要通过试点，创造经验。

（六）沙业产业

现在谈到的最后一门农业型的知识密集产业是利用沙漠和戈壁的“沙业”。在我国沙漠和戈壁一共大约也有 16 亿亩，和农田面积一样大。沙漠和戈壁并不是什么也不长，极干旱不长植物的只是少数，大部分沙漠戈壁还是有些降水，有植物生长，有的还长不少的多年生小植物[9]。也有小部分干旱地沙漠化了，那是可以考虑引水灌溉的。

目前人们从沙漠戈壁获取的只限于采集特产的药材，而且也只采不种。作为沙业产业，就应该改变为既采又种，提高产量。现在国外也有人在研究种“石油植物”[10]，收割后提炼类似原油的产品。这样沙漠戈壁成了取之不竭的地面油田，那真是沙业的大发展了。

所有这些，还要进一步研究，但沙业产业的可能性是存在的。沙漠戈壁有充足的阳光，可以直接用太阳能电池来发电。美国加利福尼亚州现在就有个容量为（日中发电）1 000 千瓦的电站，计划今年底要扩建到（日中发电）16 000 千瓦。预计到 90 年代每（日中发电）1 千瓦容量的建设费为两千美元[11]，将来还可以降到接近其他电站的投资。沙漠戈壁的风力资源也很大，可以利用来发电。这可以是一项非常重大的产业，但都是直接利用太阳能，没有通过植物的光合作用，不属农业型的生产。

在上面，我简单地阐述了我们称为农业型的知识密集产业，一共五类：农业产业、林业产业、草业产业、海业产业和沙业产业。农、林、草、海、沙之分是以其主要生产活动来定的，在某一类产业中某一具体的生产活动也会与另一类产业中某一具体的生产活动相同，有交叉。例如农业产业中也会有林木的经营，而林业产业中也有种植业生产，在丘陵地区就会出现这种交叉。但产业类型还是可以划分清楚的，即以主要生产活动划分产业类型，因为它决定了整个产业的结构。

沙漠变绿洲(2004 年)

(七) 有关的科学研究和人才培养

既然说是知识密集的产业，那就要充分运用自然科学、社会科学、工程技术，以及一切可以运用的知识来组织经营它。所以在这节里，要谈谈有关的科学研究。这方面的工作量是非常大的，我们要在吸取全世界的先进经验和科学技术的同时，组织我国自己的力量，包括各高等院校、各科学研究机构等来共同攻关。

在科学研究工作中的一大课题是对生物资源的全面调查研究，因为农业型的产业是靠生物来完成生产任务的。这看起来好像是老课题了，几百年来生物学不是一直在搞这项研究吗？是老课题，但有新的内容，就是要从定性观察过渡到定量观测。这是因为我们的产业是要高效益地运转的，产业的组织结构又非常复杂，一层接一层，一环扣一环，非常严密，容不得半点差错，生产组织指挥是用电子计算机计算的。这就要求生物过程要精确地定量，不能只是定性。这个要求对生物资源的调研工作来说，就是更高的要求了。

科学研究中的又一大课题是发展新技术革命的生物工程技术，如细胞工程、酶工程、遗传工程等，为农业型的产业服务，也就是大大提高生物生产的效益和对生产有用的生物功能，以至创造新的生物。

属技术开发性的科研也有几个方面。先讲用生物进行生产的生物工厂。前面各节中已经提到单细胞蛋白质用作配合饲料的添加剂，这是用有机质的废渣废液，通过培养单细胞微生物，合成蛋白质，然后分离出菌体。我们要开发这项技术。还有沼气生产过程也要研究，提高生产效益，把目前每立方米池面积每天产气0.1立方米左右提高到1立方米以上。中国科学院成都生物研究所等单位用两步发酵法是个苗头，可能达到这个指标。再就是蚯蚓的养殖也要从现在的比较原始的办法逐步发展到全自动控制的连续性生产。还有其他。这方面的技术是随着生物技术的应用迅速发展着的，我们一定要重视它。

发展性科研的又一个方面是生物化工，也就是用生物产品作原料，用机械和化学方法，在工厂中分离和制造新产品。这里加工对象是无生命的。这一类中包括各种下脚料的利用，如骨头制骨粉，骨粉提骨蛋白质等。再如树叶也可以提叶蛋白。前面多次讲到的配合饲料更是生物化工生产的一个大项目。关于这方面的问题，不久前刘海通同志作了很好的阐述[12]，大家可以阅读。

在前面的几节中也多次谈到生物产品的深度加工，这里是说农业型产业的成品可以是直接供人食用的食品，这方面的生产就是我们常说的食品工业。要重视食品工业，抓食品技术已为人们所认识，这里也不再多说了。

此外还有一项为开发农业型知识密集产业的科学技术，非常重要，但人们还不很重视，不大认识。这就是系统工程。组织管理复杂体系的技术，用到农业生产，就是张沁文等同志提倡的农业系统工程[13]。农业系统工程用到今天的农业，虽有一定的作用，不容轻视，但因为现在的农业还没有组织得那么严密，农业系统工程还不能充分显示它的威力。一旦农业系统工程用到知识密集的农业产业、林业产业、草业产业、海业产业、沙业产业就能大显身手，不但在体系的组织，而且在日常生产调度上，都会显示其威力。所以研究发展农业系统工程是创建知识密集农业型产业的重要内容。

搞科学技术还得有专业人员，所以必须提出大力培养农业型产业的专门人才问题。现在我国教育系统中，对农林专业重视得很不够，工科专业比重过大。这种比例失调一定要改正过来，大大增加农林专业、生物专业、轻工和食品工业专业的招生人数，包括高等院校和中等专业技校。可能还要考虑创办一种新型的高等学校，“理农综合性大学”。这也是改变社会观念所必需的。多年来人们对理工综合性大学很重视，而对农科大学就另有看法。有人说，美国十分重视农业技术，所以法律规定州立大学都要设农林专业，开展农林科研。但这些同志也知道，美国的名牌大学不都是理工综合性大学吗？不是什么麻省理工学院、加州理工学院吗？在我们国家也是一样。著名的北京清华大学、上海交通大学、复旦大学目前在改革中都要办成理工综合大学。所以为了树立重视农业型知识密集产业的概念，为了培养新型农、林、草、海、沙的专业人才，创办理农综合大学是必要的。那里要设农业系统工程系，还要分五个专门化：农业产业、林业产业、草业产业、海业产业和沙业产业。

（八）将在我国出现又一次产业革命

农业型的知识密集产业的创建还不只是这些产业自身的问题，工矿业要跟上，原材料也要跟上，还有交通运输业、信息情报业、教育文化事业，以及商品流通业、城乡建设和生活服务等。所以生产关系也将有很大的调整，这是政治经济学的研究课题了。对生产力的组织，变动就更大了，简直是个大改组，这是生产力经济学要解决的课题。创建五个类型的知识密集产业，涉及中国的 8 亿人，总投资大约要几万亿到几十万亿元，资金从何出？怎样利用国际金融资本？这些都是金融经济学的课题。实际问题也还远不止上述的三个方面，所以创建农业型的知识密集产业还将大大促进我国社会科学的发展。

这难道不是翻天覆地的变化吗？这难道不是我国在公元 2000 年实现工

农业总产值翻两番之后，在 21 世纪再进一步建设中国式的社会主义，向共产主义迈进吗？我曾说：大约 1 万年前在中国出现的农牧业生产是世界历史上的第一次产业革命；大约 3 000 年前在中国出现的商品生产是世界历史上的第二次产业革命；在 18 世纪末，19 世纪初英国出现的大工业生产是世界历史上的第三次产业革命；在 19 世纪末、20 世纪初在西方发达国家兴起的国家和国际产业组织体系是世界历史上的第四次产业革命；而现在由于新的技术革命所引起的世界范围的生产变革是世界历史上的第五次产业革命。五次产业革命！那么创立农业型的知识密集产业将引起的生产体系和经济结构的变革，不是 21 世纪将要在社会主义中国出现的第六次产业革命吗？这难道不是一个值得我们深思的严肃问题吗？

注释

[1] 钱学森：《关于新技术革命的若干基本认识问题》，《理论月刊》（中央党校），1984 年第 5 期，第 6 页

[2] 于光远：《运用现代科学的“穷办法”》，《人民日报》，1984 年 1 月 20 日，五版

[3] 邓宏海、曹美真：《开拓具有中国特色的农业现代化道路》，《农业现代化探讨》（中国科学院农业研究委员会），1983 年第 49 期（总 170 期）

[4] 于光远：《重视发展庭院经济》，《自然辩证法报》，1984 年第 7 期（总 146 期），一版
王云山、梁全智：《庭院经济大有可为》，《农村发展探索》（山西省农村发展研究中心），1984 年第 4 期，第 13 页

[5] 中央广播电台新闻部记者张永泰、张志贤报道：贵州省今年以来，由能人牵头联合成百上千户农民承包大片荒山造林的林业经济联合体不断涌现，为加速全省林业生产的发展摸索出一条新路子。这些林业经济联合体有以下一些特点：一是承包面积大，少则上万亩，多则十几万亩，集中连片，有的跨区、跨社；二是以能人牵头，把千家万户农民分散的力量组织起来，育苗造林，向大面积荒山进军，速度快、质量好；三是这些联合体虽然是松散的联合，但又是有组织、有领导、有计划的经济实体；四是以商品生产的观点，指挥林业生产，把承包户的经济利益同林业生产紧紧联合起来，据遵义地区 41 个林业经济联合体的统计，承包户今年已经造林近 5 万亩，育苗7 200万亩，造林速度之快、数量之多、质量之好，是多年来少见的。（1984 年 6 月中旬）

[6] 周惠：《谈谈固定草原使用权的意义》，《红旗》，1984 年第 10 期，第 6 页

[7] 冯顺楼:《投放人工鱼礁,保护近海渔业资源》,《人民日报》,1984 年 5 月 10 日,五版
[8] L. R. Donaldson, T. Joyner: *Scientific American*, July(1983)51
[9] 盛志浩:《沙漠的水源》,《百科知识》,1984 年第 5 期,第 63 页
[10] 肖允岐:《北京科技报》,1983 年 12 月 5 日第 437 期,四版
[11] *New Scientist* Vol. 100(1983)404
[12] 刘海通:《人民日报》,1984 年 7 月 13 日,五版
[13] 张沁文、钱学森:《农业系统工程》,《论系统工程》,湖南科学技术出版社,1982 年,第 121 页

建立意识的社会形态的科学体系*

马克思曾创立并使用了社会形态(gesellschaftsformation)这个词来描述一个社会在一定时期的结构和功能状态。马克思还把社会形态的经济侧面称为经济的社会形态(ökonomische gesellscha-ftsformation),而研究经济的社会形态的学问就是政治经济学,马克思的名著《资本论》就是研究经济的社会形态的划时代贡献。社会形态还有其他侧面[1],有政治的社会形态,研究政治的社会形态的学问是政治学,这在目前研究得还不够。还有一般笼统称为思想意识,而应该确切地称为意识的社会形态,这研究得就更不够了,可以说连学科的名字都不清楚。这是一个亟待解决的问题,我们想在这篇文章里谈谈这个问题,希望开展这方面的讨论。

研究意识的社会形态的重要性

我们党在十一届三中全会以后,工作中心转入社会主义现代化建设。十二大提出四个现代化科学技术是关键,教育是基础,社会主义物质文明和社会主义精神文明要一起抓,要提高全民族的科学文化水平。十三大提出要把发展科学技术和教育事业放在首要位置,使经济建设转到依靠科技进步和提高劳动者素质的轨道上来。但我们有些同志对党的这一重要战略思想并不

---

* 本文原载 1988 年第 9 期《求是》。

是认识得很清楚的，在实际工作中也没有真正贯彻执行。因此我们觉得需要对社会主义精神文明建设战略地位的思想作更为具体深入的研究和宣传。

我们提出要重视研究意识的社会形态，特别是在我国当前和今后一个时期的意识社会形态问题，要建立意识社会形态的科学体系，是从我们国家的现实、世界的现实，从历史的经验和着眼于未来的发展出发的。

从我国社会主义初级阶段的根本任务是发展生产力来说，从生产力标准来说，人是生产力中最重要的因素，最活跃、最革命的因素。人的作用能否充分发挥出来，发挥得如何，关键在于人的素质，人的思想文化水平。生产工具也是生产力中的重要因素，生产工具的改进提高也要靠文化的发展，靠科学技术水平的提高。生产者、生产工具、生产对象的优化组合，生产对象（土地、森林、矿藏、水力资源等）的科学开发和合理使用也都是与社会的精神文明的发展水平联系在一起的。所以马克思说科学技术越来越成为直接的生产力。据一些国家的分析研究，当代劳动生产率的提高，经济的增长，60％～80％要靠文化的发展，特别是科学、技术、教育的发展。

出访英国、德国（1987 年）

从生产关系、上层建筑的因素来讲，上层建筑、生产关系对生产力的反作用，就是它可以阻碍或推动生产力的发展。我们现在的政治经济体制改革就是要改革不适应生产力发展的、束缚生产力发展的生产关系和上层建筑，建立适应于生产力发展、能解放生产力的生产关系和上层建筑。对我们国家来说，其中一个重要的问题是科学管理和科学决策的问题。国内外的许多学者都已指出，我国现有的生产力水平并没有完全发挥出来，潜力还很大。有的说，中国现有的工厂企业的生产效率只及日本的1/10，关键在于缺乏科学管理和科学决策；如果提高了科学管理和决策的水平，中国现有的生产力水平即可提高2～3倍，甚至5～10倍。而一个国家科学管理、科学决策的水平，也是与科学文化水平联系在一起的。经济、政治的民主化进程，也是与科学文化的发展进程同步的。靠特权、靠不正当的关系，只会阻碍、破坏生产力发展。

从我们国家的现实来看。现在还有2亿多文盲，约占全国人口的1/4；9年义务教育制还没有完全普及；20～24岁人口中受高等教育的人数所占比例只有1%（而美国为55%，日本为30%，苏联为21%，印度为9%）。据26个省、市、自治区对2000万职工文化水平的调查，初中以下文化程度的占40%左右，中等文化程度的占15%左右（其中约60%达不到应有水平），高等文化程度的只有3%左右。

从我们改革开放中所出现的一些问题来看，中央领导同志在十三大报告中指出："几年来，偷税漏税、走私贩私、行贿受贿、执法犯法、敲诈勒索、贪污盗窃、泄漏国家机密和经济情报、违反外事纪律、任人唯亲、打击报复、道德败坏等现象在某些共产党员中屡有发生。"从干部官僚主义、以权谋私、违法乱纪，到青少年犯罪、读书无用论再起、教师学生弃学经商；从文艺领域的低级趣味、盲目模仿、非法出版活动猖獗，到经济领域投机倒把、哄抬物价、敲诈勒索、卖伪劣商品；从破坏生态、森林火灾、恶性交通事故的发生，到一些地方食物中毒、肝炎蔓延、性病死灰复燃……如果我们冷静地想一想，这些难道不都与我们有些同志忽视精神文明建设，人的思想文化素养太低有关吗？所以一些有识之士要大声疾呼：世风日下之误国甚于物价上涨。特价纳入正轨并不需要太久的时间，而端正世风，一代难成。更深的忧患恐怕是这种不正之风已侵入思想理论战线、文化学术领域，伪史料、伪科学、错误理论、劣质文化喊得惊天动地响。秦兆阳同志用四句话描绘了当前这种"时风"："轿子乱抬代替棍子打鬼，桂冠轻赠代替帽子扣人，树未成材即以栋梁相许，禾始抽穗即以丰收相视。”思想理论既可以兴邦，也可以误国。没有正确的科学的理论指导，四化、改革会误入歧途。错误的思想理论会干扰我们四化、改革的顺利进行。只有广大人民群众提高了思想文化水平，摆脱了愚昧无知，才能区别真改革与假改革，真搞四化还是假搞四化，聪明的改革还是愚蠢的改革，我们的四化、改革才能走上健康顺利发展的道路。

从历史的经验来看。现在我们社会上出现的这些问题也可以说是社会在新旧体制转变过程中必然要出现的现象，搞社会主义商品经济，上层建筑、意识形态不适应，难免要发生的一些紊乱现象。资本主义发展商品经济也有很长一段时间是这样的。马克思、恩格斯1845～1846年写的《德意志意识形态》曾讲到当时欧洲、德国的情况，思想非常混乱，什么怪东西都出来了。那时正是欧洲、德国从封建社会向资本主义社会的转变时期，人们开始从黑格尔的绝对精神中解放出来，旧的一套不行了，新的还没有完全建立起来。

列宁当年执行新经济政策时，也曾遇到过我们现在的情况，那时官僚主义、贪污盗窃、投机倒把等现象也非常严重。列宁当时思想比较清醒。在执行新经济政策前，列宁就预言，实行新经济政策后资本主义会抬头，但不能因噎废食，办法是怎样把它的副作用控制在最小的范围内。列宁的办法，一是用正确的思想路线、方针、政策来引导；二是用制度、法律、专政机关来打击违法犯罪分子；三是用全民的统计、监督、核算来堵塞官僚主义、投机倒把、贪污盗窃的漏洞。后来列宁感到最重要的还是文化建设。列宁说，官僚主义、拖拉作风、贪污盗窃、投机倒把这些毒疮是不能用军事上的、政治上的改造来医治的，它只能用提高文化来医治。他说，一个有文化、讲文明的人，很少搞官僚主义、贪污盗窃的。列宁说，现在我们一切都有了，政权掌握在我们手里，经济命脉也控制在我们手里，我们也有了正确的路线、方针、政策，那么还缺少什么呢？我们所缺少的就是文化。列宁指出，我们的许多共产党员、干部、国家管理人员没有现代文化，不会文明地工作。所以列宁提出文化革命的任务，就是要扫除文盲，提高广大人民群众的科学文化水平，也就是要实现意识的社会形态的一次飞跃，一次质的变化。他把文化革命和改造旧国家作为当时摆在苏维埃政权面前的两个划时代的主要任务。列宁甚至这样说：“现在，只要实现了这文化革命，我们的国家就能成为完全的社会主义国家了。”(《列

宁全集》第 33 卷第 430 页）

如果我们面向世界，面向未来，从世界的现实，用 21 世纪的眼光来看，那么精神文明建设的重要性就更加明显了。当代新的科技革命、产业革命正在深刻地改变着世界的面貌。到 21 世纪，脑力劳动、体力劳动的差别、城乡的差别可能要消亡，第一产业（农业）、第二产业（工业）将会缩小，第三产业（服务业、信息业）、第四产业（文化事业）将要扩大。现在资本主义国家的情况已经发生了很大变化，社会主义国家的情况也已经发生了很大变化。我们这个时代已经与列宁当年所描述的帝国主义时代有很大不同了。核武器产生后，大仗打不起来了，于是世纪大战转向经济领域、科技领域。新科技革命把整个世界连成一体，现在正可以说是世界性的经济战、科技战。在这场新的世界大战中我们能否打赢，将取决于我们的科技力量、文化力量。科学文化落后，是竞争不过别人的，是要挨打的，是要被开除球籍的。现在我们与世界先进水平的距离在拉大。苏联也已经认识到自己与世界先进水平的距离越来越大了。许多社会主义国家都在进行改革，就是为了要尽快赶上去。这可以说是继十月革命胜利、中国革命胜利后，社会主义国家的第三次伟大革命。夏衍同志曾讲到“两个 70 年”：从马克思恩格斯 1847 年写《共产党宣言》到 1917 年十月革命胜利是第一个 70 年，从 1917 年十月革命到 1987 年我们党的十三大，提出社会主义初级阶段理论，是第二个 70 年。我们想再加一个 70 年，就是到 2057 年，看我们能否完成社会主义初级阶段的各项任务。这可以说是生死存亡的 70 年，关键的 70 年，是社会主义能不能在中国最终胜利的问题。这个问题值得我们深思。但许多人对这一点还不清楚，眼光还停留在眼前的个人小利上。还需要唤起民众，要让人们有历史使命感和紧迫感。团结起来，实现四化，振兴中华，这就是今天激励人们共同奋斗的精神力量。

现代经济的发展主要靠科学技术，未来的 21 世纪将是智力战的时代。一个国家、一个民族，是否能自立于世界民族之林，是否会被开除球籍，将取决于文化建设的成败。这一点现在已为许多国家的领导人和有识之士所认识。美国前总统卡特说，过去 30 年里，美国经济的增长主要靠科学技术。R·贾斯特罗认为，美国的财富来源于人的大脑，这是取之不尽的财富。日本前首相福田说，资源小国日本能在短期内成为世界经济大国，主要靠教育的普及提高。铃木前首相提出技术立国的施政纲领,指出只有以此为基础,才能更好地面向21世纪。欧洲共同体制定了加速科技发展的“尤里卡计划”。苏共二十七大戈尔巴乔夫总书记提出了“加速发展战略”,经互会十国制定了加速科技发展的《科技进步综合纲要》,即所谓“东方尤里卡”。苏联科学院院士希里亚耶夫认为,世界科技革命中知识是万能资源。我们国家的领导人和有识之士也一再强调要重视科学文化,重视教育事业。我们党十二大、十三大提出四个现代化科学技术是关键,教育是基础,要把科学技术、教育事业放在首要位置,也就是要确立科技立国、教育立国的战略思想。过去我们忽视科学文化、教育事业,不尊重知识、知识分子,使我们国家大大落后于世界先进水平,这个历史的经验教训我们千万不要忘记。

建立宏观的意识社会形态学科——精神文明学

现在大家很关心意识的社会形态问题[2-4],但往往受过去思维概念和思想习惯影响,把这个问题称之为“文化”问题,有同志还称这场讨论为“文化热”,甚至在讨论中连“文明”和“文化”也混在一起。我们认为,要真正用马克思主义哲学观点和方法来研究意识的社会形态问题,应该建立起研究意识社会形态的科学体系。它首先是一门宏观的、综合的、高层次的学科,要全面考察意识社会形态的发展演变,是一门意识社会学,我们建议称之为“精神文明学”。精神文明学研究人的意识形态、思想文化的变化和整个社会发展变化的关系,研究意识形态、思想文化发展的规律,研究怎样把社会的科学文化推向一个新的历史阶段。社会上有些阴暗面,随着人们的思想文化水平的提高,会自然消灭。所以当前存在的许多问题本身并不可怕,可怕的是我们不认识,不清楚,不知道应该怎么去消灭它。而精神文明学应该研究这些问题,这就是它的重要性。当年马克思恩格斯正是这样研究德意志意识形态的。他们一个个地批判当时出现的错误思想理论,揭开所谓“人道自由主义”、“自我一致的利己主义”、“真正的社会主义”等伪科学理论的假面具,在批判旧世界中创造新世界,把人类的思想文化推向了时代的新高峰。

我们在这里称为精神文明学,在国外往往称为“文化学”,其研究主要有两种模式。

一种是西方资本主义国家的理论模式，主要是从人类学、哲学人类学的角度研究文明、文化，从文化起源、文化发展史角度研究文化，从各民族的文化特点、不同文明类型的比较角度研究文化现象。主要理论形态是文化人类学、文化哲学人类学。这种学说在西方可以说源远流长，名家、著作也很多。他们对文化本质、文化类型、文化发展的规律，文化比较研究的方法等，作了许多有益的探索研究。它的一个特点是文化、文明不分，而且具有很浓的人本主义色彩。

另一种是苏联、东欧国家的文化学说，叫作马克思列宁主义文化理论，主要研究马克思列宁主义学说中的文化理论。后来又发展到从哲学层次研究文化现象，叫作文化的哲学。苏联六七十年代发表了许多研究文化哲学的理论文章，哲学教科书中也增添了专论文化的章节。也有用现代系统方法研究文化艺术的系统结构的。随着苏联对人的问题研究的重视，也出现了关于人的研究和文化研究合流的现象。

在我们国家则可以说从鸦片战争、五四运动以来，许多人研究“文化理论”走的是中西文化比较学的路子，很多人的动机是想寻求一条救国救民的道路，但也有两种极端倾向。一种是儒学复兴说，或者叫新儒学、现代儒学。这在东亚一些国家、地区很流行，认为这些国家的兴起主要靠了儒家学说的复兴。现代新科技革命的爆发，又使一些人认为现代科学回到了东方的神秘主义。他们不懂得现代科学，特别是现代系统科学所揭示的系统整体思想，把它看作向古代东方朴素直观整体观的简单回复，而不是在现代科学技术基础上向系统整体观更高阶段的发展。他们不懂得基本粒子世界的理论，把它简单等同于老子的“道”，佛家的“无”。我国“文化大革命”后，随着人们对批孔运动的愤懑，有些人也从一个极端走到另一个极端，又把儒家捧到了天上，认为复兴儒学就能振兴中华。与儒学复兴说相对立的另一种极端论点是全盘西化说，或者叫彻底重建论，认为儒家学说全是糟粕，中国传统文化无可取之处；认为中国之所以几百年来落后，主要是受中国传统文化的束缚，只有全部否定，彻底重建，把西方文化全盘搬来，包括西方的经济制度、政治制度，彻底西化，走西方资本主义道路，才能振兴中华。他们忘记了中国近百年来的历史教训。介于两者之间的还有两种观点，一种是所谓“体用说”，包括西体中用说，中体西用说；另一种是综合创新说，主张综合中外各种优秀文化来创建我们的新文化。

把所有这些见解经过综合归纳，去粗取精，扬弃升华，就可以建立一门阐明人类社会中意识的社会形态的发展规律的科学——精神文明学。精神文明学能搞清社会物质文明与社会精神文明的关系，从而预见未来。这也就解决了郑必坚同志在一次文化问题讨论会上表示的困惑[5]：他感到缺少文化力量，“如果说我们的经济发展有了路数，那么文化和精神发展的路数是不是有了？恐怕还是个问题”。

建立研究思想建设的科学和研究文化建设的科学

我国侧重于文学艺术的文化理论的研究，解放以后开始是受苏联的影响，主要是研究马克思列宁主义的文艺理论。10 年“文化大革命”，文化理论的研究受到一场浩劫。十一届三中全会以后，随着改革开放，西方文化大量涌入，近几年我国文化理论的研究又受西方文化研究的影响很大，发表的一些研究文化的文章许多都是引泰勒的文化定义，走的是文化人类学的路子，也是文化、文明不分，人本主义色彩很浓。最近发表的一篇研究文化学内核的文章，主张文化学就是人化学，就是人学。近几年文学艺术领域掀起的一股性文化热、生殖崇拜文化热、原始文化热，包括各种各样的喊叫音乐、原祖生理性基础的沙哑唱法、舞蹈动作等，也可以说是这种人本主义文化的“返祖现象”。关于文学主体性的争论，个人至上主义、自我设计理论、绝对自由观念的风靡文坛，一方面固然是对 10 年“文化大革命”极“左”路线的“反思”，另一方面也是受了西方人本主义、存在主义文化思潮的影响。

现在许多混乱不清的议论，根源在于没有搞清楚文明、精神文明、文化的含义和界限。其实在我们党中央的正式文件中，早已说清楚了。我们党的十二大报告指出，人类文明包括物质文明和精神文明两大部分，这是人类改造客观世界和主观世界的成果。社会主义精神文明建设又大体可分为文化建设和思想建设两个方面。文化建设指的是教育、科学、文学艺术、新闻出版、广播电视、卫生体育、图书馆、博物馆等各项文化事业的发展和人民群众知识水平的提高，也包括丰富多彩的群众性的文化娱乐活动。思想建设的主要内容，是马克思主义的世界观和科学理论，是共产主义的理想、信念和道德，是同社会主义公有制相适应的主人翁思想和集体主义思想，是同社会主义政治制度相适应的权利义务观念和组织纪律观念，是为人民服务的献身精神和共产主义的劳动态度，是社会主义的爱国主义和国际主义等。我们觉得也可这样讲：社会主义文化是社会主义精神文明的客观表现，社会主义思想是社会主义精神文明的主观表现。

因此，在研究意识社会形态的宏观基础理论、精神文明学之下，应该有两个方面的学问：一方面是研究思想建设的，另一方面是研究文化建设的。社会主义思想建设的学问，我们认为属现代科学技术体系中行为科学[6]这一大部门，包括思想教育的学问如伦理学、德育学、社会心理学、人才学，以及做具体思想教育工作的学问。当然，引导、控制人们行为的还有法学，那也属行为科学。这方面现在已受到重视，正在开展工作，在这里就不再多说了，只指出行为科学也属于研究意识社会形态的科学体系。

研究社会主义文化建设的学问是我们称之为文化学[7]的这门学问。我们提出的文化学，有别于以上的各种文化理论，它是关于社会主义精神财富创造事业的学问[8]，关于社会主义文化建设的学问。这曾引起了一些争论，主要是在名词概念上。我们觉得一是有些同志误解了，把文化学、文艺学等同于过去的文艺理论了；二是有些同志忽视了它的重要性。其实我们现在正缺少这样一门学问，正需要建立这样一门学问。因此，我们觉得有必要对文化学的目的、任务、对象、内容作进一步的论述。

我们提出的文化学的目的、任务，是研究文化和生产力的关系，文化建设和经济建设的关系，意识的社会形态的变化发展和整个社会发展变化的关系，研究社会主义文化建设的规律，研究社会主义文化的组织、建设、领导、管理问题，为社会主义初级阶段文化系统工程提供理论依据。当然最终目的是为了提高全民族的科学文化水平，为四化、为改革服务。

文化学的研究是有一定基础的，基础就是社会主义文化建设各个方面的各自学问，按党的十二大报告中提到的几个方面，就有教育学、科学学、文艺学、出版学、体育学、广播电视学等。但文化学不是要去代替这些学科,也不是把这些学科简单地加在一起,而是要综合所有这些分支学科,成为文化建设的学问。文化学的这些分支学科现在都有人在研究,有许多经验成果可以作为文化学的基础材料。

例如教育学的研究。有的人提出可以把学校教育分为三段:初等教育,6~12 岁,达到初中水平;中等教育,12~18 岁,达到大学二年级水平;高等教育,18~22 岁,达到硕士水平。现在实验已经证明,对小学生可以搞理论思维的培养,可以把入学年龄提前。如果从 4 岁到 14 岁搞十年一贯制教育,使培养的学生达到大专水平,再读 4 年到 18 岁达到硕士水平,这样可以缩短成才时间,提高教育质量。将来随着电子技术的发展,脑力劳动体力劳动的差别要逐渐消灭,每个公民都要达到现在硕士水平。那时的研究生院可能要达到高级研究院的水平,而且是完全开放的,研究生可以自选专业、课程,师生之间也可以互相选择。我们不妨这样来设想中国未来面向 21 世纪的教育。

又如科学学的研究,其中包括科学体系学、科学能力学(有的叫科学组织学)、科学政治学(或者叫科学社会学,研究科学和社会发展的关系)。科学是认识世界、改造世界的学问,过去把它分为自然科学、社会科学、哲学,这还没有讲清楚。对自然科学不能只强调改造客观世界而不重视认识客观世界;只重视应用研究和应用基础研究而忽视基础研究。在社会科学中又没有把应用科学包括在内,不符合马克思主义理论联系实际的观点;而且过去太强调阶段性,有点片面,应该强调真理性,当然这里主要是指相对真理性,而不是什么绝对的终极的真理性。现代科学技术也是世界一体化的,科学文化没有国界,不能关起门来搞。基础科学研究也完全可以利用别国的基础设施。我们可以利用国外科学研究中心的设备,这样可以一下子进入世界现代水平。这里涉及出国研究生的问题,可以把他们的研究工作作为我国整个研究工作的一部分,纳入我们的计划,真正做到世界一体化。

再说文艺学的研究。这里的文艺学不是过去的文艺理论,而是作为文艺社会活动的学问,是关于文学艺术活动的组织、领导、管理、建设的学问。也可以包括文艺体系学、文艺组织学、文艺社会学几个方面。文艺体系学的体系包括小说、杂文；诗词、歌赋；美术（包括绘画、雕塑、工艺美术）；音乐；技术美术（或称工艺设计）；综合艺术（如戏剧、歌剧、电影、电视剧）；服饰、美容[9]。当然这种分法还可以研究。苏联有一位哲学家美学家卡冈[10]也研究过艺术形态学，也是讲文艺内部结构的。这些问题都可以进一步研究。

还有体育学、新闻学、出版科学等，都有人在研究。其实社会主义文化建设除了上面讲到的教育、科技、文艺、体育、新闻出版、广播电视 6 个方面以外，还有建筑园林（古迹）、图书馆博物馆（展览馆、科技馆等）、旅游、花鸟虫鱼[11]、美食[12]、群众团体和宗教[13] 7 个方面。这些都有它各自的学问。

文化学要利用这些基础素材，运用系统工程的方法，阐明它们的关系，找出其中的规律，使它们协同运行，发挥最大的社会效用。要搞文化设施、文化环境的系统工程学，把教育、科技、文学艺术、广播电视、体育卫生、群众的文化娱乐活动等，作为一个相互联系的统一整体的系统工程学，为社会主义文化系统工程提供理论依据。这里对教育、科技、文学艺术、广播电视、体育卫生、群众文化娱乐活动等的研究不是分门别类去研究，而是作为一个系统整体，一个综合体系来研究。

研究方法

以上我们提出了一个研究意识的社会形态的科学体系，在宏观高度上总揽全局的是精神文明学。下面分两大部分，研究思想建设的是行为科学，研究文化建设的是文化科学。这都不只是一门学问，而是科学的一个部门。在文化科学中，综合全局的是文化学，作为文化学基础的有教育、科技、文艺、建筑园林、广播电视、新闻出版、体育、图书馆博物馆（展览馆科技馆等）、旅游、花鸟虫鱼、美食、群众团体和宗教 13 个方面的学问。这个学科体系要花很大气力去经营发展，但这是我国社会主义建设所必需的。体系有了，最后我们就讲讲研究这些学问的方法问题。

总的讲，是要运用古今中外的历史经验和现实经验，决不要有先入之见，而要实事求是。例如宗教是不是文化？我们国家现在就有几十个少数民族在祖国的大家庭里，而少数民族的文化生活中，宗教常常是非常重要的。这是客观事实，不容忽视。我国的国家机构中就有国务院宗教事务局。再如花鸟虫鱼，这是人民的爱好，也是一项事业，怎么不是文化呢？所以重视历史和实际才能避免主观性和僵化。

至于方法问题，我们有马克思主义的科学方法，也就是辩证唯物主义和历史唯物主义的方法，还有现代系统科学的方法。搞意识的社会形态科学必须要用辩证唯物主义和历史唯物主义的科学方法，以避开唯心主义和机械唯物论这两个泥坑。我们还必须用现代系统科学方法，因为社会主义精神文明建设是一个极为复杂的社会系统工程。马克思讲，人是社会的人，人是生活在具体社会环境里的人。现在有些人要求把生活在中国的人和生活在美国的人一样对待，搞人本主义，这不是历史唯物主义的态度。社会系统非常复杂，像中国这个社会系统就有 10 亿多人口，包括汉族在内的 56 个民族，语言、习惯、思想都不一样。人的行为远比动物复杂，因为人有意识，人更不同于无生物，他受自己的知识、意识的影响，受社会环境影响，所以人类社会系统是一个开放的复杂的巨系统。而意识的社会形态是这个社会复杂巨系统中的一个有机组成部分，它和经济的社会形态、政治的社会形态密切联系在一起，组成一个社会整体(见下图)。经济的社会形态的飞跃就是经济革命，政治的社会形态的飞跃就是政治革命，意识的社会形态的飞跃就是真正的文化革命。精神文明学要研究人的意识的社会形态的变化和整个社会发展变化的关系，研究精神文明建设发展规律，研究社会主义文化建设和社会主义思想建设的学问。这是一个非常复杂的社会系统工程，一定要用系统工程的观点，运用系统的理论。在意识的社会形态的科学体系中居于精神文明学下的文化科学包括教育、科技、文学艺术等许多方面。而文化科学中的综合学科、文化学不是去分别研究这些内容，而是要研究它们的关系，把它们作为一个系统整体来研究，研究作为整体的文化的发展规律，研究怎样使它们协同运动，和整个社会协同运动，以发挥最大最好的社会效用。要把教育学、科学学、文艺学、体育学、新闻出版学、广播电视学等都综合在一起，形成系统化的文化学的科学理论，为中国社会主义初级阶段的文化系统工程提供理论依据。

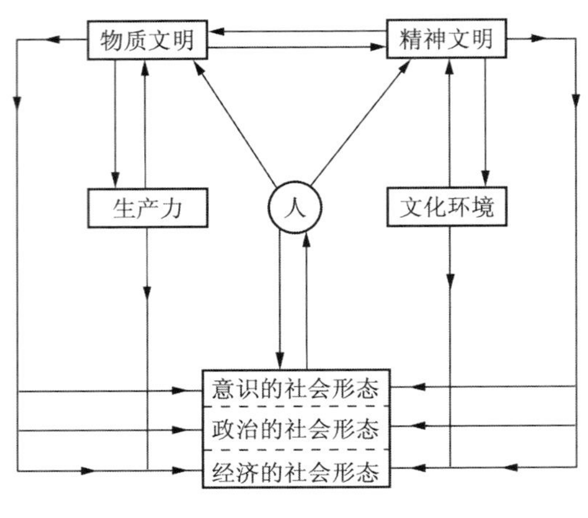

社会形态

注释

[1] 钱学森:《新技术革命与系统工程》,《世界经济》,1985 年第 4 期

[2] 何新:《文化学的概念与理论》,《人文杂志》,1986 年第 1 期

[3] 张德华:《"文化热"的方法论热点》,《上海社会科学》,1988 年第 2 期

[4] 俞吾金:《论当代中国文化的几种悖论》,《人民日报》,1988 年 8 月 22 日

[5] 郑必坚:《文化发展问题座谈会上的发言》,《自然辩证法报》,1988 年第 10 期

[6] 钱学森:《谈行为科学的体系》,《哲学研究》,1985 年第 8 期

[7] 钱学森:《研究社会主义精神财富创造事业的学问——文化学》,《中国社会科学》,1982 年第 6 期

[8] 钱学森:《美学、社会主义文艺学和社会主义文化建设》,《文艺研究》,1986 年第 4 期,曾提出文艺包括这里的七类外,还包括建筑、园林和烹饪这三类,现在这三类移出文艺,另立为文化部门

[9] 莫·卡冈:《艺术形态学》,凌维尧、金亚娜译,生活·读书·新知三联书店,1986 年

[10] 在这以前钱学森曾建议把烹饪归入文艺,现在我们受何冀平同志《天下第一楼》话剧及其热烈评论的启发,把它作为文化建设中的一个部门,并称为"美食"

[11] 钱学森:《养花是民族文化的一部分》,《花卉报》,1986 年 6 月 13 日

[12] 罗竹风、黄心川:《宗教》,《中国大百科全书宗教卷》,中国大百科全书出版社,1988 年,第 5 页

社会主义文明的协调发展需要社会主义政治文明建设*

我们之中的两个在《建立意识的社会形态的科学体系》一文[1]中，主要谈了意识的社会形态的科学——精神文明学的问题。但就社会形态的整体来讲，就文明建设的整体来讲，这只是一个侧面。为此，我们想在本文中对社会形态的整体，对文明建设的整体，特别是过去讲得很少的政治文明建设问题谈一点想法，以求教于同志们。

（一）社会形态的三个侧面和三个文明建设

在今天，一个国家应该看作是开放的特殊复杂的巨系统，因为其子系统是有意识活动的人，人与人又千差万别，在数量上成万上亿。这个社会系统真可谓复杂极了。但从宏观角度看，这样复杂的社会系统，其形态，即社会形态最基本的侧面则有三个，这就是经济的社会形态，政治的社会形态和意识的社会形态。经济的社会形态是指社会经济制度，主要是社会生产方式，包括生产、分配、交换、消费的方式，经济体制和社会经济关系。政治的社会形态是指社会政治制度，主要是国家政权的性质、形态，包括政党制度、管理体制、军事体制、人事制度、法律制度和社会政治关系等。意识的社会形态是指

---

* 本文原载1989年第5期《政治学研究》。

社会思想文化体系，主要是哲学、宗教、伦理道德观念和教育、科学技术、文学、艺术等。社会形态是一定历史时期社会经济、政治和思想文化的总称，是一定历史阶段生产力和生产关系，经济基础和上层建筑的具体的、历史的统一。

因此，社会的发展，社会文明的建设也有三个方面，这就是经济建设，即物质文明建设；政治建设，即政治文明建设；思想文化建设，即精神文明建设。我们党在十二大报告中明确地提出了物质文明建设和精神文明建设问题，指出："改造自然界的物质成果就是物质文明，它表现为人们物质生产的进步和物质生活的改善。在改造客观世界的同时，人们的主观世界也得到改造，社会的精神生产和精神生活得到发展，这方面的成果就是精神文明，它表现为教育、科学、文化知识的发达和人们思想、政治、道德水平的提高。"在这个文件中，政治文明建设虽没有明确提出，但实际上有这方面内容。报告说："客观世界包括自然界和社会。改造社会的成果是新的生产关系和新的社会政治制度的建立和发展。"这里"改造社会的成果"，"新的社会政治制度的建立和发展"就是社会政治文明建设。十二大报告的第四部分"努力建设高度的社会主义民主"实质上也就是讲社会主义政治文明建设的问题。党的十三大把我国的政治体制改革提上日程，十三大报告的第五部分"关于政治体制改革"内容实际上也是讲我国政治文明的建设问题。马克思和列宁也都曾使用过政治文明的概念[2]，但由于我们许多人文明和文化不分，这方面的概念也就比较混乱，所以要加强这方面的基础理论研究。研究社会的学问就是社会学。这方面由于我们过去把社会学看成是资产阶级伪科学，取消了社会学，用马克思主义哲学中的历史唯物主义去代替具体社会学的研究，造成了我国社会学研究的落后。党的十一届三中全会后我们才重建社会学，为了有别于在资本主义国家流行的社会学，也可以鲜明地称之为马克思主义社会学。但这差不多是开创性的工作，是不容易的；就如由郑杭生、贾春增和沙莲香组织中国人民大学社会学研究所同志写的《社会学概论新编》，[3]说是要用马克思主义做指导，但我们看也未摆脱资本主义国家中流行的一套概念的影响。因为社会是开放的，特殊复杂的巨系统，研究社会学必须用系统科学的基础学科系统学[4]的理论和方法，所以马克思主义社会学也是社会系统学。因此，社会学的建设和发展对我们国家来说是一个非常艰巨的任务。

在马克思主义社会学概括下，专门研究经济的社会形态，即物质文明建设的学问就是经济学。这门科学发展较早，但过去我们在一个很长时期中，由于把经济学的对象局限于生产关系，局限于生产资料所有制的形式、分配形式和人们在生产过程中地位关系的研究，而忽视了生产力的研究，忽视了作为整体的社会生产、分配、交换、消费的研究，忽视了经济运行机制的研究，造成了我们物质文明建设的落后，所以研究物质文明建设的经济学也还有许多工作要做。专门研究政治的社会形态，即政治文明建设的学问就是政治学。这门科学的遭遇和社会学一样，过去我们也把它取消了，这使我们对政治的理解，长期只停留在政治就是阶级斗争的简单认识上，这曾给我们带来了许多政治灾难，造成了我们政治文明建设的落后。政治学也是在十一届三中全会后才重新建立起来的，所以政治学的建设和发展对我们来说，也是任务艰巨。专门研究意识的社会形态，即精神文明建设的学问，我们曾建议称之为精神文明学，[1]这在过去也没有，是一门新的学科，现在有些同志正在从事这方面的研究，要把这门科学建立起来，还需要付出巨大的努力。

在人民大会堂春节团拜会上(1988 年)

这样看来，在人类知识最高概括的马克思主义哲学指导下，研究社会的总的学问是马克思主义社会学，下面有三个大的分支科学，就是经济学、政治学和精神文明学，这是社会科学体系中的四门最主要的基础理论科学，这四门基础社会科学理论的建设和发展，对我们国家来说都是任务十分艰巨的，实际上是对社会科学的一次革新；但为建设好我们国家，我们希望中国的社会科学界和自然科学界能结成联盟，为之奋斗。

（二）社会形态的整体性和三个文明建设的相互关系

社会形态的三个侧面是互相联系，互相制约和相互作用的，许多方面是互相交错的，从而组成一个社会的有机整体，即社会系统。其中经济的社会形态是基础，它决定了政治的社会形态和意识的社会形态。意识的社会形态是社会上层建筑中最抽象的部分，它不仅要受社会经济基础的制约，而且要受政治制度的制约，经济对意识社会形态的影响，常常要通过政治关系的中介起作用，对意识形态影响最大最直接的，往往是政治、法律、道德等因素。同时意识的社会形态对政治的社会形态、经济的社会形态又有相对的独立性和能动的反馈作用。因为人类社会活动的一个特点就是要受意识的支配，人们改造世界必须首先认识世界，人们对客观世界的认识一方面受改造客观世界活动的制约，一方面反过来制约着人们对客观世界的改造活动。列宁说："人的意识不仅反映客观世界，并且创造客观世界。"[5]这是正确的。人类社会的人造自然就是人类智慧的产物，今天人类的物质文明都是人类意识的创造。邓小平同志说科学技术是第一生产力。因为科学作为观念形态是一种意识形态，而人的意识又是和具体的人结合在一起的，作为掌握了科学技术的人是生产力中最主要的因素。这就说明在当今之世人的文化素质之重要。我们认为这个趋势到 21 世纪将更加明显；我们估计在 21 世纪中叶，要求每一个成年人不但要有文化，而且都要有相当高的文化水平，每个公民都要是硕士。从这个前景看，目前我国对教育问题的讨论还显得太局限于眼前了。这也说明意识的社会形态的重要性。

当然政治的社会形态对经济的社会形态也有强大的反作用。恩格斯曾指出，国家权力对于经济发展的三种反作用："它可以沿着同一方向起作用，在这种情况下就会发展得比较快；它可以沿相反方向起作用，在这种情况下它现在在每个大民族中经过一定的时期就都要遭到崩溃；或者是它可以阻碍经济发展沿着某些方向走，而推动着它沿着另一种方向走，这三种情况归根到底还是归结为前两种情况中的一种。但是很明显，在第二和第三种情况下，政治权力能给经济发展造成巨大的损害，并能引起大量的人力和物力的浪费。”恩格斯还谈道：“还有侵占和粗暴地毁灭经济资源这样的情况；由于这种情况，从前在一定的环境下某一地方和某一民族的全部经济发展可能完全被毁灭。”[6]这些在我们国家也是有切身体会的。所以政治文明建设对物质文明建设有巨大的反作用。

这就向我们提出了一个重要问题，就是如何正确处理社会三个文明建设的关系问题。而社会形态的三个侧面是互相联系、相互制约的、互相适应的，社会三个文明建设也是互相联系、互相制约的。其中物质文明建设是基础，它决定制约着政治文明、精神文明的建设，同时政治文明、精神文明建设又对物质文明建设产生巨大的反作用，它既可以起推动作用，也可以起阻碍、破坏作用，它们是物质文明建设的精神动力和决定物质文明建设方向的政治保证。如果三个文明建设协调发展，那么社会的建设和发展就会顺利、就快。如果不协调发展，那么社会的建设和发展就会受到阻碍，造成巨大损失，甚至如恩格斯说的“会使一个民族一个国家的全部经济完全毁灭！”从系统科学的观点来说，这就是会使整个社会系统从有序走向无序、混乱、崩溃。因此，应用系统科学理论研究社会系统三大文明建设的关系，研究如何使它们协调发展，以取得最好的整体效益，对社会的建设和发展具有重要意义。这就是社会系统工程，是系统工程中最复杂最难处理的一类技术问题；但近年来在我国的实践中也摸索出一套解决社会系统工程问题的有效方法了。[4]

（三）社会主义三个文明建设的理论与我国社会主义政治文明建设的任务

关于社会主义共产主义文明建设的理论，马克思、恩格斯、列宁都有过许多论述，其他社会主义共产主义者，包括一些空想社会主义者也有许多论述，但过去我们这方面缺乏研究，对这个问题忽视了。[7] 苏联和东欧国家六七十年代开始重视社会主义新型文明的研究，发表了许多文章和著作。我们国家是在十一届三中全会以来才开始重视这方面的研究。1979 年 9 月 29 日，叶剑英同志在庆祝中华人民共和国成立 30 周年大会上的讲话中，首次比较明确地提出，我们要在建设高度物质文明的同时，建设高度的社会主义精神文明。政治文明没明确提出，但讲到要在改革和完善社会主义经济制度的同时，改革和完善社会主义政治制度。

1982 年 9 月党的十二大，把在建设高度物质文明的同时，一定要努力建设高度的社会主义精神文明，作为建设社会主义的一个战略方针提出来，并对物质文明、精神文明，以及两者的辩证关系，精神文明的思想建设和文化建设两方面作了明确的理论阐述，这是对社会主义文明建设理论的一个重大发展。这一理论成果也写进了新党章，十二大通过的《中国共产党章程》把我国建设成为高度文明、高度民主的社会主义国家作为中国共产党在现阶段的总任务。政治文明虽仍没有明确提出，但十二大报告中明确提到了努力建设高度的社会主义民主问题，并提出社会主义物质文明和精神文明建设都要靠继续发展社会主义民主来保证和支持。指出建设高度的社会主义民主是我们的根本目标和根本任务之一。

1984 年 10 月《中共中央关于经济体制改革的决定》，1985 年 3 月《中共中央关于科学技术体制改革的决定》，同年 5 月《中共中央关于教育体制改革的决定》以及 1986 年 9 月《中共中央关于社会主义精神文明建设指导方针的决议》，实质上是两个文明建设理论上的进一步深入。1987 年 10 月党的十三大把政治体制改革提上日程，明确提出了政治体制改革的七个方面：① 实行党政分开；② 进一步下放权力；③ 改革政府工作机构；④ 改革干部人事制度；⑤ 建立社会协商对话制度；⑥ 完善社会主义民主政治的若干制度；⑦ 加强社会主义法制建设。

我们认为明确地提出社会主义政治文明建设的问题，这会使政治体制改革的内容、方向更为明确、全面。我们建议鲜明地提出社会主义三个文明建设的口号，将比两个文明建设的提法更为完整和全面。针对我国的实际情况和过去对政治文明建设的忽视，要特别注意社会主义政治文明建设的问题。

我们还建议进一步深入地研究社会主义三个文明建设的理论，使之形成系统的、完整的、科学的理论体系，以作为我们四化建设和改革、开放的一个理论基础。

（四）社会主义文明的目标是人类文明的更高阶段

资本主义文明不是文明的最理想形式，也不是文明发展的最高阶段。在中国的今天，有必要重申，我国人民经过百年以上的苦难和曲折的探索才找到的真理：科学的社会主义。在这节里我们讲讲本来不该忘记的道理，所谓“再认识”，是为了更全面地、从而更清楚地认识资本主义的本质，而不能成为这个问题上的糊涂人。

资本主义虽然使人类文明大大向前推进了一步，资本主义的生产力已经达到了这样的水平，它所产生的社会财富完全可以满足全体社会人员的富裕生活，但资本主义制度恰恰没有能做到这一点，所以贫困、饥饿、愚昧、无知、道德的堕落、暴力对抗、凶杀、抢劫、偷窃、强奸、卖淫等不文明现象还是存在。不可否认，战后资本主义的发展，也充实和扩大了一些调动人民积极性的做法，生产进一步发展了，工人生活改善了，股份的分散化、社会化，也使一部分人有了一点财产权；议会制、普选制、参与制使资本主义的民主政治前进了一步。但资本主义社会的生产资料和社会财富的绝大部分还是控制在少数垄断资本家手里，而不是为广大人民群众所拥有；一无所有、一贫如洗、流落街头的穷人还是存在；国家权力还是掌握在少数听命于垄断财团的资产阶级政党首脑手里，广大人民群众并不能决定国家的命运，真正掌管国家的政权。资本主义社会许多不文明现象的存在，其根源就是生产资料的资本家私人占有制和阶级对抗、阶级剥削和阶级压迫的存在。

社会主义共产主义就是要达到人类文明的更高阶段，就是要消除资本主义文明中的弊病，因此它必然要消除产生这种弊病的根源，即生产资料的资本家私人占有制和阶级对抗、阶级剥削和阶级压迫的制度。这就是社会主义共产主义者提出消灭私有制、建立公有制，消灭阶级、建立无阶级社会的原因。因为只有消灭私有制，建立公有制，才能使社会财富为每个人所有，才能保证社会财富的公平分配，才能保证每个人过上富裕的生活，才能消灭贫富不均、贫困和饥饿的社会不文明现象。因为只有消灭阶级，才能消灭阶级统治、阶级剥削和阶级对抗，才能达到真正政治上的平等、民主、自由，每个人才能真正得到解放。当然今天看来，人类要达到消灭私有制、消灭阶级，建立共产主义的文明生活方式，还需要经历很长很长的历史时期；社会主义是共产主义的低级阶段。而且今天来看，就是社会主义文明的建设也还需要经历一个很长的历史时期；今天的一些社会主义国家，都还没有达到社会主义文明的标准。但社会主义文明的目标是人类文明的更高阶段这一点应该是明确的。

人类文明的最高阶段是共产主义的文明，在物质文明方面要达到马克思在《哥达纲领批判》中所讲的“集体财富的一切源泉都充分涌流”，因此社会能做到“各尽所能，按需分配”，所以共产主义文明将使人们奴隶般地服从的分工消失，使脑力劳动和体力劳动的对立也随之消失，劳动不仅是谋生的手段，而且成了生活的第一需要，随着个人的全面发展，生产力也更为迅速地增长起来。社会生产的发展，达到了不仅可能保证一切社会成员有富足的和一天比一天充裕的物质生活，而且还可能保证他们的体力和智力获得充分的自由的发展和运用。社会生产内部的无政府状态也将为有计划的自觉的组织所代替，所以生存斗争停止了。恩格斯说：“于是，人才在一定意义上最终地脱离了动物界，从动物的生存条件进入真正人的生存条件。人们周围的、至今统治着人们的生活条件，现在都受到人们的支配和控制，人们第一次成为自然界的自觉的和真正的主人，因为他们已经成为自己的社会结合的主人了”。[8]这就是人类从必然王国向自由王国的飞跃。

从政治文明方面来说，就是要消灭阶级，从而消灭阶级对抗、阶级统治、阶级剥削和压迫，从而达到国家消亡，社会把国家权力重新收回，人民群众把被篡夺的权力重新收回，真正还政于民，人民真正当家做主，这就是真正的民主。而随着阶级和私有制的消灭，人们也才达到真正的平等，人们在经济、政治、文化上的不平等现象也将最终消灭。《共产党宣言》说：“代替那存在着各种阶级和阶级对立的资产阶级旧社会的，将是这样一个联合体，在那里，每个人的自由发展是一切人的自由发展的条件。”[9]这就是真正的自由。当然共产主义的高度政治文明是建立在高度物质文明的基础上的。这是因为社会分裂为剥削阶级和被剥削阶级、统治阶级和被统治阶级，是生产不大发展的必然结果，这种阶级划分是以生产的不足为基础，它将被生产力的充分发展所消灭。在社会生产充分发展的阶段上，某一特殊的社会阶级对生产资料和产品的占有，从而对政治统治、教育垄断和精神垄断不仅成为多余的，而且成为政治、经济、文化发展的障碍。随着社会阶级的消灭，特殊的官僚阶层、官僚主义的恶习、贪污腐化之风，残酷的政治斗争以及不民主不平等的现象等也将最终被彻底消灭。

从精神文明方面来说，在共产主义高度物质文明、政治文明的基础上，共产主义高度的精神文明也可以建立起来了。因为正如恩格斯说的，每个人都有充分的闲暇时间从历史上遗留下来的文化——科学、艺术、交际方式等——中间承受一切真正有价值的东西；并且不仅是承受，而且还要把这一切从统治阶级的独占品，变成全社会的共同财富和促使它进一步发展。而高度发达的社会生产，又给每一个人提供了全面发展和表现自己全部的即体力的和智力的能力的机会，所以那将是人类科学文化空前繁荣的时代。而随着阶级、私有制的消灭，共产主义思想道德的确立，真正的全人类的思想道德就形成了。人们都懂得，只有维护公共秩序、公共安全、公共利益，才能有自己的利益，于是农奴制的棍棒纪律，资本主义的饥饿纪律，阶级社会的强迫纪律，让位于共产主义的自觉的纪律，“人人为自己，上帝为大家”的可恶信条让位于“人人为我，我为人人”的信条。这就是真正的共产主义的人道主义。

我们可以用马克思的这样一句话来概括：“共产主义是私有财产即人的自我异化的积极的扬弃，因而也是通过人并且为了人而对人的本质的真正占有；因此，它是人间作为社会的人即合乎人的本性的人在自身的复归，这种复归是彻底的、自觉的、保存了以往发展的全部丰富成果的。”[10]

不管今天有些人怎么怀疑马克思主义，不管今天有些人怎样批判科学共产主义的学说，马克思恩格斯提出的人类共产主义文明更高阶段的理想，是真善美的统一，是真正合乎人性的，是真正人道主义的，它确实是人类社会文明的理想境界。这就是为什么 100 多年来它吸引了千千万万人的原因，无数的志士仁人为此奋斗、献身的原因。不管今天现实社会主义国家中还有多少不尽如人意、不文明的现象存在，它仍不能掩盖共产主义文明的光辉。这种共产主义的最高文明形态仍是任何一个真正追求人类解放，特别是任何一个真正的共产党人所应该追求的崇高理想。所以我们要坚持四项基本原则，反对资产阶级自由化。

（五）我国目前的现实和三个文明建设的现状

那么怎么解释现实社会主义国家中还存在着许多不文明的现象呢？怎么解释现实社会主义国家在经济、政治、文化建设方面，许多地方还不及有些发达资本主义国家呢？

其中有一点是马克思早就指明的，那就是社会主义是共产主义的低级阶段，它在经济、政治、思想、文化方面不可避免地还遗留有许多旧社会的残余和痕迹。而我们国家还处在社会主义的初级阶段，旧社会的残余痕迹当然更多。

但更为重要的原因，是我们在社会主义革命建设过程中的错误造成的。这种错误既有主观的根源，也有客观的根源，既有对马克思主义社会主义的误解，也有假马克思主义假社会主义的歪曲破坏。

首先是许多人没有重视马克思主义唯物史观所十分强调的根本观点，就是资本主义的灭亡，社会主义共产主义的建立，都是要在社会生产力高度发展的基础上才有可能。正如马克思所说："无论哪一种社会形态，当它所给以充分发展余地的那一切生产力还没有展开以前，是决不会灭亡的，而新的更高的生产关系，当它所藉以存在的那些物质条件还没有在旧社会胞胎里成熟以前，是决不会出现的。"[11]而我们许多人却出于良好的意愿，总想一步登天，结果是欲速则不达。

其次，许多人没有注意社会主义三个文明的建设。在我们国家社会主义建设的前期，我们是比较重视社会主义精神文明建设的，但忽视了物质文明、政治文明的建设。所以这一时期虽然精神文明表现得比较好，但政治不文明、不民主，造成了许多决策上的失误，特别是造成了阶级斗争扩大化，以及大跃进、人民公社化的失误。就是精神文明建设，也由于我们受过"左"的思想的影响,对传统文化及西方资本主义文化的片面批判,而使科学文化发展不快,这就是造成所谓贫穷的社会主义,不民主的社会主义的原因。而改革开放以后,我们许多人重视了物质文明建设,但又忽视了精神文明建设,政治文明建设也还没有真正抓起来,所以改革开放10年,我们的物质文明有了很大发展,但精神文明、政治文明建设落后了,造成许多封建主义、资本主义腐朽现象的沉渣泛起。特别应该指出的是,社会主义政治文明的建设,在建国以后的几个时期中都被忽视了。斯大林严重破坏社会主义法制,毛泽东同志就曾经认识到,但没有认真从制度上解决,从而导致10年"文化大革命"的错误。这个教训暴露后,我们更深刻地认识到这一点,但仍没有切实从制度上解决好,所以又造成了这10年改革中的许多失误。政治不文明是我们决策失误和工作失误的一个重要原因,而且许多腐败现象本身就是政治不文明的产物。

当然造成这些错误也有其客观原因。人们的认识要有一个过程,建设社会主义需要整整一个历史时期。中国封建社会的繁荣和发达,是因为它经历了春秋战国四五百年的百家争鸣、以思想文化大发展为前提的,它经历了2000多年的充分发展。西方资本主义的繁荣和发达,是以它经历了文艺复兴四五百年的思想文化解放运动为基础的,它已经历了300多年的发展。马克思主义产生才100多年历史,社会主义国家的建设才70来年历史,社会主义国家的改革才30来年历史,社会主义还不可能达到它的繁荣和发达时期是必然的。从我们国家来说,我们是从一个半封建半殖民地的社会很快过渡到社会主义的,我们的物质基础,政治文明程度,科学文化的发展都相当落后。2000多年封建专制主义历史遗留给我们的政治不文明的影响是相当深刻的,而我们又没有经历过西欧文艺复兴时期的思想文化大解放运动,没有经历充分发达的资本主义历史阶段,我们国家社会主义三个文明建设的落后是可想而知的,对此我们今天一定要有清醒的认识。

这里也不能忽视那些假马克思主义假社会主义骗子的歪曲、篡改、糟蹋、破坏,给我们社会主义革命建设事业所造成的错误和损失。正如列宁说的,在历史上,任何一个翻天覆地的人民运动都不免要带些脏东西,都不免会有些野心家和骗子、吹牛和夸口的人混杂在还不老练的革新者中间,不免有些荒唐混乱的现象,干些糊涂事,空忙一阵,不免有个别"领袖"企图百废俱兴而一事无成的现象。列宁说，在革命已经爆发，闹得热火朝天的时候，什么人都来参加革命，有的是由于单纯的狂热，有的是为了赶时髦，有的甚至是为了贪图禄位，在这时候做一个革命家是不难的。无产阶级要费极大的气力，可以说要用千辛万苦的代价，才能从这种蹩脚的革命家手里“解放”出来。我们在民主革命中，在社会主义革命建设过程中，难道少吃这些假马克思主义骗子、蹩脚革命家、改革家的苦了吗？我们还要付出千辛万苦的代价才能从这些人手里解放出来。

（六）三个文明建设的协调发展需要加强社会主义政治文明建设

历史、现实和共产主义的奋斗目标，向我们提出了三个文明建设的艰巨任务，要建设高度的社会主义物质文明、政治文明和精神文明，还需要我们几代人的艰苦奋斗。因此我们需要制定文明建设协调发展的总体战略，而这又首先要求我们对本文前面几节所提的问题深入地研究下去。

关于社会主义物质文明的建设，我们党十二大、十三大已经有了一个经济现代化的建设纲领。这个纲领是我国社会主义建设的经验总结，符合中国国情和世界发展形势，现在需要切切实实地执行，并在实践中进一步完善、发展。关于社会主义精神文明的建设，党的十二大、十三大和党的十二届六中全会在1986年通过的《中共中央关于社会主义精神文明指导方针的决议》都作了明确的阐述，规定了正确的方针，也是我国社会主义建设的经验总结，是符合中国国情的，现在需要认真去做，并在实践中不断总结经验，逐步提高认识，再反过来指导实践。根据这个情况，本文的最后部分将集中讲讲我们对社会主义政治文明建设的认识。

首先我们要认识到，三个文明建设要协调发展才能互相促进。我们的任务也十分艰巨，我们要克服2000多年封建专制主义高度集权制的深刻影响，跨过资本主义的政治民主制阶段，而到达社会主义的政治文明。这就有几个重要的前提要搞清楚。

有些人说中国需要重新经历一个资本主义的两党制或多党制。当然两党制或多党制比封建集权制要进步。但历史不能走回头路,中国历史的进程已经走到社会主义,已经选择了共产党领导的多党合作制。社会主义的政治文明要高于资本主义,虽然我们过去有过许多政治不民主的现象,但那不是社会主义,而正是违背社会主义造成的。当然,中国共产党人也是人,不是神,要正确地领导全中国人民建设社会主义,少犯错误,任何时候都必须抓好党的建设。

有些人要求马上实现高度民主,实行人民自治,甚至要求绝对自由,这些都是不切实际的。民主建设不可能一蹴而就,全面自治也是共产主义高级阶段的理想,政党、国家消亡后才能实现。现在的生产力水平还没有到达国家消亡的时代,自治只能是一种幻想。有的国家过早提出国家政党消亡,实行工人自治,放权过头,造成分散主义、多中心主义、无政府主义的教训是值得我们认真考虑的。其实,所谓绝对的自由是在任何时代、任何社会都做不到的空话。应该指出,有的人打着民主、自由、自治的旗帜,实际上是鼓吹无政府主义。

还有些人热衷于罢工罢课自由,游行示威自由等。实际上这些并不是政治文明的表现。这是在过去旧社会里,广大人民群众没有政治自由,只能通过罢工、罢课、游行示威,甚至暴力对抗这种阶级斗争方式来表达自己的意愿,达到争取自己生存权利的目的。社会主义社会需要用更文明的形式来解决人民内部的各种矛盾,实践证明,建立社会协商对话制度是一个好经验,通过这种方法,做到下情上传,上情下达,彼此沟通,互相协商,解决人民内部存在的各种矛盾,包括政府与人民的矛盾。许多社会主义国家的政治实践证明,罢工、罢课、示威游行,甚至暴力对抗,不仅不能解决问题,而且往往给国家政治、经济生活带来更为严重的危机。

有些人说中国需要“新权威主义”,这个“新”字很显眼!中国共产党是领导全中国的核心力量,自然是权威。但中国共产党从马克思主义认识论出发,断言领导的决策只能来源于广大人民群众的实践,所以党的一条基本路线是群众路线:先向人民群众学习,总结他们的经验,然后概括提高为指导工作的方针政策,这也就是民主以后的集中。民主与集中的辩证统一,有什么不对?如果说中国共产党在执行这条基本路线中有缺点和错误,那是个改正和吸取教训的问题，而不是树立什么“新权威”的问题。

实事求是的态度应该是，在中国现实的基础上，一步一步地建设社会主义初级阶段的政治民主制。社会主义政治文明的建设要抓住本质、核心的东西。社会主义民主政治的本质和核心，是人民当家做主，真正享有各项公民权，享有管理国家和企事业的权力。现阶段社会主义民主政治的建设，必须着眼于实效，着眼于调动基层和群众的积极性，要从办得到的事情做起，致力于基本制度的完善。

首先是人民代表大会制的完善。人民代表大会制是我国的根本政治制度，也是体现人民民主的最重要的制度。要使人民代表大会真正成为国家最高权力机关，党和政府的权力不能凌驾于人民代表大会之上，国家大政方针必须由全国人民代表大会民主讨论协商决定，地方的大事要由地方各级人民代表大会民主讨论协商决定。总之，要按《宪法》规定的办。

要保证人民代表大会真正代表人民意愿，就要完善选举制度。人民代表要真正由人民民主选举产生，代表人民。要无记名投票，差额选举。国家领导人要真正由人民民主选举产生。

我们国家历史上已经形成了共产党领导的多党合作制，中国共产党与民主党派是“长期共存、互相监督”，“肝胆相照、荣辱与共”的关系，这曾经起过很好的作用。现在的问题是要完善这个制度，要使各民主党派真正参政、议政、督政，要使人民政协在国家政治生活中发挥更大的作用。

在我国一共有56个不同的民族，但汉族在人数上占绝对优势，所以其他55个民族称少数民族。这是历史形成的，但“大汉族主义”的影响必须认真消除。一定要在政治上实现民族平等，再在经济上及文化上及早实现民族平等。这也就从根本上消除少数“分裂主义”分子活动的余地。

同时要充分发挥工会、共青团、妇联、科协、文联等群众团体在参政、议政、督政方面的作用，发挥它们作为党和国家联系广大人民群众，集中人民智慧的桥梁、纽带作用。要鼓励并促使各种群众团体能够按照各自的特点，独立自主地开展工作，能够在维护全国人民总体利益的同时，更好地表达和维护各自所代表的群众的具体利益。我们应该认识到，随着社会主义建设的发展，群众团体的作用与日俱增，而国家政府的日常事务倒会逐渐减少。到了共产主义社会,国家消亡了,而群众团体还是需要的。

还要完善监督制度。人民代表和政府官员要受人民监督。国家领导人、政府官员要定期向人民代表汇报工作,接受人民代表的监督、质询。人民代表要向广大人民群众定期汇报工作,接受人民的监督、质询。要把公开办事制度和群众举报制度结合起来,并充分发挥社会舆论的监督作用。国家监察部门和党的纪检委要独立行使职权,不受党和国家领导人和各级干部的制约,要做到如列宁说的,任何人的威信都不能妨碍他们提出质问、审查各种文件,并要做到绝对了解情况和使问题处理得非常正确。

还要完善干部的选举、招考、任免、考核、弹劾、罢免以及职责、分工制度,彻底废除领导职务终身制和权力高度集中的现象。要有罢免制,人民有权罢免不称职的政府官员。健全国家公务员制度,彻底改变封建主义裙带关系,任人唯亲,拉帮结派的恶习,真正把德才兼备的优秀人才选拔上来,使政府各级官员真正代表人民利益,为人民办事,做人民的公仆。

社会主义社会党和国家领导管理的一条主要原则是群众路线、民主集中制原则,这是比较明确的,现在的问题是如何贯彻。在社会主义初级阶段,一方面广大人民群众限于知识和文化水平还不可能直接参政,掌管国事。群众的丰富实践经验群众自己也无法概括总结,现在人民对改革中出现的问题议论纷纷,莫衷一是,也是这个原因。就是内行专家的建议,人大和政协的提案,也大都是一个局部的真理,是零金碎玉,很可贵,但尚未组合成能付诸实施的完整方案;另一方面,国家事务千头万绪,复杂到不是哪个领导人能靠个人的智慧和力量,靠听汇报、出主意所能解决的。这就需要:第一,通过比较有文化的人民代言人,把人民群众的意见、经验概括总结成建议和提案;第二,有专职的各级、各部门以至国家的“智囊团”式的咨询参谋团体,运用社会系统工程方法,通过几百上千个参数的电子计算机综合分析,把人民群众的智慧凝聚结晶成决策方案,供负责人或负责集体参考、审定。[12]

社会主义的法制建设也是一个重要方面。这一方面是因为社会主义社会还有阶级敌人和各种坏分子,但我们不能像过去那样,用政治运动、阶级斗争扩大化的方法来处理这种敌我矛盾,而要用国家法治的手段,来解决社会主义社会的各种对抗性矛盾;另一方面,要由人治过渡到法治,社会主义的法治，也必须健全社会主义的法律体系、法治体系。不仅要有法可依，而且要有法必依，执法必严，否则法律也是一纸空文。我们现在不仅法律还不够健全，有时无法可依，而且还存在有法不依，执法不严的现象，人们的法制观念不强，所以真正的法治还没有完全建立起来，这还需要我们做很多的工作。现在有的人宣传这样一种所谓的“法治”观点，说只要法律没有规定不允许做的事我都可以做，都是合法的。这种观点是不正确的，是钻法律的空子。法律当然要规定什么允许做，什么不允许做，但法律也是有限的，也不是万能的，它不可能什么都想到，什么都规定到，它肯定有没有规定到的地方，所以不能说，只要法律没有规定不允许做的事都可以做，还要有其他规章制度和社会主义伦理道德规范来作行为准则。这涉及社会主义精神文明建设的问题。

这样，概括起来，我国社会主义初级阶段的国家政治体系，是以中国共产党的领导为核心的人民政权机构，有五个方面：

（1）人民代表大会及与之协同的人民政治协商会议；

（2）人民团体及群众组织；

（3）政府及各级行政系统；

（4）审判系统；

（5）检察系统。

总的目标是要造成一个又有民主又有集中，又有自由又有纪律，又有个人心情舒畅又有统一意志这样一种生动活泼的政治局面。也就是邓小平同志在《党和国家领导制度的改革》一文中指出的：“政治上，充分发扬人民民主，保证全体人民真正享有通过各种有效形式管理国家，特别是管理基层地方政权和各项企业事业的权力，享有各项公民权利，健全革命法制，正确处理人民内部矛盾，打击一切敌对力量和犯罪活动，调动人民群众的积极性，巩固和发展安定团结、生动活泼的政治局面。”[13]这就是高度的社会主义政治文明。

注释

[1] 钱学森、孙凯飞：《建立意识的社会形态的科学体系》，《求是》，1988年第9期，第2～9页

［2］ 马克思1844年11月《关于现代国家的著作的计划草稿》,《马克思恩格斯全集》,第四十二卷,第238页。列宁1920年11月3日《在全俄省县国民教育厅政治教育委员会工作会议上的讲话》,《列宁全集》,第三十九卷,第404页。俄文“кулбгура ”一词可译为“文化”,也可译为“文明”,旧版中文《列宁全集》译为“出版政治读物”,后来的文选和新版译为“政治文化”,最近有些报纸杂志译为“政治文明”
［3］ 郑杭生、贾春增、沙莲香:《社会学概论新编》,中国人民大学出版社,1987年
［4］ 于景元:《从系统工程到系统学》,《论系统工程》(增订版),湖南科学技术出版社,1988年,第604页
［5］ 《列宁全集》,第三十八卷,第228页
［6］ 《马克思恩格斯全集》,第三十七卷,第487页
［7］ 中共中央党校1982年编的《马克思恩格斯列宁斯大林论社会主义文明》有200多页,实际上有些重要论述还没有收入
［8］ 《马克思恩格斯全集》,第三十卷,第308页
［9］ 《马克思恩格斯全集》,第四卷,第491页
［10］ 马克思:《1844年经济—哲学手稿》,第73页
［11］ 马克思:《政治经济学批判序言》,第3页
［12］ 钱学森:《社会主义建设的总体设计部——党和国家的咨询服务单位》,《中国人民大学学报》,1988年第1期,第10～22页
［13］ 《邓小平文选》,第282页

（本文与孙凯飞、于景元联名发表）

我国社会主义建设的系统结构*

我国社会主义初级阶段的建设是史无前例的。十一届三中全会以后，我们总结了过去的经验教训，提出以经济建设为中心，坚持四项基本原则，坚持改革开放，即“一个中心，两个基本点”的基本路线，贯穿在整个社会主义初级阶段的建设之中，100 年不变。今年年初，邓小平同志在南巡谈话中，更发展了这一思想，是今天我们进行社会主义建设的重要理论。

但改革是一项极其复杂的系统工程，各个方面一定要协调进行。为了全面落实和贯彻执行小平同志的重要讲话，我们觉得应该将社会主义建设各个方面的工作，即社会主义建设的各个具体侧面加以系统化，建立我国社会主义建设的系统结构。那么，我国社会主义建设有哪些具体侧面呢？它们的具体内涵是什么？在中央的正式文件中，经常提到的，是两个文明的建设，即社会主义物质文明建设和社会主义精神文明建设。在全国人民代表大会和中国人民政治协商会议全国委员会的文件中，还常提到社会主义民主与法制建设。我们想在这篇文章中就此加以具体论述。

（一）关于社会主义的政治文明建设

关于这个问题，我们在文件中常常看到的提法是社会主义民主与法制建

* 本文原载 1992 年 10 月《人民论坛》。

设。我和孙凯飞同志、于景元同志曾经就此写过文章[1]，我们认为社会主义的民主与法制建设可以叫作社会主义的政治文明建设。这是一个非常重要的社会主义建设侧面[2]。因此，我们再次提出，应更确切地将这个方面的社会主义建设，叫作社会主义的政治文明建设。

现在我们认为，社会主义政治文明建设有三个部分：一是民主建设。这是非常重要的。我们党一贯坚持民主集中制，提倡走群众路线，征求群众意见，在群众的实践和意见基础上，制订国家的方针政策。这种走群众路线的民主建设，还有许多需要进一步完善和改进的地方；二是社会主义的体制建设。随着社会主义建设事业的发展，原来的政体结构就不适应了。当前党和国家正在讨论如何根据"政企分开"的原则，改变中央各部门设置，如何搞好中央和地方的分工，地方各级之间又如何调整结构等，这都是属于体制建设的问题；三是社会主义的法制建设。这个方面已有许多论述，我们就不再多说了。

（二）关于社会主义物质文明建设

从前我们理解物质文明建设，好像就是经济建设。当然，在今后很长一个时期，经济建设是物质文明建设中的一个非常重要的中心任务。全国各项工作都要以经济建设为中心，一切都要服从于服务于这个中心！但是，除了经济建设之外，还有没有其他方面的物质文明建设呢？我们现在认为是有的。这就是人民体质建设。因为所有的工作都需要人去做，所以人民的体质是一个非常重要的方面。毛泽东同志早在 1952 年就为中华全国体育总会成立大会作了题词："发展体育运动，增强人民体质。"后来又有对卫生部的工作指示："讲究卫生，减少疾病，提高健康水平。"这都是讲要重视人民的体质。我们认为，这在我国的社会主义事业中，是很重要的。但这方面问题很多，有许多问题还没有得到解决。其实现代科学在如何提高人的体质方面，已经有了许多发展，不仅有治病的第一医学，还有防病、保健的第二医学，再造人体器官，解决人的部分器官失去功能的第三医学等[3]。随着老年人口的增加，医疗卫生事业就显得更加重要了[4]。

与中国科协强巴赤列副主席在一起(1991年)

在人民体质建设中,除医疗卫生事业外,控制人口增长的工作也非常重要,也还有人民的饮食问题,这方面,国家要逐步改进人民的食品营养结构[5]及发展我国的食品工业[6]。所以,我们认为,物质文明建设应该包括两个方面,即经济建设和人民体质建设。

(三) 关于社会主义精神文明建设

我们之中一人和孙凯飞同志在另一篇文字中[7],对此已作阐述。精神文明建设包括思想建设和文化建设。从目前的情况看,思想建设还需加强,不久前江泽民同志在中央党校的讲话中也强调了这个问题。精神文明建设的另一个方面是文化建设。在同一篇文章中[8],曾把文化建设分为13个方面:① 教育事业;② 科学技术事业;③ 文学艺术事业;④ 建筑园林事业;⑤ 新闻出版事业;⑥ 广播电视事业;⑦ 图书馆、博物馆、科技馆事业;⑧ 体育事业;⑨ 美食事业;⑩ 花鸟虫鱼事业;⑪ 旅游事业;⑫ 群众团体事业;⑬ 宗教事业。

这里要稍加说明的是:饮食也是一种文化,在中国的历史传统中,饮食文化是有丰富内容的,随着对外开放的进一步发展,饮食文化应该引起更大的重视,所以我们提出将美食事业作为我国社会主义文化建设的一个部分。花鸟虫鱼事业也是中国固有的文化，但是人们常常只说花卉，比如中国有个花卉协会，它办了一份会刊《中国花卉报》，实际每一期除了介绍花卉以外，还介绍养鸟、养鱼、养虫，当然是讲的观赏鱼。所以我们认为，确切地说，应该是花鸟虫鱼事业。关于群众团体事业，不是指工、青、妇，那是党直接领导的团体，这里是指其他群众团体，如中国科学技术协会、中国音乐家协会、记者协会等。最后一项是宗教事业，宗教在我们国家恐怕还要存在相当一段时间，做好宗教工作是很重要的，而宗教可以作为文化的一部分。

（四）关于社会主义地理建设

地理是社会主义存在的环境，有关地理建设问题，有同志曾写文章专门论述这个问题[9]，这里不再细说了。我们要概略提出的是，地理建设是不是可以分为两个方面。一是环境保护和生态建设，这基本上指的是自然环境。对这个问题的重要性，我们要有新的认识。到了20世纪的今天，人类已经认识到，过去我们发展生产，不注意环境的保护，造成了严重的后果，这是十分错误的。不久前在巴西里约热内卢召开的联合国环境与发展大会尖锐地提出了这个问题，使大家的认识有很大提高。明确了我们在搞经济建设，发展生产的同时，要注意环境保护和生态建设问题。

地理建设的另一个侧面是基础设施的建设，这也是很重要的。因为人不仅要利用客观的自然环境，还要建设客观环境，只有这样，人们才能在世界上更好地生活和工作。例如通讯建设，交通运输建设，这都是当年我国社会主义建设的薄弱环节，要大力加强，而且要发展新的技术手段，如高速公路、高速铁路以及高速的水上运输。民航不仅要发展长距离航线，而且要发展近距离的辅助航线。所以，我国基础设施建设的任务还是相当繁重的。

以上讲了四个领域，九个方面的社会主义建设，即社会主义政治文明建设，包括民主建设、体制建设和法制建设；社会主义物质文明建设，包括经济建设和人民体质建设；社会主义精神文明建设，包括思想建设和文化建设；社会主义地理建设，包括环境保护、生态建设和基础设施建设。我国的社会主义建设事业，从总体上来说，是不是这样一种系统结构？当然，社会主义建设必须有中心，中心就是经济建设。而社会主义建设的各个方面又必须协调发展，才能获得高的效率。因为社会和社会存在的环境是一个非常复杂的巨系统，一定要用系统工程的方法，才能把各方面工作协调好。而要进行协调，首先必须清楚地认识到社会主义建设的各个具体侧面是什么，不要丢掉了任何一个方面。为此，我们曾经提出，设置专门从事这项工作的总体设计部，来规划、协调这四个领域，九个方面的工作。如果协调得好，我们社会主义建设的效率就可大大提高，建设的速度就可以更快一些。当然，以上所讲的仅是我们现阶段的认识，科学的理论必须与实际相结合，这是马克思主义的基本原理，我们应该通过不断地实践，总结出科学的理论，再用理论来指导我们的实践，然后再总结，进一步提高和完善理论，从而不断地推动我国社会主义建设事业的发展。有鉴于此，我们认为，提出和讨论我国社会主义建设的系统结构，是一个重要问题。

注释

[1] 钱学森、孙凯飞、于景元：《社会主义文明的发展需要社会主义政治文明建设》，《政治学研究》，1989 年第 5 期，第 1～10 页

[2] 王任重同志在 1991 年春的一次全国政协会议上还指出，社会主义民主和法制建设比社会主义的两个文明建设更居于统帅地位，是政治建设

[3] 钱学森：《对人体科学研究的几点认识》，《自然杂志》，1991 年第 1 期，第 3～8 页

[4] 方福德：《未来医学面临的挑战和机遇》，《科技导报》，1992 年第 1 期

[5] 封志明、陈百明：《中国未来人口的膳食营养水平》，《中国科学院院刊》，1992 年第 1 期

[6] 张学元：《食品工业结构与领域辨》，《中国食品报》，1992 年 3 月 23 日

[7]、[8] 钱学森、孙凯飞：《建立意识的社会形态的科学体系》，《求是》，1980 年第 9 期，第 5～9 页

[9] 于景元、王寿云、汪成为：《社会主义建设的系统理论和系统工程》，《科技日报》，1991 年 1 月 21 日、23 日，三版

（本文第二作者涂元季）

我们要用现代科学技术建设有中国特色的社会主义*

这次系列讲座，原来分配给我的题目是：关于科技是第一生产力的理论问题。“科学技术是第一生产力”这一马克思主义的论断是邓小平同志提出来的。江泽民同志在1991年5月中国科学技术协会第四次全国代表大会的讲话和在庆祝中国共产党成立70周年大会上的讲话都对这一论断作了充分论述。这是我们党对马克思列宁主义、毛泽东思想的重大发展。我们一定要加深理解并在工作中贯彻执行。

因此，在最近一个时期，报刊上讨论科学技术是第一生产力的文章很多，也有一些同志提出了问题，看来是属于对有关科学技术与生产力的认识上有差异。所以我想在以下报告中讲讲有关的背景材料，供大家探讨20世纪90年代科技发展与中国现代化时考虑。这些话实际是我1991年10月16日在人民大会堂仪式上发言[1]最后一段话的扩展。

（一）关于科学革命、技术革命与产业革命

我最近看到国家科委办的《中国科技论坛》1991年第5期刊登了上海市

---

* 本文是钱学森在中共中央组织部、中共中央宣传部、中国科协、中直机关工委、中央国家机关工委联合举办《九十年代科技发展与中国现代化》系列讲座上的讲话，后由湖南科学技术出版社1991年12月出版。

副市长刘振元同志的一篇文章[2]，其中讲到研究科技史的同志，对科学革命、技术革命和产业革命的关系认识并不一致，国外也有各式各样的说法。比如，前几年，苏联只提“科学技术革命”，不提产业革命；在美国，又有人高唱什么“第三次浪潮”。我认为，我们要按照历史唯物主义的观点来分析这个问题，统一我们的认识。

出席全国政协会议时与全国政协副主席赵朴初合影（1991 年）

刘振元同志在文章中讲了产业革命，那么，我们也就从产业革命讲起吧。什么叫产业革命？这是必须首先明确的，因为有人不用产业革命，而用“工业革命”这个词。我认为正确的提法是产业革命，而不是工业革命。从恩格斯的《英国工人阶级的状况》一书中，我们可以搞清“产业”一词的含义。在这本书中，恩格斯分析了 18 世纪末到 19 世纪上半叶英国由于蒸汽机的出现而引起整个社会的变化，包括工业、农业等的变化。所以“产业”一词不是指某一个方面的事业，如工业、农业，而是指整个物质生产的事业，其影响涉及全社会。在上古时代，当人们还是靠采集和狩猎为生时，是谈不上物质资料生产的，因而也就不存在什么产业。从这个意义上说，第一次产业革命大约发生在 1 万年前的新石器时代，即出现了农牧业。第二次产业革命，是开始出现商品经济，即人们不再单纯为个人的生存、个人享用而生产，开始为交换而生产。这在中国，出现于奴隶社会后期，即公元前约1 000年。第三次产业革命是蒸汽机出现，这是大家熟悉的。第四次产业革命出现在19世纪末，即生产不再是以一个个工厂为单位，而是出现了跨行业的垄断公司，也就是列宁在《帝国主义是资本主义的最高阶段》一书中讲的情况。第五次产业革命即目前正在发生的，国外有人叫信息革命，全世界将构成一个整体组织生产。

以上我所讲的第三次、第四次和第五次产业革命，就是刘振元同志讲的第一次、第二次和第三次产业革命。我之所以提出五次产业革命，是根据马克思、恩格斯的历史唯物主义来分析的，即物质资料生产方式的变革影响到整个社会发生飞跃。我认为这样分析是符合马克思列宁主义、毛泽东思想的。

产业革命是怎么引起的呢？推动产业革命的当然是生产力的大发展，但又是什么推动生产力的大发展呢？当然是生产技术的大大提高。这就是技术革命。“技术革命”的概念是毛主席1967年首先提出的，并指出蒸汽机、电力和核能核技术的出现是技术革命。我理解毛主席的意思，即人类在改造客观世界的斗争中，技术上的飞跃叫技术革命。按这样的理解，应该说，在古代火的利用，即人类掌握发火、引火、用火的技术，就是一次技术革命。造纸技术也是一项技术革命。在现代，半导体的发现和利用，电子计算机的出现等，都是技术革命。如果拿这个观点来衡量，预防医学的出现也是很了不起的，属技术革命。系统工程在管理技术和方法上的革命作用，也属技术革命。

这样看来，可以说每次产业革命都是由一项或众多的技术革命引起的。那么又是什么引出技术革命的呢？我们认识到技术革命是人改造客观世界的技术飞跃，但人要改造客观世界必须先认识客观世界。在古代，人对客观世界的认识只表达为由总结实践经验所得的感性知识，知其然，不知其所以然。这时现代意义的科学还未出现，所以在古代是实践经验引发技术革命。

在西方世界，16世纪的“文艺复兴”运动引出了现代意义的科学，即人对客观世界的理性认识。科学发展到一定阶段，出现飞跃，即科学革命。按照这样的认识，应该说“日心说”的提出是一次科学革命。后来牛顿力学的创立，氧的发现和燃烧理论的提出等都是科学革命。在20世纪，爱因斯坦提出相对论，同时还有量子力学的创立也是科学革命。应该指出的是，人认识客观世界的飞跃，不限于自然科学，在社会科学中同样有这样的飞跃，也应该是科学革命。按这样的理解,马克思提出剩余价值理论和历史唯物主义也属科学革命。目前正在孕育着的科学革命有物理学上的超弦论,超弦的尺度比基本粒子还小10的19次方,而且所用的时空是10维的。这个理论一旦建立,将把目前发现的100多种基本粒子统一起来,把强相互作用、弱相互作用、电磁力、引力这四种力统一起来。

综上所说,科学革命是人认识客观世界的飞跃,技术革命是人改造客观世界技术的飞跃,而科学革命、技术革命又会引起全社会整个物质资料生产体系的变革,即产业革命。在今天,科学革命在先。然后导致技术革命,最后出现产业革命。这也就说明基础科学研究的重要性,有了科学发现才有跟上来的社会发展。

(二)社会形态与社会形态的飞跃

关于产业革命,马克思曾用过一个词,叫社会形态。马克思用德文表达的“社会形态”这个词,其含义是十分清楚的。经济问题是社会形态的一个侧面,马克思说,经济的社会形态的飞跃是产业革命。我国老的《资本论》版本是从德文翻译过来的,译作“经济社会形态”是比较准确的。后来的版本是从俄文翻译过来的,从德文到俄文,变成了“社会经济形态”,于是我们也翻成“社会经济形态”,这种译法不很确切。我建议还是回到马克思原来的表达方法,即“经济社会形态”。这样的用词,说明经济是社会形态的一个侧面。社会形态的另一个侧面是社会中人们的意识,按我的认识,可以叫作“意识的社会形态”,而不用“社会意识形态”。意识的社会形态的飞跃可以叫“文化革命”,毛主席早在1940年就用过这个词[3]。16世纪在西欧的“文艺复兴”是一次文化革命。社会形态的政治侧面可以叫政治的社会形态,政治的社会形态的飞跃是政治革命。人类社会发展中,从原始社会到奴隶社会,从奴隶社会到封建社会,从封建社会到资本主义社会,从资本主义社会到共产主义社会(其初期阶段是社会主义社会),都是政治革命。我们目前进行的政治改革,是社会主义制度的不断自我完善,这不是政治革命。归结起来说,社会形态有三个侧面,分别叫作经济的社会形态、意识的社会形态、政治的社会形态。三个侧面都会不断发生变化,飞跃式的变化即革命,分别是产业革命、文化革命和政治革命。

我们的社会主义现代化建设,有物质文明建设,这属经济的社会形态侧面;精神文明建设属意识的社会形态侧面;关于民主与法制的建设属政治的社会形态侧面,可以叫政治文明建设[5]。按照这样的归类,我们的社会主义建设,分属社会形态的三个侧面,可以叫社会主义的物质文明建设、社会主义的精神文明建设和社会主义的政治文明建设。

社会主义存在的客观环境是地理环境。社会的发展变化首先是受地理环境的影响。比如,据历史考证,西藏在1万年前就有人类的活动,这与中原地区差不多,但为什么后来发展那么慢?艰苦的地理环境恐怕是一个重要原因。另一方面,人对环境也会有影响,人可能破坏环境,也可能建设环境,建设得更适合人类生存,这就是社会主义的地理建设(现在我们的文件中称基础设施),如交通、铁路、水利、通信设施等[5]。据此,我提出我国社会主义的地理建设问题。那就是说,除了社会主义的物质文明、精神文明和政治文明建设以外,还要加上个国家环境的社会主义的地理建设。

(三)人认识与改造客观世界的知识,即科学技术体系

过去人们对科学技术体系的认识,发展到今天,20世纪末期是否还适用?比如,在马克思以前,社会科学不成其为科学,到马克思时代,才把社会科学建立在科学的基础之上。我们国家目前对科学技术体系的认识是分自然科学和社会科学,所以分设中国科学院和中国社会科学院;文化部还有一个艺术研究院。近几年出现了所谓软科学,国家科委有软科学研究指导委员会。什么叫软科学?因为国家科委受国务院各部委职责分工上不能管社会科学的限制,但工作中又遇到一些社会科学问题,怎么办?于是提出个软科学的概念。这都是人为分块建制造成的。

在国外,这种混乱情况更为严重。搞什么政治的、经济的,想怎么说就怎么说,派别很多,一点也不科学。不久前我在中国社会科学院哲学研究所办

的《哲学研究》上看到美国的一位大专家叫 George J. Klir 写的一篇文章[6]，叫“二维科学系统”。他说的第一维是自然科学的研究方法，即理论、推导、实验等结合起来的方法；第二维是信息，即社会上有各种各样的说法，这些说法无法统一，只好作为社会信息输入进来，从事他的系统理论研究。我看这位 Klir 教授是在没有办法的情况下乱出点子。

我们怎么办？我们应该用马克思主义哲学的观点来看待这个问题。毛主席就曾说过，我们要更多地懂得马克思列宁主义，更多地懂得自然科学，也就是更多地懂得客观世界的规律，才能搞好革命工作和建设工作。列宁在《共青团的任务》中讲得更多，他说：“如果你们要问，为什么马克思的学说能够掌握最革命阶段的千百万人的心灵，那你们只能得到一个回答：这就是因为马克思依靠了人类在资本主义制度下所获得的全部知识的坚固基础。马克思研究了人类社会发展的规律，认识到资本主义的发展必然导致共产主义，而主要是他完全依据对资本主义社会所作的最确切、最缜密和最深刻的研究，借助充分掌握以往的科学提供的全部知识而证实了这个结论。凡是人类社会所创造的一切，他都有批判地重新加以探讨，任何一点也没有忽略过去；凡是人类思想所建树的一切，他都放在工人运动中检验过，重新加以探讨，加以批判，从而得出了那些被资产阶级狭隘性所限制或被阶级偏见束缚住的人所不能得出的结论。”[7]由此我们应该站得高一些，总揽全局，认识到马克思主义哲学是人类认识世界的最高概括，是人类智慧的最高结晶。在马克思主义哲学指导下，研究各种不同对象，有不同的科学部门。而且我们要认真地思考时代的特征。今天离马克思时代又有 100 多年了，世界发展了，科学技术大大发展了。我们还要展望即将来临的 21 世纪。

这样，我们的科学技术体系就不能像老一套那样，只是自然科学和社会科学，而是一个大体系[8]：第一个部门是自然科学、工程技术；第二个部门是社会科学；第三个部门是数学科学，因为不管是研究自然科学还是社会科学，都要运用数学手段，因此，数学不能只属于自然科学，应该成为一个独立的部门；第四个部门是系统科学；第五个是文艺理论；第六是思维科学；第七是军事科学；第八是行为科学；第九是人体科学；第十是地理科学。这十个部门构成一个体系。每一个部门都有一个联系马克思主义哲学的桥梁，即从这个部门的科学研究成果中提炼出来的思想，它要能丰富和发展马克思主义哲学，而马克思主义哲学又是通过这一桥梁来指导这个部门的科学研究。自然科学的桥梁是自然辩证法；社会科学的桥梁是历史唯物主义；数学科学的桥梁是数学哲学；系统科学的哲学概括是系统论；思维科学的哲学概括是认识论；文艺理论的哲学概括是美学；军事科学的哲学概括是军事哲学；行为科学的哲学概括可以叫社会论；地理科学的哲学概括是地理哲学；人体科学的哲学概括叫人天观，即人体与自然环境、社会环境的关系。

每一个科学部门又分三个层次：自然科学技术部门最高的层次是基础科学（如物理、化学等）；实际应用的是工程技术；在基础科学与工程技术之间的，是技术科学，如应用力学、电子学等都属这个层次。这三个层次，是自然科学经过 100 多年发展形成的。我认为这十个大部门都应该有三个层次。比如，社会科学的三个层次怎么分？目前中国社会科学院的研究所都是理论性的，这恐怕不行。社会科学也要形成三个层次的概念，其他几个部门也一样。唯一例外的是文艺，文艺恐怕只有理论的层次，到文艺创作就不是一个科学的问题，而是艺术。

最后要指出的是，我构筑的这个现代科学技术体系，是在马克思主义哲学指导下的系统，凡是不符合马克思主义哲学的，或者还不成其为科学，而只是一些经验性的论述性的东西，都无法纳入这个系统，只能放在这个系统的周围。对于这个系统周围的东西，我们并不排斥它，凡是发现有用的，都应吸收进来。所以这个科学技术体系是个开放的系统，不断演化的，随着社会的进步，内容会发展变化，会有新的大部门出现。所以构筑科学技术体系是长期任务。

（四）用科学技术建设社会主义

这里说的“科学技术”就不只是自然科学技术，而是我以上所说的科学技术体系，包括十个大部门，每个部门有三个层次，一座桥梁，通往最高概括的马克思主义哲学。我认为，我这么理解是符合中央精神的。例如，今年 2 月江泽民、李鹏等中央领导同志就曾指出[9]，中国社会科学院要为实现我国第二步战略目标提供理论成果。这就是说，社会科学也要为建设社会主义服务。江泽民同志在纪念中国共产党成立70周年的讲话中说："我们的改革，是一项复杂的、巨大的系统工程，包括经济、政治、教育、科技、文化体制等方面的改革，需要相互协调，配套进行。"由此可见，我们要建设社会主义，所需的科学技术绝非只是自然科学技术。

最近我学习了《陈云文集》，也读了马寅初先生的论文集[10]，才知道马老原来并不是学经济的，而是学矿冶工程的，属自然科学工程技术，后来才转到经济学的，所以他一直是联系实际的。他的博士论文不是讲一般的经济理论，而是讲纽约市的经济情况。解放后，他搞经济研究，一直用理论联系实际的方法。比如他谈人口问题，就是到浙江调查了许多农村后写出的，是从实际中来的，所以是比较客观、正确的。陈云同志也是一直坚持联系实际，作调查研究，提出"不唯上，不唯书，要唯实"和在调查中要"全面、比较、反复"。陈云同志讲的、马寅初同志讲的都很好。但是我感到，由于历史条件的限制，他们都没有可能用现代科学技术的方法，即用系统科学、系统工程的方法，当然也没电子计算机这个极为有效的工具。如果我们用我上面所说的，由十大部门组成的，在马克思主义哲学指导下的科学技术体系来建设社会主义的话，那么我们就要用这种现代科学技术的方法。在过去差不多10年时间内，航空航天工业部的710所在宋平同志的支持下，用这种现代新方法，也就是把实际调查的材料和系统科学、系统工程方法结合起来，并用电子计算机计算达到定量判断。他们用这样的方法研究国民经济中的问题，所得的结果，经过实践考验总是比其他方法更为准确。因为国民经济中的问题都是比较复杂的，因此一定要用系统工程的方法，要用电子计算机。所涉及的参数不是几个、几十个，而是100、200个，计算量相当大，光靠人脑是不行的。所用电子计算机，前几年是每秒100、200万次的，这还不够，今后要更高运算能力的机器。现在我们国家有每秒几亿次的计算机，国外近期可以做出每秒万亿次的计算机。用系统工程的方法加上这样的所谓巨型计算机，国民经济中的复杂问题是可以解决的。所以我们今天可以大胆地说，用现代科学技术方法，可以研究分析社会主义建设中的问题，向中央提出科学决策的主案。

根据这样的想法，前几年我曾建议成立我国社会主义建设的总体设计部[11]。这是中央作决策的参谋班子，用上述科学方法[12]开展研究工作，向中央提出咨询建议。我们这里讲的社会主义建设总体设计部是以马克思列宁主义、毛泽东思想为指导的，对党和国家负责的，绝不是资本主义国家所谓的思想库，那是为垄断资本家服务的，“他们将永远死死拽住政治家的衣袖，焦虑地徘徊在政府与大学之间”[13]。

（五）关于科学技术业

150多年前，一些生产发达的国家实现工业化的道路是先从轻纺工业开始的。42年前，新中国刚刚成立的时候，我们没有走资本主义国家的老路，而是审时度势，看到进入20世纪以后，由于主要的资本主义国家已经实现了工业化，世界已经形成了发达的工业国和落后的发展中国家的明显分界，第二次世界大战以后，这种格局更加显明和突出。在这样的形势下，作为一个新生的发展中国家，中华人民共和国要想尽快摆脱落后状态，显然不能重复别人走过的老路。在工业现代化方面，首先要大力发展重工业。事实证明，这一战略决策是明智的。

42年以后的今天，世界有了很大的发展，面向21世纪的挑战，我们的战略决策是什么？今天科学技术的发展大大推动了社会进步，科学技术是第一生产力。国际间的争夺，主要依靠的也是科学技术。基于这样一种形势，我们必须把科学技术工作摆到一个非常重要的位置上。而我国的科学技术力量并不弱，而且中国人聪明，为了充分发挥科学技术力量在社会主义建设中的作用，我建议建立我国的一种第四产业——科学技术业，作为今天的一项重大的战略决策。因为总结过去，中国在那么困难的条件下搞成了“两弹”，其中一条重要的经验是组织得好。现代的重大科学技术都不是一两个人能够干成的，甚至不是一两个单位能干成的，要靠组织，所以组织工作是一个相当重要的问题。美国人现在就自感组织工作不如日本。我们目前也存在一个有效组织问题，科技界单项成果不错，但集体力量的发挥就不够。为了解决科学技术工作分散的问题，迎接21世纪的挑战，我建议请中央考虑建立科学技术业。科学技术业并不是要取代现有的机构，如中国科学院、中国社会科学院、高等院校的科研机构等，而是要把他们的成果组织起来，而且用组织起来的手段协调全国的科学技术工作。这个手段就是组建科技业的公司，它在一个方面或一个领域负责全国的科技发展工作，是垄断性质的公司。比如，在半导体和大规模集成电路领域，建立一个总公司，这个总公司通过合同手段协调全国半导体和大规模集成电路的发展。而合同的招标、签订，按竞争的原则办。科技公司的成果是出新技术、技术专利。这些公司属国家所有，享受国家大、中型企业的政策待遇，其成果不仅面向国内，而且面向国际。去年，我国科技成果出口创汇大约 10 亿美元，还不到世界科技成果出口的 1%，所以这项事业是大有可为的。

要使科学技术成为生产力，使科研成果在生产中得到应用，仅有各个领域的科技公司还不够，因为每一个单项技术要应用到生产中去，还需要有一个中间环节，它根据工厂的需要，吸取可用的成果，将一项项单个成果综合设计成生产体系，并负责培训工厂的技术人员和工人。前几年我曾就此事向航空航天工业部提出建议，最近他们设立了一个航空航天系统工程中心，就是做这种转化工作的。

归结起来讲，今天当我们面向 21 世纪，面对国际间的激烈竞争，为了建设中国的社会主义事业，必须把科学技术作为第一生产力。具体的办法就是建立科学技术业。科学技术业包括：① 我国现有的科技力量，包括各种科研院、研究所等；② 为了进一步将这些科技力量组织起来，建立各种科技专业公司，组织开发各种新技术，出技术成果，出专利；③ 为了将这些新技术成果尽快在生产中得到应用，要建立各种综合系统设计中心，或者由各部门现有的设计单位承担这一任务。这是我关于建立科学技术业的具体建议，请中央考虑，下决心把这一事业建立起来。

（六）关于人才培养问题

中央领导同志曾多次讲到学习的重要性。江泽民总书记在建党 70 周年的讲话和中央工作会议上的讲话都强调了提高干部水平的重要性。对此，我完全拥护。关于科技人才的培养问题,据我所知,西方发达国家是到20世纪的下半叶才开始有培训工程技术人才的学校。美国有名的麻省理工学院是20世纪70年代建立的。它实行四年制,培养工程师。前两年学科学的基础理论,包括物理、化学等;后两年学专业技术,毕业时作毕业设计。经过这四年的学习,培养出一个能到工厂去负责技术工作的工程师。这样的工程师与瓦特那样的工匠不同,他具有基础理论知识,能适应新的发展并能创造性工作。这套教育体制后来流行于全世界。我过去上的大学——上海交通大学就是实行的麻省理工学院这套教育制度。后来我到麻省理工学院留学,使我大吃一惊的是,在交大做的实验都与麻省理工学院一样。

到20世纪30年代,这套教育体制的缺陷就逐渐显示出来。当时科学技术发展迅速,用麻省理工学院方式培养出来的人,很难适应这种新的形势。而从20世纪初,德国的哥廷根大学开创了所谓应用力学专业,将基础理论与工程应用联系起来,加强基础理论的学习。后来美国的加州理工学院发展完善了这套教育体制。具体做法是适当减少了一点工程课程,加强基础理论的教育,而且将学制延长到7年。这样培养出来的学生,科学知识的基础要坚实得多,各种新的发展都能跟上。第二次世界大战以后,这一教育思想已被普遍接受。

经过五六十年的发展,到今天,世界形势又发生了很大变化,而且我们要面向21世纪,加州理工学院这一套教育制度还能适应今天的形势吗?我曾经向中央领导建议要培养科技帅才,那套老的教育体制能培养出帅才吗?我认为是不行的。所谓科技帅才,就不只是一个方面的专家,他要全面指挥,就必须有广博的知识,而且要能敏锐地看到未来的发展。怎样培养帅才?我提出五点建议:

(1)要学习马克思列宁主义、毛泽东思想。因为马克思主义哲学是人类智慧的结晶,所以,帅才要在学习马克思列宁主义、毛泽东思想上真正下点功夫。

(2)要了解整个科学技术,即我前面所讲的10个部门组成的科学技术体系的发展情况,即要掌握世界科学技术发展的新动态。杨振宁教授最近提出到图书馆去翻翻,我看这很重要。多到图书馆去看看,从中发现新动向,然后组织人去研究，帅才必须具备这样的素质。怎样才能做到这一点？那就是要了解科学技术整体发展情况。

(3) 要学习世界的知识，如海湾战争、南斯拉夫内战等，要了解它的起因、历史，等等，这样才能迎接世界的挑战。

(4) 当今是一个激烈竞争的时代，竞争实际上就是打仗，所以要学习军事科学知识，也包括组织管理方面的知识和才能。

(5) 学点文学艺术，它可以培养一个人从另一角度看问题，避免“死心眼”和机械唯物论。老一辈革命家文艺修养都比较高，是我们的榜样。

当然，帅才还要身体健康。

以上 5 点，或者说 6 点，我在中央党校讲过多次，因为中央党校就是培养领导干部，培养帅才的。今天我再次提出来，请中央考虑。

最后我要说的是，建设有中国特色的社会主义是史无先例的艰巨事业。但我们有中国共产党的领导，只要我们用马克思列宁主义、毛泽东思想来总结自己的经验，总结世界的经验教训，我们一定能找到一种科学的方法，用现代科学技术来建设有中国特色的社会主义。这一切应当在 20 世纪 90 年代有个良好的开端。我的讲话完了，谢谢大家。

注释

[1] 钱学森：《在授奖仪式上的讲话》，《人民日报》，1991 年 10 月 16 日，一、三版

[2] 刘振元：《科学技术是第一生产力的理论认识与探索》，《中国科技论坛》，1991 年第 5 期，第 1～4 页

[3] 毛泽东：《新民主主义论》，《毛泽东选集》第二卷（新版），人民出版社，1991 年，第 696 页

[4] 钱学森、孙凯飞、于景元：《社会主义文明的协调发展需要社会主义政治文明建设》，《政治学研究》，1989 年第 5 期，第 1～10 页

[5] 于景元、王寿云、汪成为：《社会主义建设的系统理论和系统工程》，《科技日报》，1991 年 1 月 21 日、23 日，三版

[6] G. J. 克勒：《信息社会中二维的科学的出现》，《哲学研究》，1991 年第 9 期，第 44～52 页

[7] 《列宁全集》(新版),第三十九卷,第 298～299 页
[8] 钱学森、吴义生:《社会主义现代化建设的科学和系统工程》,中共中央党校出版社,1987 年
[9] 《人民日报》1991 年 2 月 24 日,一版
[10] 《马寅初经济论文选集》(增订本),北京大学出版社,1990 年
[11] 钱学森:《社会主义建设的总体设计部——党和国家的咨询服务工作单位》,《中国人民大学学报》,1988 年第 2 期,第 10～22 页
[12] 钱学森、于景元、戴汝为:《一个科学新领域——开放的复杂巨系统及其方法论》,《自然杂志》,1990 年第 1 期,第 3～10 页
[13] 《世界各国的思想库》,《参考消息》,1991 年 10 月 21 日、22 日、23 日、24 日、25 日、26 日,四版

我们应该研究如何迎接21世纪*

在邓小平同志建设有中国特色社会主义理论的指引下，中国正在进入一个跨世纪的发展时期。每一个关心国家和民族未来发展的中国科技工作者，都应关注和思考如何迎接21世纪的问题。不仅要研究在这段历史时期科学技术可能出现哪些重大的突破和发展，而且还要探索这些科技发展作为第一生产力，对现代中国将发生哪些重大影响和推动作用，从而使我们对迎接21世纪有充分的思想准备。本文作者们在过去的一年多时间里，一直在思考这个问题，现将有关想法写成本篇文字，作为工作档案。

（一）关于现代中国的三次社会革命

人类即将送别20世纪，迎来21世纪。20世纪对我们来说，是中华民族觉醒、奋斗并取得胜利，继而开始走向振兴的世纪。

从1921年7月1日中国共产党成立之日起，以毛泽东为代表的中国共产党人，把马克思主义基本原理和中国革命的具体实践相结合，找到了中国革命取得成功的道路，提出通过新民主主义革命走向社会主义的战略。在马克思列宁主义、毛泽东思想指引下，中国共产党领导全国各族人民，经过28

---

* 本文由钱学森、于景元、涂元季、戴汝为、钱学敏、汪成为、王寿云同志联合撰写，未发表，1995年1月送中央领导同志参阅。

年的艰苦奋斗和流血牺牲，终于推翻了压在中国人民头上的“三座大山”，把一个贫穷落后的旧中国变成了社会主义新中国，这是中国历史上最伟大的翻天覆地的革命，可以说，这是现代中国的第一次社会革命。这次社会革命主要是以政治的社会形态的飞跃——政治革命——而引发的社会革命。而政治革命必然引起经济的社会形态和意识的社会形态的变革。所以，这次社会革命的结果是政治上建立了社会主义制度，理论上确立了马克思列宁主义、毛泽东思想的指导地位，经济上打破了半封建半殖民地社会的生产关系，逐步建立起社会主义新型生产关系，使中国劳动人民的积极性得以发挥，社会生产力获得解决。从这个意义上说，现代中国的第一次社会革命是解放生产力的社会革命。

以毛泽东为核心的党的第一代中央领导集体，在新中国成立后，又领导全国人民开始了新的长征，积极进行中国社会主义建设和现代化道路的探索，这是一项更为复杂更为艰苦的伟大事业。当时唯一能够借鉴的是前苏联的社会主义模式，但毛泽东敏锐地觉察到它并非十全十美。他在《论十大关系》和《正确处理人民内部矛盾问题》这两篇著作中指出，社会主义社会的基本矛盾仍是生产关系和生产力之间的矛盾，上层建筑和经济基础之间的矛盾；我们的根本任务已由解放生产力变为在新的生产关系下面发展生产力。他还提出了许多关于中国社会主义建设的重要理论和观点。党的“八大”明

摄于1992年

确指出，社会主要矛盾已不再是无产阶级和资产阶级的矛盾，而是人民对经济文化迅速发展的需要同不能满足这种需要之间的矛盾。这样，就自然要把全党的工作重点转移到以经济建设为中心、大力发展生产力上来。所有这些都反映出我们党第一代领导集体，为突破苏联僵化模式，探寻中国社会主义建设道路的正确思想。可以设想，如果真正沿着这条路线走下去，中国的面貌同以后的实际情形将会大不相同。可惜，从 1957 年反右斗争扩大化开始，逐渐发生了“左”的倾向。“以阶级斗争为纲”代替了以经济建设为中心，而且愈演愈烈，一直发展到“文化大革命”的十年动乱，造成了空前的灾难，错过了发展经济的大好历史时机，未能取得本来有可能达到的更大成就。而恰恰在这段时间内，外部世界的一些国家兴起了技术革命，经济上快速发展。有些原来经济水平和我们相差不多的国家和地区，却进入了经济起飞阶段，并取得很大成功。

从今天来看，在现代中国的第一次社会革命以及后来对社会主义现代化建设的探索中，无论是成功的经验还是失败的教训，都是十分宝贵的财富，它从正反两个方面为现代中国的第二次社会革命创造了条件。

1978 年，中国共产党十一届三中全会实现了具有深远历史意义的伟大转折，掀开了中国历史的新篇章。邓小平同志根据马克思主义的基本原理，把发展生产力确定为社会主义的根本任务。他指出：“社会主义的本质是解放生产力，发展生产力，消灭剥削，消灭两极分化，最终达到共同富裕。”这是对马克思主义理论的重大发展，它为解决中国这样经济文化比较落后的国家如何建设社会主义，如何巩固和发展社会主义等一系列基本问题指明了方向，开辟了道路。正是在这些思想和理论指导下，形成了以经济建设为中心，坚持四项基本原则，坚持改革开放的党的基本路线，从而确立了中国实现社会主义现代化的道路。江泽民总书记指出：“在中国历史发展的这个重要阶段，邓小平同志把马克思主义基本原理同中国实际和时代特征结合起来，继承和发展了毛泽东思想，以开辟社会主义建设新道路的巨大政治勇气和开拓马克思主义新境界的巨大理论勇气，集中全党和全国人民的智慧，创造性地提出了建设有中国特色社会主义理论。”这个理论为我们党举起了一面引导全国各族人民迈向 21 世纪的伟大旗帜，开始了现代中国的第二次社会革命，即发展生产力的社会革命。

改革开放是发展社会生产力和实现社会主义现代化的必由之路，是社会主义制度自我完善和发展的正确途径，因而是取得中国第二次社会革命成功的关键。通过经济体制、政治体制、文化体制、科技体制、教育体制等的改革，我国社会生产力有了飞跃发展，取得了举世瞩目的巨大成就。党的十四届三中全会提出建立社会主义市场经济体制，标志着我国的改革开放进入了一个新阶段，在改革和发展两个方面，都将上一个新台阶。目前，我国人民正在以江泽民同志为核心的党的第三代中央领导集体的领导下，抓住机遇，深化改革，扩大开放，促进发展，保持稳定，为在20世纪末初步建成社会主义市场经济体制，实现邓小平同志提出的达到小康的第二步发展目标而努力奋斗。到建党100周年时，我们将建成成熟的社会主义市场经济体制，到下个世纪中实现第三步发展目标，即基本实现社会主义现代化。到那时，现代中国第二次社会革命的目标和任务才算基本完成。这次社会革命的结果是经济上建立了社会主义市场经济体制，并进入发展生产力的新阶段，大大推动了社会主义物质文明建设；政治上巩固和发展了社会主义制度；思想上坚持和发展了马克思列宁主义、毛泽东思想，创立了建设有中国特色社会主义理论。社会主义精神文明建设和政治文明建设水平都将有更大的提高。一个富强、民主、文明的社会主义中国将屹立在世界东方。

现代中国第一、二次社会革命的成功将充分证明，马克思列宁主义、毛泽东思想和邓小平的建设有中国特色社会主义理论，都是革命和建设的真理，任何时候都必须坚持。但事物总是不断变化和发展的，历史也是不断演进的，20世纪科学技术的飞速发展，正孕育着21世纪的重大突破。根据现在已经出现的许多苗头，可以预料，在即将到来的21世纪，由于信息技术、生物工程和医学、人体科学的发展，将导致相继并在一定时间段重叠出现的人类历史上三次新的产业革命，这三次新的产业革命结合在一起，将开创人类社会生产力创新发展的新阶段，它必将引起经济的社会形态的飞跃发展，同时还要引起政治的和意识的社会形态的变革，最后导致现代中国的第三次社会革命，也是创造生产力的社会革命。

概括起来说，现代中国已经经历和将要经历的社会革命是：

第一次社会革命是从政治革命入手，解放生产力的社会革命；

第二次社会革命是以经济建设为中心，发展生产力的社会革命；

第三次社会革命是以新的产业革命为先导，创造生产力的社会革命。

基于以上认识，下面对21世纪将出现的三次新的产业革命以及由此引发的现代中国第三次社会革命作进一步探讨。这些虽是21世纪中叶的事，但我们现在就应在理论上进行探索和研究，为迎接21世纪的到来做好思想准备，以免重犯第一次社会革命以后，即20世纪50年代末至70年代中期的挫折和错误。

（二）21世纪相继出现的三次新的产业革命和组织管理革命

马克思主义关于科学技术对生产力发展、生产关系变革以至社会革命的重大影响的思想，是唯物史观的基本内容。邓小平提出科学技术是第一生产力的论断，是对唯物史观的重大发展。根据这种唯物史观，我们认为，科学革命是人认识客观世界的飞跃，技术革命是人改造客观世界的飞跃，而科学革命、技术革命又会引起经济的社会形态的飞跃，这就是产业革命。在人类历史上已出现过第一、二、三、四次产业革命，正面临的是第五次产业革命，还将出现第六次和第七次产业革命。

1. 第五次产业革命

以微电子、信息技术为基础，以计算机、网络和通信等为核心的信息革命，就是我们正面临的第五次产业革命。

18世纪末，由于蒸汽机的出现所引发的人类社会的第三次产业革命（即一般所说的工业革命），开创了人-机结合的物质生产体系，由于机器动力的驱动使生产力大为发展。在今天的第五次产业革命中，由于计算机、网络和通信的发展与普及，将使劳动资料的信息化、智能化程度大大提高，这又将开创新一代的人-机结合劳动体系。它标志着现代社会生产已由工业化时代进入到信息化时代，世界经济也开始从工业化经济逐步向信息经济转变，知识和技术密集型产业将成为创造社会物质财富的主要形式。因而在产业结构上，除了原来的第一、二、三产业外，又创立了第四产业，即科技业、咨询业和信息业；第五产业，即文化业。在就业结构上，从事一、二产业的人数在劳动就业总人数中所占的比例不断下降，而从事第四产业的人数比例则不断上升。计算机和通信网络的结合和普遍使用，不仅改变着人们的生产方式和工作方式，大大提高了物质生产力；而且改变着人们的研究方式、学习方式、生活方式和娱乐方式，计算机软件也成为人类文化的组成部分之一，开创了人-机结合的精神生产力，从而最终消灭人类历史上形成的体力劳动和脑力劳动的差别。

2. 第六次产业革命

20 世纪 70 年代末 80 年代初，相继出现了重组 DNA 技术，动植物细胞大规模培养技术、细胞和原生质体融合技术、固定化酶（或细胞）技术等现代生物技术，开创了工农业生产发展的新途径，为人类解决当今所面临的食物、健康、能源、资源和环境等一系列重大问题提供了强有力的技术手段。

经过多年来的发展，生物技术在农、林、牧、渔业、医药工程、轻工食品等领域，都有了很大发展，取得了一批重要成果，有些已应用到实践之中。如用生物技术产生新的动植物品种，提高粮食和肉、鱼、奶的产量和质量，如培育蛋白质含量高的小麦新品种；抗病、抗虫和富含高蛋白的蔬菜新品种；耐旱、耐盐碱且含高蛋白的牧草新品种；培育抗病、抗寒新鱼种及高级牛、高级羊（羊毛质量高）、超级猪和鸵鸟等。总之，以微生物、酶、细胞、基因为代表的生物工程，到 21 世纪将发展为以动植物工程、药物和疫苗、蛋白质工程、细胞融合、基因重组等为核心的生物工程产业，它的产业化将创造出高效益的生物物质，从而引发一次新的产业革命。这次产业革命的实质是以太阳光为能源，利用生物（动物、植物、菌类）、水和大气，通过农、林、草、畜、禽、菌、药、鱼，加上工、贸等，形成新的知识密集型产业，即开创了大农业产业，它包括农产业、林产业、草产业、海产业、沙产业。这不仅是劳动对象的拓广，而且还将以集信息、金融、管理、科技、生产，加上工、商、贸于一体的集团公司体制运作。这样发展起来的第一产业（农业）和第二产业（工业）除生产产品不同外，在生产方式上已无实质性差别，即工业和农业之间的差别消灭了，两者结合起来成为物质资料产业。

此外，从第六次产业革命的内涵来看，它主要不是发生在大城市，而是发生在农村、山村、渔村和边远荒漠地带。随着这一产业革命的发展，这些地方也都将改造成小城镇。目前在我国已有了这样一些苗头，如大丘庄、华西村等。因而，第六次产业革命的另一个直接社会效果是将消灭几千年来人类历史上形成的城市和乡村的差别。

民以食为天，这个伴随人类生存的重要而又不可或缺的问题，到了 21 世纪，随着第六次产业革命的到来，也将发生革命性的变化，即饮食业革命。由于人体科学的建立和发展，将能确定人在不同年龄、不同性别、不同生活条件下的合理营养需求结构。再加上生物技术大大拓广的饮食原料，完全可以运用营养科学设计出各种人所需要的多种多样的饮料和食品，并采取工业生产方式加工生产，形成真正的快餐业。所谓快餐业就是烹饪业的工业化，即把古老的烹饪操作用现代科学技术和经营管理技术组织得像大规模工业生产那样，形成烹饪产业(cuisine industry)。其运作方式是从原料的生产、粗加工到精加工，加上与之相关的供销渠道以及相辅的金融业等结合在一起，形成配套运转的企业或公司集团。这就是 21 世纪的饮食产业，是人类历史上有关"吃"的一次革命，是第六次产业革命的深化和发展。这次革命的结果，将把人从几千年来的家庭厨房操作中解放出来，大大改变人们的生活方式。

3. 第七次产业革命

人体科学(包括医学、生命科学等)在 21 世纪将有巨大发展。人体功能的提高，将使生产力三要素中最重要、最活跃的劳动力素质大大提高，其影响将渗透到各行各业，这无疑又将引发一次新的产业革命，这就是涉及人民体质建设的第七次产业革命。

人体的保健和治病，需要靠生物学、生理学、病理学等生命科学提供的科学理论。但这对于确定病人身体状态并设计出改进和纠正到健康状态的治疗措施来说，是不够的，还需要对人体整体状态的了解，即对人体功能态的认识。认识人体功能态目前主要靠实践经验。医生们依靠临床经验，逐渐总结出一套个人"心得"。这是临床医生的感性认识，各有一套，形成不了总的"医理"。以至临床误诊往往成为不可避免的现象。根据尸体解剖，证明误诊率约达 1/3；有的医学统计提出，罕见病的误诊率竟高达 60%以上。所以对于人体这样一个开放的复杂巨系统来说，单靠传统的还原论方法是不能彻底解决问题的，必须再加上系统科学中发展起来的从定性到定量综合集成方法，把中医、西医、民族医学、中西医结合、体育医学、民间偏方、气功、人体特异功能、电子治疗仪器等几千年来人民防病治病、健身强体的实践经验综合集成起来，总结出一套科学的全面的现代医学，即综合集成医学。这个医学包括治病的第一医学，防病的第二医学，补残缺的第三医学以及提高人体功能的第四医学。这样，就可以真正科学而系统地进行人民体质建设了，人民体质和人体功能都将大大提高。

建立综合集成医学的核心措施，是利用第五次产业革命发展起来的信息技术，建立医疗卫生信息网络。利用这个网络可以做到：

（1）收集古今中外医案，按病人的身体测试数据及病情和性别、年龄等分类，建立信息资料库；

（2）能根据输入的病人情况，给出治疗方案的建议；

（3）能与临床医生进行人-机对话，以便确定治疗方案。

这个网络可以对病人进行完整、有效、快速的测试，而医生则可以用人-机结合方法，对病人实施综合治疗。

在建立和利用这个网络的同时，还要不断使网络扩充和改进，吸收新的医疗经验，加强它的功能。同时，还要培养培训新型医生，即能与医疗卫生信息网络进行人-机对话的“综合医生”或“全面医生”，他们能依据人-机对话结果确定治疗方案（包括中药、西药、手术、针灸、按摩推拿等各种手段）。显然，按照这样的医疗方式，就必须改造现有医院的组织体系结构，建立新型医院和新的医疗卫生体制。这就为医疗卫生事业的革命开辟了新的道路。

4. 组织管理的革命

技术革命以及它所引发的产业革命，对组织管理问题提出了更高的要求。形象地说，这犹如随着硬件的革新，计算机技术的发展，必须有相应的软件跟上才行。系统科学是20世纪中叶兴起的一场科学革命，而系统工程的实践又将引起一场技术革命，这场科学和技术革命在21世纪必将促发组织管理的革命。

在20世纪六七十年代，我国首先在航天领域倡导系统工程的组织管理，并在实践中取得成功。由此我们又将这一思想推广到社会，提出了社会系统工程的概念。为了实现社会系统工程，我们提出建立国家社会主义建设总体设计部的建议，江泽民总书记在1991年“三八”节那天还专门召集政治局常委会议，听取了我们的汇报。总体设计部由多部门、多学科的专家组成，在以计算机、网络和通信为核心的高新技术支持下，对社会主义现代化建设的各种问题，进行总体分析、总体论证、总体设计、总体规划、总体协调，提出具有可行性和可操作性的配套的解决方案，为决策者和决策部门提供科学的决策支持。到80年代，我们注意到中央领导同志经常提到改革是一项极其复杂的系统工程。这就是说，社会系统远比任何工程系统复杂得多，运用处理简单系统，甚至简单巨系统的方法，不能解决社会系统的问题。在研究了社会系统、人体系统、人脑系统等的基础上，我们又提出了开放的复杂巨系统概念及其方法论，即“从定性到定量综合集成法”，后来又发展到“从定性到定量综合集成研讨厅体系”的思想。这是把下列成功的经验和科技成果汇总起来的升华：

(1) 几十年来学术讨论会(seminar)的经验；

(2) 从定性到定量综合集成方法；

(3) C^3I及作战模拟；

(4) 情报信息技术；

(5) 人工智能；

(6) 灵境(virtural reality)技术；

(7) 人-机结合的智能系统；

(8) 系统学；

(9) “第五次产业革命”中的其他各种信息技术；

……

这个研讨厅体系的构思是把人集成于系统之中，采取人-机结合，以人为主的技术路线，充分发挥人的作用，使研讨的集体在讨论问题时互相启发，互相激活，使集体创见远远胜过一个人的智慧。通过研讨厅体系还可把今天世界上千百万人的聪明智慧和古人的智慧(通过书本的记载，以知识工程中的专家系统表现出来)统统综合集成起来，以得出完备的思想和结论。这个研讨厅体系不仅具有知识采集、存储、传递、共享、调用、分析和综合等功能，更重要的是具有产生新知识的功能，是知识的生产系统，也是人-机结合精神生产力的一种形式。

系统科学、系统工程和总体设计部，综合集成和研讨厅体系紧密结合，形成了从科学、技术、实践三个层次相互联系的研究和解决社会系统复杂性问题的方法论，它为管理现代化社会和国家，提供了科学的组织管理方法和技术，其结果将使决策科学化、民主化、程序化以及管理现代化进入一个新阶段。

面向21世纪，三次产业革命，再加上系统科学、系统工程所引发的组织管理革命，将把中国推向第三次社会革命，出现中国历史上从未有过的繁荣和强大。

（三）现代中国的第三次社会革命

根据马克思提出的社会形态概念，我们认为，任何一个社会都有三种社会形态，即经济的社会形态、意识的社会形态、政治的社会形态。这就是一个社会的三个侧面，它们相互联系，相互影响并处在不断变化之中。飞跃式变化就是我们常说的革命。相应于经济的社会形态的飞跃是产业革命，相应于意识的社会形态的飞跃是文化革命，而相应于政治的社会形态的飞跃则是政治革命。社会革命是指整个社会形态的飞跃，所以，产业革命、文化革命、政治革命都是社会革命。

结合我国社会主义现代化建设，相应于这三种社会形态有三种文明建设，即物质文明建设（经济的社会形态），包括科技经济建设、人民体质建设；精神文明建设（意识的社会形态），包括思想建设和文化建设；政治文明建设（政治的社会形态），包括民主建设、法制建设和政体建设。国家和社会的发展还要受到所处地理环境的影响，我国社会系统环境建设就是社会主义地理建设，包括基础设施建设、环境保护和生态建设。这样，我国社会主义现代化建设包括了上述三个文明建设和地理建设，共四大领域，九个方面。其中科技经济建设是中心。这就是我国社会主义现代化建设的系统结构。

到21世纪中期，中国大地出现的第三次社会革命，不仅是第一、第二次社会革命的继续和发展，而且迎着现代科技革命的新潮流，在三次新的产业革命的推动下，脑力劳动和体力劳动差别、城乡差别、工农差别在逐步消失。人的思想觉悟、科技文化知识、身体状况和人体功能都会有很大提高，各种创造发明将层出不穷，使中国进入创造生产力的新阶段。这不仅极大地促进了社会主义物质文明建设、精神文明建设、政治文明建设，而且使三个文明建设之间以及地理建设进入了协调发展时期，这必将使中国由社会主义初级阶段进入发达阶段。综合起来可以看出，现代中国第三次社会革命的主要特点是：

1. 社会主义物质文明建设将有巨大发展

经过第五次产业革命在劳动资料方面的迅速进步，第六次产业革命在劳动对象上的拓广，第七次产业革命在劳动者素质上的全面提高，再加上组织管理革命所提供的科学的组织管理，所有这些因素融合在一起，就能更有效地把生产力中各要素有机结合起来并合理配置，使生产的效率和效益将有飞跃发展，社会生产力发生史无前例的巨大进步，科技经济建设、人民体质建设都进入一个新阶段，社会物质财富也大大丰富起来，人民的生活水平也将有很大的提高。如果说中国第一次社会革命使中国人民站立起来了，第二次社会革命使中国人民发展起来了，那么第三次社会革命将使中国人民更富裕起来、更充实起来、更聪明起来和更文明起来了。

在第三次社会革命中，人的主导作用将充分发挥，既是体力劳动者，又是脑力劳动者，既是科技人员，又是文艺人。人的聪明、才智都将得到充分发挥，而且积极性也将空前高涨。在这个阶段上，真正实现和发挥科学技术是第一生产力的巨大作用，持续的技术创新成为推动经济发展的主要动力和源泉，科技业将成为国民经济的带头和主导产业，实现把整个国民经济建立在依靠持续的科技进步和高水平劳动者素质的基础之上。

整个经济进入发达的社会主义市场经济阶段，这将是一个完善、灵活和充满生机的体制。宏观上国家调控，微观上是集团公司管理和经营。为最大限度地满足人民的需要，不仅要跟踪市场，还能把人民潜在需要明朗化，并与各种高新技术相结合，以更新的产品去创造市场。这就是说，在创造生产力阶段，生产不仅具有快速、准确跟踪市场的能力，而且还有超前预见去创造市场的能力。

在就业结构上也发生了很大变化：直接从事物质资料生产（第一、第二产业）的人员将减少，大约占一线就业人员的20%左右，从事服务业（第三、第四、第五产业）的人员占40%左右，从事科学技术的人员占15%左右，从事文学艺术人员占15%左右，政府、解放军及事业（包括教育）人员占4%，而从事司法的人员占6%，形成一个小政府大社会的组织结构。中国发达的社会主义市场经济，生产的数量、质量、速度和效益都将大大超过我国的过去，也将高于其他国家，走在世界的前列。

2. 社会主义政治文明建设将更加完善

新的三次产业革命，推动政体建设、法制建设和民主建设，将引起一次政治的社会形态的变革。这场变革的核心是建立起与创造生产力相适应的生产关系和上层建筑。这种生产关系和上层建筑，不仅能适应和推动创造生产力的发展，而且随着这种生产力的发展，具有自我调整、自我组织的能力，以适应和推动生产力的持续发展。

摄于1995年

管理国家、管理社会，总的原则是“宏观控，微观放”。按照这个原则，在政体建设上，将弱化政府的直接控制，强化人民自己各种组织的作用，尊重人民，相信人民是历史的创造者。在弱化直接控制的同时，要加强政府的间接调控，要从总体上研究和解决社会系统的新问题，这就要用系统科学、系统工程、从定性到定量综合集成法及综合集成研讨厅体系，并用总体设计部作为决策的咨询和参谋机构，中央、地方和部门都有自己的总体设计部，构成一个总体设计部体系，这就保证了决策科学化、民主化、程序化，使国家和社会的管理进入现代化阶段。同时，大大发展起来的计算机、通信网络技术，使我们有可能建立起人民意见反馈网络体系、中央集权的行政网络体系和全国法制网络体系，把它们和综合集成研讨厅体系结合起来，就能把我党传统的一些原则、方法，如从群众中来，到群众中去，民主集中制等科学完美地实现了。这样，国家的宏观调控就可以做到小事不出日，大事不出周，最难最复杂的问题也不出月，就能妥善而有效地解决，正确而又灵敏。随着法制系统工程的实施，法制建设的发展，国家和社会各个领域都将法制化，我国将成为一个发达的法制国家，以保证社会长期稳定与安定。同时充分发扬社会主义民主，形成如毛泽东同志所说的一个又有集中又有民主，又有纪律又有自由，又有统一意志、又有个人心情舒畅生动活泼那样一种政治局面。

另一方面，我国是社会主义国家，热爱世界和平，我们将严格遵守和平共处五项原则，团结一切可以团结的国家和人民，维护正义，保卫和平。因此，我国军队的作用仍然是：① 对外防止敌人入侵，建立起用高科技武装起来的现代化国防力量，使新型的解放军越过机械化军队阶段，成为一支精干的信息化军队，这是21世纪国际斗争和竞争环境所需要的。同时，加强国际竞争和斗争的战略、策略、战术的运筹，使我国永远立于不败之地；② 对内维持社会秩序，强化司法工作，组织管理社会主义物质文明、精神文明和政治文明的各项建设工作。

3. 社会主义精神文明建设将达到更高水平

三次产业革命的到来也将引起意识的社会形态的变革，形成一次真正意义上的文化革命（其含义绝不同于“无产阶级文化大革命”），推动社会主义精神文明建设向更高境界发展，创造出更多更高水平的精神财富，满足人民的精神需要。

科技队伍的加强，科学技术的进步，文艺队伍的加强和文学艺术的繁荣都是史无前例的。我们提出的现代科学技术体系必将大大丰富和发展，使我们对世界的认识越来越全面，越来越深刻，改造世界的能力也越来越强。科学、教育、文化、艺术日益紧密结合起来，互相促进、互相渗透，向更高层次和水平发展。科学技术的发展为文学艺术提供了新手段，产生出新的文艺形式。同时，我国5000年辉煌的文学艺术传统也将结合最新科技成果，发扬光大！社会主义中国要把全世界全人类的智慧和精华统统综合集成起来。

在这次文化革命中，另一个革命性的变化是大成智慧教育的兴起。信息文化教育网络的建立，小孩子一入学就学会使用智能化终端机，采用人-机结合的教育和学习方式，不仅能大大缩短学习时间，而且理、工、文相结合的教育体制也将形成。这就有可能进行全才教育，使人越来越聪明，情操越来越高尚，达到全才与专家的辩证统一。另一方面，大成智慧学的产生，将大大丰富我们的思想。我国唯心主义哲学家熊十力曾提出过人的智慧的两个方面："性智"与"量智"，我们可以学马克思当年把黑格尔的客观唯心主义倒过来，并创建了辩证唯物主义的方法，把人们从实践总结出来的智慧，在文化艺术方面的称为性智，在科学技术方面的称为量智，而且把性智和量智真正统一和结合起来，这将在世界观、方法论以及思维上丰富了马克思主义哲学。大成智慧学也将使哲学教育大大普及，其意义和影响将是十分深远的。

4. 地理建设将进入协调发展的新阶段

三次产业革命引发的第三次社会革命，使中国社会系统内部进入了持续、协调发展的时期，社会主义物质文明、精神文明和政治文明建设都有了飞跃发展，这三次产业革命以及三项文明建设的巨大成就又大大促进了我国社会系统的环境——地理系统的建设，使我国社会主义地理建设进入了新阶段，社会系统和地理系统之间也进入了持续协调发展的新时期，地理建设又为我国社会主义文明建设持续稳定地发展提供了物质基础。

通过环境保护、生态建设和基础设施建设以及地理系统工程的组织管理，在以下几个方面都将达到新的水平。

(1) 环境保护和绿化。在创造生产力阶段，人们已有能力把工业化阶段造成的气体、液体、固体、噪声等污染降到最低限度进行根本治理。同时现代大农业的发展，大规模植树造林，把森林覆盖率提高到50%以上，草产业、沙产业的发展，从根本上解决了水土流失、土壤盐碱化、沙漠化等问题，使戈壁沙漠变成绿洲，我国的环境保护和生态建设进入了新阶段。

（2）资源系统建设。地下资源（包括深层地下资源）、地面资源、海洋资源和空间资源都能得到合理开发利用和保护。大规模南水北调工程的实施，将使水资源得到合理开发和充分利用，彻底解决北方干旱缺水问题。同时还要开发海水淡化技术，解决诸如大连市这样临海城市的严重缺水问题。此外垃圾行业作为一个产业部门（在第二产业中）的建立和发展，不仅解决了环境污染问题，还能达到资源永续。

（3）能源系统建设。可再生和清洁能源，如水电、风电、日光电、生物电等，将有极大发展。

（4）自然灾害防治。在自然灾害的监测、预报水平上的提高，在防灾、救灾能力上的增强，能使我们对自然灾害的斗争进入主动状态。

（5）城镇及居民点建设。在第三次社会革命中，已消除了工农业差别和城乡差别，特别是通过“山水城市”建设，使生活园林化，我国城镇及居民点建设也将因此而达到新水平。

（6）综合交通运输体系和现代信息通信业的建设。以铁路、公路、河运、海运、航空运输、管道运输等为主体的现代综合交通运输体系，用高新技术装备起来，将进入现代化水平，这种高度发达的立体交通运输网络对社会生产和人民生活将带来极大的方便；第五次产业革命将极大推动现代信息通信业建设，使我国的信息通信业达到现代化水平。现代计算通信网络和现代交通运输网络使信息流、物质流畅通无阻，使人与人之间，单位与单位之间，省与省之间的距离“近”了，整个国家变“小”了，而人的作用则变“大”了。

许多在第一、第二次社会革命中无法解决的问题，在第三次社会革命中得到了彻底解决，如所谓的“轿车文明”问题。人们的生活工作需要轿车，但过多的轿车又带来污染、噪声和交通拥挤，这也是一直困扰现代发达国家的问题。但在中国第三次社会革命中，这类问题是可以解决的。首先由于第五次产业革命的发生，使多数劳动者可以通过信息网络在家办公和劳动，不用外出乘车了；其次，由于建设“山水城市”和生活园林化，在一个建筑区中，中小学校、商店、医疗中心、文化场所及其他服务设施都已俱备，人走路可达，不用坐车；而建筑小区之间的林草花木公园，人们可以休息散步，锻炼身体。远离小区的必要出差、访友、游玩，又有城镇的高效公共交通网可用，需要去更远的地方，还有民航、高速铁路、水路等现代交通运输网可以使用。这就是我们没有必要去走今天发达国家那种发展家用小轿车的道路，因而也就避免了"轿车文明"所带来的社会问题。

(7) 中国人口问题将会得到解决。在第三次社会革命中，中国的人口控制问题，由于人民物质生活和文化水平的提高，各种社会保障体系的建立和完善，必将取得巨大成就。到21世纪中叶，我国人口规模可稳定在15亿左右，妇女生育率保持在临界生育水平上，人口发展进入了零增长状态。由于第七次产业革命的推动，中国人口质量也将大大提高，人口年龄结构也会进入合理分布状态。

地理建设的巨大进展，大大促进了人与自然之间的协调发展，也就是实现了人口、经济、社会、资源和生态环境的协调发展，使中国进入了可持续发展的新阶段。

（四）世界社会形态

今天，由于第五次产业革命的推动，世界范围内的市场经济发展，经济上全球一体化趋势日益增强，世界正逐渐形成一个相互联系的大社会，哪个国家也不能闭关自守。另一方面，从世界各国情况看，在经济上有发达国家、发展中国家、不发达国家；在政治上有社会主义国家、资本主义国家、封建主义国家；在意识形态上有以马克思列宁主义居统治地位的国家、以资产阶级自由民主观念居统治地位的国家、以各种不同宗教信仰居统治地位的国家等。这将是资本主义社会形态之后，实现共产主义之前的一种过渡的世界社会形态。它将打破地区、国家的界限，在促进全球经济一体化的同时，也会一步一步地向政治一体化的方向发展。在这个阶段上，由于三次社会革命成功的推动，中国已经强大起来，人们从中国的发展和繁荣中看到了社会主义的优越性，社会主义将战胜资本主义，人类最终将走向世界大同的共产主义社会！

附　　录

我们正面临第五次产业革命*

戴汝为　于景元　钱学敏　汪成为　涂元季　王寿云

马克思恩格斯关于科学技术对生产力发展、生产关系变革以至社会革命重大影响的思想，是他们所创立的唯物史观的基本内容。邓小平关于“科学技术是第一生产力”的论断，是对唯物史观的重要发展。依据这种唯物史观，钱学森认为，科学革命是人类认识客观世界的飞跃，技术革命是人类改造客观世界的飞跃，而科学革命、技术革命又会引起社会整个物质资料生产体系的变革，即经济的社会形态的变革，这就是产业革命。

在上古时代，当人们还是靠采集和狩猎为生时，是谈不上物质资料生产的，因而也就不存在什么“产业”。从这个意义上说，第一次产业革命大约发生在一万年前的新石器时代，即农牧业的出现。第二次产业革命是开始出现商品经济，即人们不再单纯为个人的自然需求、个人享用而生产，而是开始为交换而生产。这在中国，出现于奴隶社会后期，即公元前约一千年。第三次产业革命是18世纪末由于蒸汽机的出现，产生了大工业生产。第四次产业革命出现在19世纪末，即生产不再是以一个一个的工厂为单位，而是出现了跨全行业的垄断公司。第五次产业革命即目前正在发生的由信息革命所推动的经济的社会形态的巨变，全世界将逐渐构成一个整体来组织生产，出现世界一体化的生产体系。

---

* 本文原载1994年2月23日《光明日报》。

在钱学森同志指导下，本文作者们近一年多来多次讨论信息革命引发的第五次产业革命的问题。得益于钱学森的许多启发，我们将关于第五次产业革命的某些思考整理成文字，形成了对以下几个问题的认识。

信息革命是第五次产业革命

从第一次产业革命到第四次产业革命，划分社会生产时代具有决定意义的特征，可以说是劳动资料的机械的、物理的和化学的属性。机械革命的核心是机械性的劳动资料（可控制的机械加工机），它能加工任何形状的工件。在20世纪中叶，出现了数字电子技术。数字电子技术的基本特征，是以完美的控制和离散的方式快速处理信息，从而产生信息革命。信息革命的核心是信息性的劳动资料，如能处理任何离散形式信息的可编程数字计算机。今天，又出现了纳米技术（nanotechnology 即 10^{-9} 米或10埃分子尺度的技术。）纳米技术的核心，是装配分子。持乐观态度的科学家，如Stanford大学的K. Eric Doxler，深信利用这种分子制造方法能排布出几乎任何式样要求的原子结构（如分子尺度的开关器件、数据存储器和计算机——纳米计算机）。Xerox Palo Alto研究中心的计算机专家Relph Merkle预测，2010年到2020年间可能实现一个原子存储一位计算机信息。纳米技术革命的基本特征，是以完美的控制和离散的方式（原子和分子）快速排布原子的结构，从而将产生物质处理技术的革命。纳米技术革命，本质上是更深层次的信息革命。数字计算机一直是建立在微电子学基础之上的，而纳米技术则使数字计算机建立在分子电子学基础之上。虽然这种全新的计算机仍如20世纪90年代的计算机一样，使用电子信息来编制数字逻辑图像，但由于是采用分子器件制作，其数字逻辑图像可以建立在比90年代计算机小得多的尺度的基础上，而且速度更快，效率更高。如果说，90年代计算机芯片的大小有如一幅巨大的风景画，那么纳米计算机就像画中的单个建筑物。

劳动资料的信息属性可以称为生产的神经系统。它们为现代社会生产提示了比劳动资料的机械属性更有决定性的特征，如劳动资料的信息性在生产中占据主导地位，标志着现代社会生产已由工业化时代进入到信息化时代。劳动资料的信息属性发展程度，是现代社会生产力发达程度的测量器。劳动资料的信息属性增长，是第五次产业革命的主要历史特性。

信息革命促进了劳动资料信息属性的发展，从而促使科学技术与生产力比过去更加紧密地凝结在一起，构成我们这个时代社会经济发展的新的特征，具有划时代的意义。它以计算机、网络和通信相结合的形式，体现在变革社会协作方式的推动力量中；以计算机集成制造系统的形式，体现在生产单元、生产线和整个工厂的自动化中；以计算机化检测手段的形式，体现在检测出动力燃烧过程中的信息并对燃烧过程进行优化的过程控制中。它还以管理信息系统的形式，体现在掌握资金流通情况，大大压缩在途资金和货币投放量的金融管理中；体现在用物流管理系统掌握物资流动情况，大大减少库存，提高物资利用率的过程中；体现在把信息处理手段“嵌入”到生产过程的最终产品，从而把人在生产过程中的作用，最大限度地延伸到产品出厂后的全寿命期中。总之，计算机和通信网络的结合，正改变着人们的生产方式、工作方式、生活方式和学习方式。这样，信息革命必然引起经济的社会形态的变革，所以是又一次产业革命，即第五次产业革命。

第五次产业革命中的信息网络建设

信息网络，是使许多同时工作的不同计算机之间能方便地交换信息的通路。随着计算机应用多样化的增长，机器之间猛增的信息流量需要由更宽敞的通路来容纳。这样的通路，即人们习称的信息高速公路。利用信息网络，人们可以在数秒钟内实现与数千公里之外的联系，或者在世界范围内发送传真，或者在全国性网络内实现计算机对计算机的通信。这是 20 世纪最伟大的通信技术奇迹的一部分。正在发展的宽频带综合业务数字网络(BIDN)，使信息传输在数量与质量方面均有大幅度的提高，并很可能在 21 世纪初就取代传统的电话网络。与目前用于声音、数据和图像等不同业务的专用网络不同，它使实现适用于所有信息和通信服务的通用网络成为可能。到 21 世纪初期，单个电话机、电视机和计算机的数量将不再大幅度增长，取而代之的是集三种功能为一体的多媒体信息处理装置。

正如第三四次产业革命需要铁路和高速公路建设一样，现在需要规划第五次产业革命的信息网络建设。这包括建立通信网、巨型计算机站、资料图书库（图书入磁带盘片），以及卫星定位、灵境和软件等工作。建立全国信息网络，将是一场推进第五次产业革命的攻坚大战。我国近年来在邮电发展方面的确很有成绩，但全国的通信基础设施仍然十分薄弱。我国地域辽阔，建设全国性的信息网络，特别是"干线"网络，需要极大的投资强度。现在，确实到了加速我国国民经济信息化国道建设的关键时候了。

当人们真正认识到劳动资料信息属性的增长是第五次产业革命和信息社会的特征后，必须要深入地探讨什么是表示、传送和处理信息的最佳技术途径？比较一致的看法是，能较完整地表示概念，能较迅捷地传递概念，能以符合人的认识过程的方式对概念进行加工的方法，就是较理想的信息表示和处理的途径。

与以往的表示、处理和传送信息的方法相比，计算机的发明使情况有了极大的改善，尤其突出地表现在数据类型的信息处理能力方面。但人类并不是仅仅依靠文字（或数据）这一单一的形式来传递信息和接受要领的，这种信息的表示、传送和处理的单维性已成为影响劳动资料信息属性进一步增长的瓶颈之一了。客观上，人类是通过多种感官来接受外界信息的。例如，在最近几年内，人们对基于视频信息的依赖性正在与日俱增。因为依靠视频可以较方便地把声音、颜色、图像组合在一起，视频信息的压缩能力又很强。因此，为了改善表达概念的能力、缩短传递概念的途径、加强深化概念的能力等，单靠提高传递、处理文字和数据这一单维信息的能力是不够的，而应针对人类接收信息的多维性，实现信息维数的人类化（humanizing information 或称 information human dimension），即按照人类的习惯，提供各个感官所能接受的多种属性的信息，如通过磁带、磁盘、光盘等信息存储体，通过电话、电传、电视等信息传输设备，通过高性能计算机等信息加工装置向人类提供声、图、文集成在一起的，并能和人类作动态交互作用的信息，这就是近年来正在飞速发展的多媒体（multimedia）和灵境（virtual reality）技术。多媒体技术

(multimedia technology),就是能对多种载体(媒介)上的信息和多种存储体(媒质)上的信息进行处理的技术。所谓承载信息的载体,即信息的存在形式和表现形式,如数值、文字、声音、图形、图像等。存储信息的存储体,是指用以存储信息的实体,如磁带、磁盘、光盘等。应用多媒体技术能够处理存储在多种存储体上的,由数值、文字、声音、图像和图形等多种形式所表示的信息。多媒体技术是目前正发展的灵境系统的关键技术之一。在灵境中,人和环境间的交互作用将得到更全面、更深入的体现。

随着信息技术的提高和各种信息应用系统的普及,人类对信息的获取、传送、存储和处理的智能化必然会出现更强烈的需求。人们既要充分发掘现有的冯·诺依曼式的计算机的潜力,又要设法克服或"软化"使用这种计算机所必须遵循的有关"可计算"的三个前提条件。例如,人们希望不仅可用定量的方法,也可用定性的方法描述被求解的问题;用户不仅可以向机器提供已有的成功算法、知识,也希望机器通过推理和学习向用户提供问题求解的途径;人们还盼望能研制出功能更为强大的计算机软硬件环境,以支持对更为复杂的问题的求解。这就是当前世界各国都在致力于研制各式各样的智能化计算机系统和智能应用系统的原因。但智能计算机系统和智能信息系统是一个相对概念,"智能化"是一个不断逼近的目标。一旦人们所追求的某个目标可以用严格的形式化方法来描述,并可以用当时的技术工艺来实现时,人们又开始不满足它的智能化程度了,又要去追求更高的智能化目标。每当我们在信息技术的智能化和网络化道路上前进一步时,计算机和最终用户间的鸿沟就被缩小,人和人之间的距离就近了。当前,人们对信息技术的最迫切需求之一是:拓宽传统的计算机只能处理文字和数字信息单一维数的能力,把计算机技术和通信技术紧密结合在一起,在广域内实现声图文一体化的多维信息共享和人机交互的功能。

总之,信息表示和处理的单维性与地域性是影响劳动资料信息属性增长的瓶颈之一。第五次产业革命的客观需求强烈地促进着通信技术和多媒体技术的发展,推动着多维化、智能化的广域信息网络的发展。这一网络的投资将达数千亿元,所需设备又值万亿元以上,所以它是一项庞大的基础设施建设。

第五次产业革命与信息经济

第五次产业革命使世界经济从工业化阶段进入了信息化阶段，通常人们把这一阶段的经济特点概括为信息经济。如果说工业化经济是以物质生产为主的话，那么信息经济则是把物质生产和知识生产结合起来，充分利用知识和信息资源，大幅度提高产品的知识含量和高附加值，提高劳动生产率和经济集约化程度。知识和技术密集型产业将取代劳动密集型产业，并成为创造社会物质财富的主要形式。

农业经济创造物质财富的增值空间是以某一地域为主体的，工业经济是以某一国或某一经济区域为主体的，而信息经济则不同，它是以电子信息技术为基础的高新技术的广泛应用，使经济活动得以在广阔的空间，以经济、合理的方式运行，并创造出更多的物质财富。这就使信息经济财富的增值空间扩大到更大范围以至覆盖全球，甚至扩展到了宇宙空间。

信息经济又是"低耗高效"型经济。由于电子信息技术、计算机等在生产过程中的广泛应用，大大降低了生产中的物耗和能耗。在工业经济中，国内生产总值(GDP)增长是与能源、原材料如钢铁、有色金属等的消耗呈同步增长的。但在信息经济中，国内生产总值持续增长的同时，单位 GDP 所消耗的能源和原材料却是下降的。例如，1977 年至 1986 年期间，每单位国内生产总值的能耗，美国下降了2.4倍，日本下降 0.6倍。日本从 1978 年至 1986 年国民生产总值平均增长了26.5%，而同期进口能源却减少了30.6%。高物耗高能耗的经济，不仅加速了资源的消耗，而且还造成了环境污染和生态破坏，加剧了人与自然关系的紧张。而信息经济则促进了人与自然关系的协调发展，是人类社会发展中的又一大进步。

与工业经济相比，信息经济的体系结构，从宏观到微观都发生了根本性变化。首先，在产业结构上，除了原来的第一、第二、第三产业外，在第五次产业革命中又创立了第四产业和第五产业。第四产业是科技业、咨询业和信息业的总称，科技也不限于自然科学和工程技术，而是整个科学技术体系。第五产业是文化业，或称文化市场，包括文化经济产业。第四、第五产业都是面向市场的。在信息经济中，科学技术在社会生产力中由开始占比重较小的份额，逐渐上升为一种独立的力量进入物质生产过程而成为决定性因素。据统计和测算，20世纪初，工业化国家科学技术在国民经济增长和劳动率提高中所占的比例仅为5％～10％，而今天的发达国家已达到60％～80％。由此可见，第四产业在国民经济中占有十分重要的地位。在这种情况下，产业结构关系也产生了重大变化。美国在1988年的国民生产总值中，仅信息业及其附加值已占到40％～60％，而农业只占2％，工业占24.3％。

随着产业结构的变化，就业结构也发生了相应变化，从事第一、第二产业的人数在劳动就业总人数中所占的比例不断下降，而从属第四产业的人员比例则不断上升。据统计，70年代美国新增加的近二千万就业人员中的90％，都集中在知识信息服务业上。美国的知识信息业就业人数超过总就业人数的50％左右，而日本约40％，均超过第一、第二产业总就业人数。

在信息经济的微观层次上，以信息技术为基础的新技术革命，正在改变企业、公司的生产方式和工作方式，并创造出一些新的方式。在工业经济中，企业和公司是围绕物流和资金流来组织生产的，但在信息经济中，则是围绕信息流来组织生产的。这场信息革命为获得准确的世界市场信息，提供了前所未有的技术手段。市场信息技术不仅能使企业、公司清楚知道现实需求，如在什么地方，需要什么产品以及需要多少，而且还能使潜在需求明朗化，与各种高新技术相结合使之产品化并进入市场。这就是说，企业、公司不仅能紧密跟踪市场，还能创造市场。为了能迅速、灵活跟上市场的变化和需求变动，企业和公司改变了他们传统的生产方式。例如，当前世界上的某些企业、公司实行了称之为“灵活制造”和“柔性生产方式”。灵活制造的企业是组合式的。机器可以重编程序，制造多种产品，按用户需要同步生产。在开发新产品方面，过去是按照研究—开发—设计—制造顺序进行的。但是在“柔性生产方式”中，从掌握市场需求信息到确定商品概念、开发、设计、生产、销售，是同步进行的，这就大大缩短了开发周期，降低了成本，提高了效益，快速适应了市场需求。在这里，库存只是产品的“中转站”而已。以上这些得以实现的根本原因，是信息革命、信息技术和系统工程的有机结合。

今天，一切经济活动都离不开信息，我们生活在世界信息的海洋中。信息技术为宏观经济信息的采集、传输、存储、共享、调用、处理、分析和综合等,提供了全新的技术手段,这就可以使市场经济和宏观调控建立在及时、准确、科学的基础之上,从而促进经济的发展。我国的电子信息技术还比较落后,经济的信息化水平还比较低。世界已进入了第五次产业革命,中国没有别的选择,只能参与到这场革命中来,参加国际竞争,主要是世界市场经济竞争,这是一场经济战,是当今的"世界大战"。这就需要我们认真研究这场世界规模的市场经济战,以及如何打胜这场战争。

第五次产业革命与思维工作方法及社会文明发展

在即将到来的21世纪,人类必将在信息的汪洋大海中航行。我们的思维工作方法应该有一个飞跃,才能适应信息时代的要求。因此,总体规划我国第五次产业革命的思维工作方法,就成为我们必须解决的一个重要课题。在这方面,钱学森在20世纪70年代中期,提出了建立思维科学技术体系的主张,并提出思维科学研究的突破口在形象(直感)思维。80年代初,他对处理"复杂系统"的定量方法学做了精辟的概括,提出将科学理论、经验和专家判断力相结合的半经验半理论的方法。此后,他又在社会系统、人体系统、人脑系统及地理系统实践的基础上,进一步提出处理"开放的复杂巨系统"的概念及方法论,即"从定性到定量的综合集成法"(metasynthesis)。其实质是把各方面有关专家的知识及才能、各种类型的信息及数据与计算机的软硬件三者有机地结合起来,构成一个系统。该方法的成功之处就在于发挥了这个系统的整体优势和综合优势,为综合使用信息提供了有效的手段。按照我国传统的说法,把一个非常复杂的事物的各个方面综合起来,获得对整体的认识,称之为"集大成"。实际上,从定性到定量的综合集成技术,就是要把人的思维、思维的成果、人的经验、知识、智慧以及各种情报、资料、信息统统集成起来,因此可以称为"大成智慧工程"(metasynthetic engineering)。钱学森在提出"大成智慧工程"之后,又对开放的复杂巨系统及其思维工作方法提炼出"从定性到定量的综合集成研讨厅"体系(hall for workshop of metasynthetic engineering)。其构思是把人集成于系统之中,采取人机结合、以人为主的技术路线,充分发挥人的作用,使研讨厅的集体在讨论问题时成员间能够互相启发,互相激励,使集体的创见远远胜过一个人的智慧。通过研讨厅体系,还可以把今天世界上千百万人的聪明智慧和古人的智慧(这种智慧可以通过书本上的记载等,以知识工程中的专家系统体现出来)统统综合集成起来,以得出完备的思想和结论。这样,就给予了科学与经验相结合、从定性到定量综合集成的方法论以科学的现代表达形式。

"从定性到定量综合集成研讨厅"体系,可以看成是总体规划第五次产业革命思维工作方法的核心。它实际上是将我国民主集中制的原则运用于现代科学技术的方法论之中,并寻求科学与经验相结合的解答。按分布式交互作用网络和层次结构建设这样的研讨厅,就成为一种具有纵深层次、横向分布、交互作用的矩阵式的研讨厅体系。这样的研讨厅体系将是思维工作方法上的第一次重大的变革。他将对于在我国的国民经济建设中设立总体设计部的方案,提供强有力的支持,使总体设计部有坚实的技术基础,并切实可行。

在信息革命的浪潮中,我国除改革经济体制、建立和完善社会主义市场经济体制外,政治体制改革也正在进行,如完善人民代表大会制、多党合作制和政治协商制等,努力发展民主政治。采用综合集成研讨厅体系,能集中全体人民的智慧与实践经验,使民主集中制真正体现出来。同时,用法制使全体人民的行为纳入社会主义建设大道。加之正在进行的行政管理体制和政府机构改革,转变职能、精兵简政,反腐倡廉、政企分开等举措,都是我国当前进行社会主义政治文明建设的重要内容。这些措施的贯彻实行,将使我国从政治体制上逐步适应第五次产业革命的要求。

第五次产业革命还将改造我们的文化教育,改造人,推动社会的精神文明向更高的境界发展。今天,在第五次产业革命的推动下,实际上我们已经看到了理工文(即理工加社会科学)结合的教育体制的萌芽。这种教育体制到 21 世纪将会完全形成,那时又将仿佛回到西方文艺复兴时期的全才教育了,但会有很大不同:21 世纪的全才并不否定专家,由于在将来的社会条件下,信息极为丰富,又可以通过网络化智能化的计算机信息系统,共享各种信息与知识资源，所以大约只需短期的学习和锻炼，就可以从一个专业转入到另一个不同的专业，达到全才与专家的辩证统一。这就是第五次产业革命将要实现的集古今中外一切知识与智慧的教育。它将使人的思维能力飞跃到一个新阶段。

邓小平提出的“教育要面向现代化，面向世界，面向未来”，是教育改革的总方针，也是我们考虑如何培养人，使人能适应第五次产业革命的指导方针。而第五次产业革命的主要技术特征体现为微电子技术、计算技术和通信技术的无缝隙的高度融合，体力劳动与脑力劳动的部分职能由机器加以实现；人与计算机各自发挥所长，和谐地结合在一起，从而将对人类的生活、工作、娱乐等社会生活方式产生深刻的影响。从这个意义上说，这次产业革命将改革人，造就一代比以往更为聪明的人，开创人的新世纪。

按照历史唯物主义的观点，人是劳动创造的。劳动创造了人，劳动又不断地改造着人，使人不断地进化，人类社会不断地发展。在第五次产业革命中，人又进入了一个新的时代，即信息时代。在这个时代，人要工作，就必须使用计算机网络，离开计算机网络的各种智能化终端机，人将无法工作，甚至无法生活和娱乐。因此，这个意义上的人-机结合又跨入了一个新时代，上升到一个新台阶。所以，不久的将来，就必然会出现这样的情况：小孩子一入学就要学会使用智能化的终端机，就像现在小孩子入学首先要学会用笔写字一样。从小就自然而然地形成人-机的结合。

总之，信息革命就是第五次产业革命。由于社会主义的性质和根本利益是与信息的共享性完全一致的。因此，我国必将会以更自觉、更积极的态度，采取更符合客观发展规律的措施、去实现第五次产业革命。它必将推动我国社会主义政治和精神文明建设的大发展，社会主义的民主和法制建设将会迈上一个新的台阶，全社会的精神面貌将有极大改观，人的文化教育素养将有质的飞跃，一大批新的大智大谋的全才、帅才将会脱颖而出。让我们满怀信心和激情，迎接这辉煌的社会变革吧！

关于开放的复杂巨系统理论的一些体会*

涂元季

钱学森同志1991年在一封书信[1]中曾经指出："我们在学习领会毛泽东同志和老一辈无产阶级革命家的言论后，结合现代科学，提出从定性到定量综合集成法，是认识方法论上的一次飞跃。老一辈心想做而做不到的，有希望了。"本文仅就钱学森同志这一论述，谈谈自己对于开放的复杂巨系统理论的一些体会。

（一）系统观——认识论的发展

毛泽东同志在《矛盾论》中指出："在人类的认识史中，从来就有关于宇宙发展法则的两种见解，一种是形而上学的见解，一种是辩证法的见解，形成了互相对立的两种宇宙观。""所谓形而上学的或庸俗进化论的宇宙观，就是用孤立的、静止的和片面的观点去看世界。""和形而上学的宇宙观相反，唯物辩证法的宇宙观主张从事物的内部、从一事物对他事物的关系去研究事物的发展，即把事物的发展看做是事物内部的必然的自己的运动，而每一事物的运动都和它的周围其他事物互相联系着和互相影响着"。[2]

系统观或称系统论正体现着辩证唯物主义宇宙观或认识论的所有特征。

---

* 本文选自1996年浙江教育出版社出版的《系统研究》。

什么是系统？按照钱学森等同志的定义，系统就是“由相互作用和相互依赖的若干组成部分结合成的具有特定功能的有机整体，而且这个‘系统’本身又是它所从属的一个更大系统的组成部分”[3]。从这一定义，我们可以看出系统观或系统论所强调的整体性，层次性，相互依赖、相互作用和相互依存性。因此，钱学森同志曾一语道破地点出：辩证唯物主义的基本原理，就是“系统”概念的精髓[4]。

系统论对辩证唯物主义认识论的发展在于，如果从系统论的观点看事物，把事物作为一个系统来处理，那么我们就可以用系统工程的方法，对系统各变量之间的关系，在经过抽象和简化之后用精确的数学公式加以描述和计算，从而使辩证唯物主义这一哲学思维在具体阐释某一现象时，具有较为严格的、科学的、定量的关系。也因此使社会科学这种传统的“描述科学”向“精密科学”（主要指自然科学）大大迈进了一步。比如，对于一些比较简单的系统，或简单巨系统，用普利高津（I. Prigogine）的“耗散结构”（Dissipative Structure）理论和哈肯（H. 哈肯）的“协同学”（Synergetics）理论可以得出较为满意的结果。当然，对于更为复杂的系统，特别是开放的复杂巨系统，普利高津和哈肯的理论就无能为力了。钱学森和他的合作者们提出的“从定性到定量的综合集成法”，则是解决这类复杂问题的唯一可行办法。

（二）开放的复杂巨系统概念的提出是一个突破

20 世纪 70 年代末，钱学森同志在宣传系统工程，推广系统工程的应用时，就曾提出“巨系统”的概念[5]。这是系统工程作为一种现代化的管理方法，在从工程系统工程（如航天系统工程）推广到社会系统工程时必然遇到的问题。但是对于这样复杂的巨系统究竟怎么认识、怎样处理，在当时还没有一个明晰的概念和思路，因为，系统工程的推广应用刚刚开始，还缺乏必要的实践经验。

在这个时期，党的改革开放的春风吹拂着祖国的大地，也激发了钱学森同志的学术灵感，他怀着对祖国社会主义现代化建设的满腔热情，不断提出新的学术思想和学术观点。就在1979年10月，他在“北京系统工程学术讨论会”上，就提出了“大力发展系统工程，尽早建立系统科学体系”的思想。把系统科学作为一个大的科学技术部门，和自然科学、社会科学、数学科学并列，这是不无道理的。因为，系统科学的规律反映出一种全新的思维，它和近代自然科学中的许多学科基本上沿用培根的还原论方法研究物质世界是不同的，系统科学走的“从总体上考虑并解决问题”之路。钱学森同志同时指出，建立系统科学体系的任务，在当时，最主要的是提炼出系统科学中最基本的规律，建立系统科学体系中的基础学科——系统学。

为了建立系统学，钱学森同志亲自倡导、参与并指导了航天工业部(现为中国航天工业总公司)710所举办的“系统学讨论班”的学术活动。参加讨论班的人学科范围十分广泛，除搞系统工程、控制论等的同志以外，还有从事数学、物理、力学、计算机技术、经济学、哲学、马列主义研究等多个学科的研究人员。有老科学家，也有中年科学家和青年科技人员。讨论班强调学术民主，畅所欲言，在讨论中大家一律平等。钱学森同志曾亲自参加过许多次讨论班的学术活动，每次都以普通一员的身份，作启发性和质疑性发言。通过讨论，逐步形成了以简单系统、简单巨系统和复杂巨系统为主线的系统学提纲和内容。特别是通过马宾和于景元等同志所从事的社会经济系统工程的研究，钱学森同志提炼出“开放的复杂巨系统”的科学概念。

开放的复杂巨系统概念的提出，在建立系统学的问题上可以说是一个突破，是一个开创性贡献。这是因为：① 对于像人体、社会这样的系统，由于其组成十分复杂庞大，相互影响、互相制约的因素又很多，所以，如何对其进行科学的描述，从来就是一个十分困难的问题。关于开放的复杂巨系统概念的提炼，强调了系统组成之巨大，系统组成之间相互作用之复杂，系统和外界联系之广泛开放以及系统组成结构的层次性等。由此，像人体、社会这样的复杂系统，就有了一种规范化的科学描述，为系统学的建立奠定了基础。② 钱学森同志及其合作者在系统学讨论班形成的开放的复杂巨系统这一科学概念的基础上，接连发表论文，详细论述了开放的复杂巨系统及其方法论，即从定性到定量的综合集成法[6]。这就成为构筑系统学的主干。钱学森同志曾经指出：把开放的复杂巨系统及方法论，“作为系统学的主干”，而“其他系统方法作的是适合其他特殊条件的特殊，是分支。即不是由提高简单系统、大系统、简单巨系统，建立开放的复杂巨系统理论，而是从复杂巨系统按级作的特例来分化出其他系统理论”，钱学森同志还把这种构筑系统学的方法称作“从繁到简”，“从高处俯览全局”[7]。

（三）从定性到定量的综合集成
——认识的升华

毛泽东同志在《实践论》中曾经辩证地论述了人对客观世界认识的发展过程，即从感性认识发展到理论认识。他将这种辩证唯物主义的认识论概括为“实践、认识、再实践、再认识，这种形式，循环往复以至无穷，而实践和认识之每一循环的内容，都比较地进到了高一级的程度，这就是辩证唯物论的全部认识论，这就是辩证唯物论的知行统一观”。

毛泽东同志这里所指的认识客观世界，不管是社会的、政治的、军事的问题，用现代系统科学的语言表达，都是开放的复杂巨系统。按照钱学森等同志的研究，对于开放的复杂巨系统，在目前只能用“从定性到定量的综合集成法”来处理。这个方法“通常是科学理论、经验知识和专家判断力相结合，提出经验性假设（判断或猜想）；而这些经验性假设不能用严谨的科学方式加以证明，往往是定性的认识，但可用经验性数据和资料以及几十、几百、上千个参数的模型对其确实性进行检测；而这些模型也必须建立在经验和对系统的实际理解上，经过定量计算，通过反复对比，最后形成结论；而这样的结论，就是我们在现阶段认识客观事物所能达到的最佳结论，是从定性上升到定量的认识”。钱学森等同志还以“财政补贴、价格、工资综合研究”这样一个课题研究为实例，论证了这种方法在处理开放的复杂巨系统问题时的可信性和满意程度，并指出，这样得出的结论和政策建议，“既有定性描述，又有数量根据，已不再是先验的判断和猜想，而是有足够科学根据的结论”[6]。1990 年 8 月 15 日，钱学森同志在一封书信[8]中则进一步从马克思主义认识论上论证了这个问题。他认为，“从定性到定量实际就是毛泽东同志讲的从感性认识到理性认识”。当然，他知道使用这种方法是“受制于计算能力制约”的，因而他认为，“在40年代的延安窑洞里，理性认识受极初级计算工具的限制，只能搞个大轮廓而已，不太有把握，只好再实践，再认识”。而今天，我们有了现代化的计算手段，可以实现每秒几亿、几十亿甚至上百亿次浮点运算，这种“实践、认识、再实践、再认识”的过程，可以在计算机上实现，这就有可能减少人们在决策中的失误。因而钱学森同志认为，“这项技术是在现代科学技术条件下，《实践论》的具体化”[9]。

当然，钱学森同志也注意到，这种从定性到定量的综合集成方法还不是完全“理论化”的东西，它实际是“各种学科的科学理论和人的经验知识”的结合，“是将专家群体(各种有关的专家)、数据和各种信息与计算机技术”的结合，或者像钱学森同志经常指出的，是“人-机的结合”，即人的经验和智慧与机器(主要是指计算机)的结合。其中，人的智慧起着关键性的作用：提出定性认识，根据这种认识和理解，建立计算模型，在有了计算结果以后，提出政策性建议等，在这些关键步骤上，都要利用人的智慧，而这种方法则是为人提供了一种综合集成的手段。“把大量零星分散的定性认识、点滴的知识，甚至群众的意见，都汇集成一个整体结构，达到定量的认识，是从不完整的定性到比较完整的定量，是定性到定量的飞跃。当然一个方面的问题经过研究，有了大量积累，又会再一次上升到整个方面的定性认识，达到更高层次的认识，形成又一次认识的飞跃。”[6]这就是钱学森同志所强调的综合集成的含义。它不仅是各种信息和数量的“综合”，而且要通过“集成”，或者按钱学森同志早先的说法，即“激活”(外国人叫 Data Fusion)，使认识得到升华。

参考文献

[1] 钱学森：《1991年2月22日给王寿云同志的信》

[2]《毛泽东选集》，人民出版社，1968，第275～276页

[3] 钱学森：《论系统工程(增订本)》，湖南科学技术出版社，1988，第10页

[4] 同上，第174页

[5] 同上，第33页

[6] 钱学森、于景元、戴汝为：《一个科学新领域——开放的复杂巨系统及其方法论. 论地理科学》，浙江教育出版社，1994

钱学森：《再谈开放的复杂巨系统.论地理科学》，浙江教育出版社，1994

[7] 钱学森：《1995 年 6 月 2 日给于景元同志的信》

[8] 钱学森：《1990 年 8 月 15 日给戴汝为同志的信》

[9] 钱学森：《1991 年 7 月 22 日给于景元同志的信》

编后记

1979 年,钱学森曾说:“我从前是搞力学”。之后,钱学森又在研究什么?1991 年钱学森慎重地对中央领导说:“我认为今天科学技术不仅仅是自然科学工程技术,而是人们认识客观世界、改造客观世界整个的知识体系,而这个体系的最高概括是马克思主义哲学。我们完全可以建立起一个科学体系,而且运用这个科学体系去解决我们中国社会主义建设中的问题”。在这本精选钱学森近 26 年写的著作中,你将看到钱学森既是一位科学家,又是一位哲学家、思想家。钱学森的现代科学技术体系已经搭起了构架,筑起了平台。钱学森的概括是:“我们是要把人们的思维、思维的成果,人的知识、智慧以及情报、资料、信息统统集成起来,我看可以叫大成智慧工程。英文翻译为 Metasynthetic Engineering,缩写是 MsE。这个方法实际上是系统工程的一个发展,目的是为了解决开放的复杂的巨系统的问题”。“我们是把马克思主义的认识论与现代系统工程的方法结合起来,这是件了不起的事”。

这是一本汇集我国著名科学家钱学森系统科学论述的书。读者定位为大学师生和公务员们。考虑到大学生、研究生和教师们忙于本专业学业和教研,可能没有更多的时间来收集系统科学的最新成果,而公务繁重的公务员们也可能少有时间思考系统科学的哲学意蕴和对本职工作的现实意义。为此我们把最能反映钱学森系统科学思想的文章编辑成一本不算太厚的书,目的就是让大家能用比较少的时间,了解钱学森的前瞻性的学术思想。我们将本书定名为:《智慧的钥匙》。这是因为系统科学的思想,现在已被证明是开启认识客观世界、改造客观世界之门的一把智慧的钥匙。而一个人掌握系统科学思想的多少，实际上从一个侧面上反映了他认识客观世界、改造客观世界的水平高低。我们期望广大读者通过阅读钱学森原著，用较少的时间，了解系统科学的发展，领悟系统科学的真谛。

为了便于读者阅读，我们将钱学森有关系统科学的著作分为三个部分编排。第一部分共十三篇。第一、第二篇是钱学森关于控制论方面的论述，属于系统科学大部门的技术科学层次的范畴。钱学森研究系统科学的时间，算起来已有五十年了。第三至第五篇，是钱学森关于系统工程方面的论述，这是属于系统科学大部门工程技术层次的范畴。第六篇，是谈对系统学的认识，这是属于系统科学大部门的基础理论层次的范畴。第七篇论述的系统论，则是哲学层次的内容，它是系统科学通向马克思主义哲学的桥梁。第八至第十篇，研究的是系统科学大部门的体系结构，为第十一至第十三篇谈整个科学技术体系结构打基础。而科学技术体系结构则是属于社会科学大部门的技术科学层次的范畴了。

第二部分共四篇。重点论述了开放复杂巨系统、“从定性到定量综合集成方法”以及它的实践形式“从定性到定量综合集成研讨厅体系”(简称:综合集成方法)。前者是系统学的内容，后者属于思维科学大部门工程技术层次的范畴。这是钱学森晚年两个最具亮点的学术创新，这是钱学森对系统科学、思维科学以及整个科学技术发展做出的重大贡献。

第三部分共十一篇。第十八至第二十一篇是谈社会系统工程的。第二十二篇讲总体设计部，涉及的是运用综合集成方法的组织形式。第二十三至第二十五篇分别论述国家现代化建设的物质文明、精神文明和政治文明建设。最后三篇是运用系统科学的理论分析国家的发展。

附录选用的两篇文章的作者是钱学森系统学小讨论班成员，相信他们的文章会有助于读者领悟钱学森系统科学的思想。

上述的编排是我们对钱学森系统科学著作的认识和体会。我们欢迎系统科学研究的“百家争鸣”。我们相信，学习和掌握钱学森的系统科学论述有助于推动中华民族复兴中国梦的伟大实践。

习近平强调:“科技是国家强盛之基，创新是民族进步之魂。”广大干部群众认真学习贯彻习近平总书记的系列重要讲话精神，就需要领会和掌握钱学森的开放复杂巨系统和综合集成方法的论述，因此本书的读者对象定位是公务员和大学师生。当然企业家们的情况复杂一些，相信很多企业家同样需要读这本书，读后肯定是有益的，但要有耐心，要花工夫，终究这是一本学术著作。

中国工程院院长徐匡迪院士特为本书作序。序中联系他主持上海市政府工作时运用这一理论的实践说："对我来说真有醍醐灌顶、茅塞顿开之感"。他的评论是：钱学森"从一位卓越的工程科学家、国防科技领军人物，成为我国系统科学的开拓者和奠基人，成为哲学家和思想家。"他的序读来亲切感人。

由于所选编的文章时间跨度较大，且又散见于各类报刊书籍之中，我们在选编过程中对部分文章的注释作了一些调整，以求全书体例统一，在此一并说明。不当之处，尚祈大家指正。

上海交通大学钱学森研究中心

2015 年 8 月